Dr. Claudia Hilker (2017): Social-Media-Marketing am Beispiel der Versicherungsbranche.
Dissertation: Slowakische Technische Universität, Institut für Management, Bratislava (2016).
Herstellung und Verlag: BoD – Books on Demand, Norderstedt. ISBN: 9783743176904.

Dr. Claudia Hilker ist Unternehmensberaterin zur Digitalisierung mit Schwerpunkt digitale Marketing-Kommunikation. Als Inhaberin der Unternehmensberatung „Hilker Consulting" entwickelt sie mit ihrem Team Digital Strategien, um den Geschäftserfolg ihrer Kunden zu optimieren. Auch die Umsetzung und Begleitung als Beirat, Coach und Trainer zählt zu ihren Leistungen. Sie gibt Workshops, Seminare und hält Vorträge sowie Vorlesungen an Hochschulen. Als Bestseller-Autorin hat sie sieben Fachbücher über Internet-Business geschrieben sowie nebenberuflich ihre Promotion über Social-Media-Marketing absolviert.

Bevor sich Dr. Claudia Hilker 2002 mit Hilker Consulting selbständig gemacht hat, hat sie Internet-Projekte in Unternehmen geleitet. So kann sie auf langjährige Berufserfahrungen zurückgreifen. Bei der Victoria-Versicherung hat sie als Projektleiterin die erste Website entwickelt. Bei der Internet-Agentur Berens und Partner hat sie Sparkassen im Online-Marketing beraten. Bei OBI war sie für das Online-Marketing verantwortlich. Bei Askuma hat sie als Marketing-Leiterin die Digitalisierung im Versicherungsbereich unterstützt.

Ihren akademischen Hintergrund erwarb Dr. Claudia Hilker durch einen doppelten Studiengang. Im ersten Studiengang studierte sie Deutsch, Literatur und Medienwissenschaften. Im Zweitstudium studierte sie Betriebswirtschaftslehre, Marketing und Informationstechnologie. Nebenbei absolvierte Dr. Claudia Hilker eine Ausbildung in NLP (Neurolinguistisches Programmieren). Außerdem erforschte sie an der Universität Calgary in Kanada das kreative Schreiben. Nach dem Studium folgten zwei Lehraufträge an der Uni Bielefeld, wo sie Creative Writing und E-Learning lehrte. So hat sie umfassendes Wissen über Marketing, Wirtschaft und Internet-Kommunikation gewonnen. Heute publiziert sie im Bereich digitale Transformation, insbesondere Digital Marketing.

Dr. Claudia Hilker nutzt ihre Stärken als Internet-Marketing-Expertin mit einer ausgeprägten Kommunikationsfähigkeit, indem sie ihr Wissen per Beratung, Training, Workshop, Seminare und Vorlesungen vermittelt. Damit bietet sie Menschen in der Wirtschaft, Wissenschaft und per Internet wertvolles Wissen sowie praktisches Know-how für ihre Management-Aufgaben sowie zur Aus- und Weiterbildung. Mehr Infos unter: www.hilker-consulting.de

Kontakt: Dr. Claudia Hilker, Berger Straße 23, 40213 Düsseldorf
Telefon: 0211 – 6000 614 / Mobil: 0177 – 6057 849
www.hilker-consulting.de / info@hilker-consulting.de

Bibliografische Information der Deutschen Nationalbibliothek: Die Deutsche Nationalbibliothek verzeichnet diese Publikation in der Deutschen Nationalbibliografie; detaillierte bibliografische Daten sind im Internet über dnb.dnb.de abrufbar.

Abstract (english)

Hilker, Claudia: Social-Media-Marketing Using the Example of Insurance Industries (thesis) – Slovakian Technical University, Institute for Management, Bratislava. Adviser: Doc. Ing. Marián Zajko, PhD. M.B.A.

Studies of media usage behaviour prove that Social Media Marketing have already established. In comparison to classical marketing, insurances are able to achieve large reaches with low costs using social-media-marketing. However, insurances are outdated in cross-sectorial comparisons regarding fields of application, usage intensity and frequency. The backgrounds for this are little researched. The analysis shows three problems in the strategy-development and implementation: (1) Only half of the insurances employ a social-media-strategy with integration in the strategic marketing communication; (2) Only half of the insurances measure social media successes; (3) Many insurers have deficiencies with the strategy-implementation. Overall, benefit arguments for the economical social media marketing of insurances are missing. Therefore, the efficiency of social media marketing is hard to determine. Resulting from this are prejudices on the management level against social media marketing and a low significance within the company.

The thesis examines how insurances in Germany can support their company goals strategically and operatively with social media. It analyses models for the social media result measurement and creates a social media balanced scorecard for a fictive insurance, Ch. 4.1. The thesis examines the Facebook marketing of the thirty biggest German insurances over three years (2012 to 2014), Ch. 4.2. It analyses practical case studies (Ergo, Debeka, Allianz, R+V) and gives guidance for proactive crisis prevention and positive effects, Ch. 4.3. The research goals will be pursued by an iterative process with evaluation of causalities and explorative, descriptive and explanatory methods. The data will be ascertained with secondary and primary research. The thesis creates an analysis of chances and risks and a guidance for social media integration in the value chain. For the first research goal, social media models will be analysed in order to develop a proceeding with defined terms, key figures and guidance for the success measurement. In order to analyse relations between insurances and Facebook users, a data model will be developed which examines relevant impact patterns between the sale and Facebook marketing. This data will be analysed with tools (monitoring, Business Intelligence, data visualization) in order to evaluate impact connections empirically. For the third research goal, the social media marketing of insurances will be analysed with case studies with partial census in samples in order to recognize the principals for positive and negative impact successes.

The scientific contribution of thesis can be seen in the area of communication policy within the marketing management. The thesis shows that social media marketing promotes, e.g. the setup of online reputation, customer service communication, customer relationships, and indirectly sales revenue increase. It becomes clear, that it is not sufficient for implementation success to solely develop a social media strategy. Equally important is a thorough implementation with measurement of its results, operative management with qualified employees and special IT tools (monitoring and analyses). Only in this way, success will be achieved and the value creation of a company promoted.

The most important research results are: (1) The SWOT analysis for the social media marketing of insurances illustrates the strengths, weaknesses, chances and risks; (2) The detailed analysis of chance sand risks analysis arrived at five risk types (operative, legal, IT, reputation, financial) for insurances with social media marketing as well as guidance; (3) A social media scorecard was developed for a fictive insurance in order to demonstrate a suitable action for the systematic measurement of social media results; (4) The social media usage analysis of the thirty biggest German insurances with an analysis over three years (2012-2014) exceeds notably the work done so far, but could not determine patterns of relation. It examines connections between results of the Facebook engagement and gross premium income; (5) The analysis of negative case studies shows, how reputation crises can spread with exponential growth on the internet and how companies can prevent it; (6) The analysis of positive case studies shows, how insurances with social media marketing enforce their customer relationship through service and dialogues online, improve their online reputation and gain new customers with it; (7) The comprehensive glossary with 122 social media terms serves as a definition basis for the examination of research questions in the thesis. The results offer a solid base for further research in the area of social media marketing for this significant economy sector.

Keywords: social media marketing, strategy, communication, insurance companies, innovation.
JEL Code: G220, M20, M30, M310, O30.

Abstrakt (deutsch)

Hilker, Claudia: Social-Media-Marketing am Beispiel der Versicherungsbranche (Dissertation) - Slowakische Technische Universität, Institut für Management, Bratislava. Betreuer: Doc. Ing. Marián Zajko, PhD. M.B.A.

Studien zum Mediennutzungsverhalten belegen, dass sich Social-Media-Marketing längst in der Wirtschaft etabliert hat. Versicherungen können damit im Vergleich zum klassischen Marketing hohe Reichweiten mit geringen Kosten erzielen. Trotzdem sind sie im Branchenvergleich rückständig bzgl. Einsatzfelder, Nutzungsintensität und -frequenz. Die Hintergründe dazu sind noch wenig erforscht. Die Analyse zeigt Probleme in der Strategie-Entwicklung und Umsetzung: (1) Nur die Hälfte der Versicherungen verwendet eine Social-Media-Strategie mit Integration in die strategische Marketing-Kommunikation. (2) Nur die Hälfte der Versicherungen misst die Social-Media-Erfolge. (3) Viele Versicherer haben Defizite in der Strategie-Umsetzung. Insgesamt fehlen Nutzen-Argumente zum ökonomischen Einsatz von Social-Media-Marketing für Versicherungen. Deshalb ist die Wirksamkeit der Investitionen im Social Media unklar. Daraus resultieren Vorbehalte gegenüber Social Media auf Management-Ebene und ein geringer Stellenwert im Unternehmen.

Die Dissertation untersucht, wie Versicherungen in der BRD mit Social Media ihre Unternehmensziele unterstützen können. Sie analysiert Modelle zur Social-Media-Erfolgsmessung und erstellt eine Social-Media-Balanced-Scorecard für eine Versicherung, Kap. 4.1. Die Dissertation untersucht das Facebook-Marketing der größten Versicherungen anhand der Zeitreihe der Daten (Bruttobeitragseinnahmen vs. Facebook-Engagement) über drei Jahre (2012-2014), Kap. 4.2. sie analysiert Fallbeispiele aus der Praxis (Ergo, Debeka, Allianz, R+V) und gibt Handlungsempfehlungen zur Risiko-Meidung und zur erfolgreichen Nutzung der neuen Chancen in der Praxis, Kap. 4.3.

Die Forschungsziele werden durch einen iterativen Prozess mit Evaluation von Kausalzusammenhängen verfolgt. Die Daten werden mit Sekundär- / Primärforschung erhoben. Die Dissertation erstellt eine Chancen-Risiko-Analyse und Handlungsempfehlungen zur Social-Media-Integration in die Wertschöpfungskette. Für das erste Forschungsziel werden relevante Social-Media-Modelle analysiert, um ein Vorgehen mit definierten Begriffen, Kennzahlen und Handlungsempfehlungen zur Ergebnismessung zu entwickeln. Um die Beziehungen zwischen Beitragseinnahmen und Facebook-Engagement von Nutzern zu analysieren wurden Facebook-Daten mit Werkzeugen (Monitoring, Business Intelligence) untersucht, um Wirkzusammenhänge empirisch zu evaluieren. Für das dritte Forschungsziel wird das Social-Media-Marketing von Versicherungen mit Fallbeispielen mit Teilerhebungen in Stichproben analysiert, um positive und negative Effekte zu erkennen.

Der Beitrag der Dissertation für die Wissenschaft ist im Bereich Marketing-Management (Kommunikationspolitik) anzusiedeln. Die Arbeit zeigt, dass Social-Media-Marketing Unternehmensziele fördern kann, z. B. Online-Reputationsaufbau, Service-Kommunikation, Kundenbeziehungen, indirekte Umsatzsteigerung. Deutlich wird, dass es für Wirkungserfolge nicht ausreicht, nur eine Social-Media-Strategie zu entwickeln. Ebenso erforderlich sind: eine sorgfältige Umsetzung mit Ergebnismessung, Management mit qualifizierten Mitarbeitern und spezielle IT-Werkzeuge (Monitoring). Nur so werden Erfolge erzielt und die Wertschöpfung eines Unternehmens gefördert.

Die wichtigsten Ergebnisse der Forschung sind: (1) Die SWOT-Analyse zum Social-Media-Marketing für Versicherungen zeigt die Stärken, Schwächen, Chancen und Risiken. (2) Die detaillierte Chancen-Risiko-Analyse hat fünf Risikotypen (Operativ, Rechtlich, IT, Reputation, Finanzen) für Versicherungen mit Social-Media-Marketing sowie Handlungsempfehlungen erarbeitet. (3) Eine Social-Media-Balanced-Scorecard wurde für eine fiktive Versicherung entwickelt, um eine systematische Erfolgsmessung aufzuzeigen. (4) Die Analyse zur Social-Media-Nutzung der dreißig größten deutschen Versicherungen über drei Jahre geht deutlich über bisherige Arbeiten hinaus, konnte allerdings kein Beziehungsmuster erkennen. (5) Die Analyse negativer Fallbeispiele zeigt, wie sich Reputationskrisen im Internet mit exponentiellem Wachstum verbreiten können und wie Unternehmen sie vermeiden können. (6) Die Analyse positiver Fallbeispiele zeigt, wie Versicherungen mit Social-Media-Marketing ihre Kundenbeziehungen durch Service-Dialog online stärken, ihre Reputation verbessern und neue Kunden gewinnen können. (7) Das Glossar mit 122 Social-Media-Fachtermini definiert die Begriffe zur Untersuchung von Forschunsfragen. Die Ergebnisse bietet eine gute Grundlage für weitere Forschungsarbeiten im Bereich für die Wirtschaftsbranche.

Schlüsselwörter: Social Media Marketing, Strategie, Kommunikation, Versicherungen, Innovation.
JEL Code: G220, M20, M30, M310, O30.

Inhalt

Verzeichnisse

Abbildungsverzeichnis

Tabellenverzeichnis

Verzeichnis der Abkürzungen

Abb. Abbildung(en)
AG Aktiengesellschaft
aktual. aktualisierte
Aufl. Auflage
Apps Applikationen
BI Business Intelligence
Bd. Band
bearb. bearbeitet
bzw. beziehungsweise
d. deutsche
D. Deutschland
d. h. das heißt
DM Direct Message
Dr. Doktor, PhD.
e. V. eingetragener Verein
ebd. ebenda
erw. erweiterte
et al. et alii (Verfasser)
Facebook Facebook
f. folgende (Seite)
ff. folgende (Seiten)
FDL Finanzdienstleister
GDV Gesamtverband der Deutschen VW e. V.
GfK Gesellschaft für Konsumforschung
ggf. gegebenenfalls
GmbH Gesellschaft mit beschränkter Haftung
GuV Gewinn- und Verlust-Rechnung
Hrsg. Herausgeber
IT Informationstechnologie
J. Jahr(e)
KMU kleine und mittlere Unternehmen
KPI Key Performance Indicator
Mio. Millionene(en)
Mrd. Millarde(n)
Nr. Nummer
NPS Net Promoter Score
o. V. ohne Verfasser
PC Personal Computer
PR Public Relations
S. Seite
s. siehe
Tab. Tabelle
TV Television
u. a. unter anderem
u. U. unter Umständen
überarb. überarbeitete
UGC Nutzer Generated Content
USA United States of America
Versicherungsmarketing Versicherungsmarketing
vollst. vollständig(e)
Versicherungsvermittler: Ausschließlichkeit, Mehrfachagenten, Makler
VVaG Versicherungsverein auf Gegenseitigkeit
VWL Volkswirtschaftslehre

Die spezifischen Fachbegriffe werden im Glossar erläutert, s. S. 114 ff.

Einleitung

Das Ziel der Dissertation ist die Untersuchung der Fragestellung, wie deutsche Versicherungen ihre Unternehmensziele mit Social-Media-Marketing auf strategischer und operativer Ebene untertützen können. Es geht um Grundlagenforschung, um relevante Prinzipien zu erkennen, wie sich ein Social-Media-Marketing auf Ergebnisse auswirken kann. Zur Integration von Social Media in die strategische Marketing-Kommunikation[1] werden Handlungsempfehlungen erstellt. Um der Komplexität des Themas gerecht zu werden, wurde ein dreiteilige Forschungsdesign entwickelt. Zunächst werden Modelle zur Ergebnismessung analysiert, dann werden Wirkungszusammenhänge erforscht und anschliessend positive und negative Wirkungseffekte erläutert. Die empirische Untersuchung basiert auf einer konstruktivistischen Sichtweise mit einer explorativen Herangehensweise und arbeitet mit neuen Methoden wie BI- und Monitoring-Werkzeugen.

Zum Aufbau der Arbeit: Das erste Kapitel analysiert die Rahmenbedingungen zum Social-Media-Einsatz in der Versicherungswirtschaft, wobei die Internet-Entwicklung und die Veränderungen im Marketing untersucht werden. Die Versicherungswirtschaft wird aus ökonomischer Sicht beleuchtet, und die Branchenprobleme werden mit Social-Media-Ansätzen analysiert. Im Risiko-Management geht es um die Frage, welche Chancen und Risiken das Social-Media-Marketing für Versicherungen birgt und wie sich diese Risikofaktoren reduzieren lassen. Das Kapitel schließt mit der Forschungslücke ab. Das zweite Kapitel erläutert den dreiteiligen Forschungsansatz mit Zielen, Forschungsfragen und Hypothesen. Das dritte Kapitel beschreibt die Herangehensweisen und Forschungsmethoden der empirischen Untersuchung. Die Kombination quantitativer und qualitativer Methoden zur Analyse der komplexen Wirkungszusammenhänge wird begründet. Im vierten Kapitel werden die Ergebnisse der Dissertation-Forschung zusammenfassend präsentiert.

Ein Großteil der Fachtermini entstammt der englischen Sprache und läßt sich nur mit einem semantischen Verlust übersetzen.[2] Das Glossar erläutert die Fachtermini aus dem Social-Media-Bereich. Es dient als eine terminologische Referenzanlage der Dissertation und stellt ein relevantes Nebenergebnis der Forschung von der Autorin dar.

---

[1] Dem Begriff strategische Marketing-Kommunikation liegt der Gedanke einer konsequenten Ausrichtung des Unternehmens an den Bedürfnissen des Marktes zugrunde. Das Marketing will die Ausrichtung der Unternehmensleistungen am Kundennutzen im Sinne einer konsequenten Kundenorientierung erzielen, um absatzmarktorientierte Unternehmensziele zu erreichen (Bruhn 2012). Marketing ist also nicht nur eine betriebliche Funktion, sondern eine unternehmerische Denkhaltung und bedarf Leitkonzepte zur zielgerichteten Unternehmensführung. Marketing ist ein wesentlicher Bestandteil eines jeden Unternehmens. Aufgrund des wettbewerbsintensiven Umfeldes ist der Geschäftserfolg oft abhängig vom Marketing.

[2] Einige *denglische* Beispiele sind Low-/High-Involvement und Influencer.

1 Analyse: Social Media in der Versicherungswirtschaft

1.1 Social-Media-Marketing: Grundbegriffe, Wirkungsweisen, Trends

Zur Social-Media-Definition gibt es unterschiedliche Ansätze (Jodeleit 2010; Grabs und Bannour 2012; Scott 2014). Laut Bruhn (2014) vollzieht sich Social-Media-Kommunikation auf online-basierten Plattformen und kennzeichnet sowohl die Kommunikation als auch die Zusammenarbeit zwischen Unternehmen und Social-Media-Nutzern sowie deren Vernetzung untereinander. Die Social-Media-Kommunikation erfolgt zum Austausch von Meinungen, Eindrücken und Erfahrungen. Nutzer können sich damit an der Erstellung von unternehmensrelevanten Inhalten, Produkten oder Dienstleistungen beteiligen (ebd., S. 214).

Kotler (2015) definiert Social Media wie folgt: „Social Media bietet Konsumenten eine Plattform, um Texte, Bilder, Audio- und Videodateien untereinander und mit Unternehmen zu teilen und umgekehrt. Soziale Medien ermöglichen es Marketers, sich eine öffentliche Stimme zuzulegen, im Internet präsent zu sein und die Kommunikationsaktivitäten zu verstärken (Kotler et al. 2015, S. 664).“ Ihmzufolge können sich Unternehmen damit innovativ und aktuell online präsentieren. Kotler unterscheidet drei Social Media Bereiche: 1) Online-Communities und -Foren, 2) Blogger und 3) soziale Netzwerke wie Facebook, Twitter und Youtube (ebd.). Social Media bezeichnen also digitale Technologien, die es Nutzer ermöglichen, sich untereinander auszutauschen und mediale Inhalte einzeln oder in Gemeinschaft zu gestalten (Hilker 2010, S. 11). Nutzer können damit Inhalte ohne Webdesign- oder Programmierkenntnisse online zur Verfügung stellen und sie mit anderen teilen. Während bei den traditionellen Medien die Inhalte bisher maßgeblich von Unternehmen produziert und von Nutzer rezipiert wurden, werden sie selbst zum Produzenten. Damit gehen zahlreiche neue Möglichkeiten zur Information, Kommunikation, Vernetzung und zur Kooperation einher. Somit handelt es sich nicht nur um einen kurzlebigen Trend, sondern um eine bleibende Veränderung mit Relevanz für das strategische Marketing[3]. Netzwerke werden sich verändern, aber die Kommunikations-, Produktions- und Organisationsfähigkeit durch die Nutzer wird bleiben und in den nächsten Jahren noch zunehmen (Mergel et al. 2013, S. 28). Da es viele Erscheinungsformen in Social Media gibt, ist eine weitere Differenzierung mit einer Klassifikationen erforderlich, um Funktionen, technische Anwendungen und Netzwerke verständlich aufzuzeigen. Die Tab. 1 zeigt einige Beispiele dazu.

---

[3] Im strategischen Marketing werden Inhalte wie Philosophie, Leitbilder und Marketing-Instrumente erarbeitet (Hofbauer und Hohenleitner 2005). Im taktischen Marketing erfolgt die Detailplanung in Bezug auf die vier klassischen P's: Produkt, Preis, Promotion und Placement. Die Kommunikationspolitik vermittelt positive Botschaften an die Zielkunden mit den Instrumenten wie: PR, Werbung und persönlicher Verkauf (Eickenberg 2006). Die Marketing-Planung ist ein Prozess zur Entwicklung und Aufrechterhaltung der strategischen Ziele, der Ressourcen der Organisation.

Tab. 1: Social-Media-Kategorien: Funktionen, Anwendungen, Netzwerke; eigene Darstellung in Anlehnung an BVDW (2010)

Funktionen	Anwendung	Beispiel-Netzwerke
Kommunikation	Soziale Netzwerke, Blogs, Microblogs, Podcast, Instant Messenger	Facebook, Twitter, Skype, WordPress, Whatsapp
Kollaboration	Wikis, Social Bookmarking Dienste	Wikipedia, Webnews, Dropbox
Multimedia	Music-, Foto-, und Video Sharing	Flickr, YouTube
Entertainment	Online-Spiele	World of Warcraft

Eine visuelle Klassifizierung zeigt das Social-Media-Prisma (Solis 2010, S. 209–213), das die Social-Media-Angebote in Kategorien unterteilt[4]. In diesem Kontext hat sich der Begriff Digitales Marketing etabliert, der oftmals synonym mit Online-Marketing oder Internet-Marketing verwendet wird (Holland 2014). Digitales Marketing will auf der Basis elektronischer Geräte[5] effiziente Beziehung mit den Nutzer aufbauen, um Tiefe und Relevanz zu erzielen. Digitales Marketing dient Verbrauchern auf der Suche nach Inhalten (Pull-Effekt). Dagegen senden im traditionellen Marketing Vermarkter den Kunden Nachrichten (Push-Effekt), ohne dass der Inhalt aktiv von den Empfängern gesucht wird (Ryan 2014, S. 14–15). Social-Media-Marketing ist ein Bestandteil im digitalen Marketing und arbeitet mit interaktive Kommunikation in Echtzeit. Zudem kann es eine Komponente in der integrierten Marketing-Kommunikation sein.[6] Das Social Media Wachstum hat einen großen Einfluss auf die Kommunikationsweise der Unternehmen mit potenziellen Kunden. Es ermöglicht den Aufbau von Kontakten sowie viele Möglichkeiten zur interaktiven Kommunikation und zur kollaborativen Zusammenzuarbeit.[7] Social-Media-Marketing nutzt zumeist drei Ansätze:

- Aufmerksamkeit für die Marke bzw. das Produkt generieren,
- Generierung von Online-Unterhaltungen zu Unternehmensinhalten,
- Animierung der Nutzer zum Teilen von Unternehmensinhalten mit ihrem Netzwerk.

Mit Social Media hat sich auch die Öffentlichkeitsarbeit radikal verändert. Social-Media-Relations bündelt crossmediale Maßnahmen in einem Newsroom auf der Website und integriert die Social-Media-Kanäle. Social Media zählen zum Marketing-Mix und werden ein-

---

[4] Aufgrund der dynamischen Veränderungen der Social Media Netzwerke wird es beständig länderspezifisch aktualisiert. Für D. übernimmt das die Internet-Agentur Ethority. Die aktuelle Version ist das Social Media Prisma 6.0. Es ist online verfügbar unter: http://ethority.de/weblog/2014/10/22/social-media-prisma-version-6-0/.

[5] Zu den elektronischen Geräten zählen z. B. PCs, Smartphones, Handys, Tablets und Spielkonsolen. Dafür werden im digitalen Marketing technologische Anwendungen / Plattformen wie Websites, E-Mail, Apps, Social Media genutzt.

[6] Mit der integrierten Marketing-Kommunikation kommuniziert ein Unternehmen kundenorientiert mit Zielgruppen und koordiniert die Elemente im Promotion-Mix wie: Werbung, Direktvertrieb, Direkt-Marketing, PR und Verkaufsförderung. Sie bezeichnet nach Bruhn die zeitliche, formale und inhaltliche Integration sämtlicher Kommunikationsmaßnahmen und die Effizienz und Effektivität der Maßnahmen und Instrumente steigern (Bruhn 2009, S. 1–35).

[7] Siehe: http://www.wsj.com/articles/SB122884677205091919. Datenabruf am 13.01.2016.

gesetzt in der externen und internen Kommunikation, im Produktionsprozess (Crowdsourcing), als Marktforschungsinstrument (Monitoring), für Verkaufsförderung, Markenkommunikation, Empfehlungsmarketing (BVDW 2010, S. 13–15). Social-Media-Marketing basiert auf der Internet-Entwicklung. Die Stadien zur Internet-Entwickung werden unterschiedlich definiert. Diese Klassifikation zeigt die Internet-Entwicklung in vier Phasen: Web 1.0 bis Web 3.0 mit spezifischen Merkmalen, siehe Tab. 2.

Tab. 2: Die Internet-Entwicklung: Von Web 1.0 bis Web 3.0, eigene Darstellung in Anlehnung an Runia (2011, S. 304)

	Web 1.0	**Web 2.0**	**Web 2.5**	**Web 3.0**
Prinzip	Übermittlung von Informationen	virtueller Dialog	Social Media	semantische Netzwerke
Funktionen	Website, E-Mail, Newsletter, E-Commerce, Online-Werbung	Foren, Chat, Blog Suchmaschinen-Marketing, Wiki, Podcast	Social Media, Communities, User-generated-content	Data Mining[8]
Nutzung	Online-Kommunikation	interaktiv, individuell, Multimedia	Echtzeit-Kommunikation	Künstliche Intelligenz (KI)

Während das Web 1.0 bis 2.5 einfach Daten miteinander vernetzt, zeigt das Web 3.0 intelligente Strukturen auf, indem es Informationen auf der Ebene der semantischen Bedeutung miteinander verbindet. Mit dem Web 3.0 werden die Prinzipien intelligenter Such-Algorithmen dominanter, die Informationen automatisch interpretieren können.[9] Das Web 3.0 nutzt Mikroformate, Data Mining und künstliche Intelligenz, um Informationen in semantische Beziehungen zu setzen. Im Rahmen des Internets der Dinge können somit auch Maschinen Informationen verarbeiten. Die Informationen im Internet sind dabei mit einer eindeutigen Semantik versehen, die auch Computer verarbeiten können. Beispielsweise kann damit eine Suchmaschine bei der Eingabe der Stichwörter wie: „Versicherungen Haftpflicht" die Anfrage mit Inhalten erfüllen, die die Schlüsselwörter im HTML-Code mit einer optimalen Qualität in den Content eingebunden haben. Der Eingabe bei Google zeigt, dass ganz oben im Ranking Webpräsenzen erscheinen, die eine starke Social-Media-Vernetzung haben: die Vergleichsportale Check24 (www.check24.de) und Financesout24 (www.financescout24.de) sowie Wikipedia (www.wikipedia.org).[10] Suchmaschinen listen zudem kommerzielle Angebot im Werbebereich, z. B. eine produktbezogenen Übersicht

[8] Es handelt sich um automatisierte intelligente Suche mit semantischen Verknüpfungen. Ein Beispiel dafür ist das Finden von Informationen auf Basis eines Bildes oder mit Such-Robotern.

[9] Für Web 3.0 gibt es neue Programmiersprachen: die Extensible Markup Language (XML), das Resource Description Framework (RDF), SPARQL und die Web Ontology Language (OWL).

[10] Google wird verwendet, weil es die meistgenutzte Suchmaschine ist (Abfrage am 01.06.2014).

über Haftpflicht und Online-Testergebnisse. So kann die Suchmaschine über Algorithem die menschliche Eingabe einlesen und nach unterschiedlichen Prioritäten wie Metatags (z. B. Hashtags) die Ausgabe automatisch bestimmen. Das Verständnis der Funktionsweise des Web 3.0 ist von entscheidender Bedeutung, da es für alle werbetreibenden Unternehmen im Online-Markting das wichtigste Ziel ist, auf Platz eins im Google-Ranking zu erscheinen, um die Aufmerksamkeit bei potentiellen Kunden zu gewinnen. Für das Google-Ranking sind die Social-Media-Netzwerke relevant, denn deren Ergebnisse werden im Algorithmus von Google oben ins Ranking platziert. Deshalb ist es für Unternehmen sinnvoll, in Social-Media-Marketing zu investieren, weil es durch organische Suchergebnisse Werbebudget für Suchmaschinen-Marketing spart. [11]

Der digitale Wandel besteht nicht nur in der neuen Mediennutzung. Weit folgenreicher ist die wachsende Kluft zwischen den Generationen: zwischen den jüngeren Personen, die auch Digital Natives[12] (d.: Digitale Eingeborene, ab 1980 Geborene) genannt werden und den älteren Personen, auch Digital Immigrants (d.: Digitale Immigranten, vor 1980 Geborene) genannt (Prensky 2001). Die Digital Natives können sich ein Leben ohne Internet kaum mehr vorstellen. Einige Experten vermuten, dass sie die neuen Mediennutzungsgewohnheiten unsere Wirtschaft und Kultur massgeblich verändert haben (Palfrey et al. 2008). Social Media sind für diese Personengruppe selbstverständlich, denn sie sind längst daran gewöhnt, nicht nur Produkte online zu kaufen, sondern auch die zur Kaufentscheidung relevante Recherche online durchzuführen und ihre Meinung öffentlich zu teilen (Hünnekens 2010). Also müssen Versicherungen ihre Online-Präsenzen ausbauen, um nicht Gefahr zu laufen, den Anschluss an die jüngere Generation zu verlieren, die über klassische Marketing-Maßnahmen wie Direktmarketing kaum mehr errreichbar sind. Ein Ziel für das Social-Media-Marketing für Versicherungen kann deshalb sein, die Beziehungen zu jüngeren Kunden aufzubauen, um die Marktposition und die Gewinne für die Zukunft zu sichern.

Die rasante Internet-Entwicklung stellt neue Anforderungen an die Versicherungen. Gerade jüngere Menschen erwarten von Versicherungen Web-Präsenzen mit Social-Media-Angeboten (Solis 2012). Da sie E-Mails, Facebook, Twitter und Blogs verstärkt als Kommunikationskanäle nutzen, ist es erforderlich, dass auch Versicherungen diese Kanäle strate-

---

[11] Die Suchmaschinenoptimierung beschäftigt sich mit der Optimierung von Websites-Präsenzen in den organischen Suchergebnisseiten und wird in der Fachsprache als „SEM“ abgekürzt, was für *Search Engine Marketing* steht und mit den Begriffen „SEA“ und „SMO“ zusammenhängt, siehe Glossar.

[12] Der Begriff Digital Native wurde von M. Prensky (2001) geprägt Als Digital Natives („digitale Ureinwohner“) werden Personen bezeichnet, die in der digitalen Welt aufgewachsen sind. Als Antonym existiert der Begriff digital immigrant („digitaler Einwanderer“) für Menschen, die erst als Erwachsene das Internet kennengelernt haben. Zwischen beiden Gruppen besteht eine Kluft hinsichtlich Medien-Nutzung. Laut Prensky müssen deshalb Lernmethoden angepasst werden.

gisch für ihre Kommunikation nutzen. Ein durchdachtes Omni-Channel-Management[13] der Unternehmen wird erforderlich. Dafür bedarf es Fachkonzepte, die bei vielen Versicherungen fehlen (Everling und Lempka 2013). Dementsprechend sind neue Strategien und Konzepte erforderlich, um mit den neuen Anforderungen adäquat umzugehen. Die Herausforderung ist, dass nicht nur die Macht der Kunden, sondern auch die "Macht des Kollektivs" (Evans und Bratton 2008) gewachsen ist. Internet-Nutzer können Beiträge online in Social Media und Bewertungsportalen (wie WhoFinance.de) publizieren, teilen und kommentieren. Infolgedessen haben sich die Machtverhältnisse am Markt radikal verändert: Kunden gestalten den Informationsaustausch zur Meinungsbildung und Kaufentscheidung aktiv mit. Auf die verstärkte Macht des Kunden im Internet können Versicherungen reaktiv reagieren, indem sie die neuen Rahmenbedingungen akzeptieren und neue Strategien entwickeln, um Gefahren zu vermeiden und neue Möglichkeiten zu nutzen. In der proaktiven Herangehensweise können Versicherungen die neuen Rahmenbedingungen nach ihren Zielen aktiv gestalten. Die Tab. 3 zeigt den digitalen Marketing-Wandel im Überblick auf.

Tab. 3: Digitaler Marketing-Wandel: Von Marketing 1.0 bis 3.0, eigene Darstellung in Anlehnung an Kotler (2012, S. 7); Holland (2014)

	Marketing 1.0	**Marketing 2.0**	**Marketing 3.0**
Ausrichtung	Produktorientiert	Kundenorientiert	Werteorientiert
Treiber	Industrialisierung	IT	Neue Medien
Kundensicht	Bedürfnisse erfüllen	Menschen ansprechen	Mensch mit Herz, Geist, Seele
Schlüssel-konzept	Produktentwicklung	Produkt-differenzierung	Werte
Orientierung	Produktspezifikation	Positionierung	Mission, Vision
Nutzen-Versprechen	Funktional	Funktional-emotional	Funktional-emotional, geistig
Kunden-kommunikation	Transaktionsorientiert	Persönliche Beziehungen	Kollaborative Zusammenarbeit

Marketing 1.0 hat sich auf Produktion, Funktionen und Märkte konzentriert. Marketing 2.0 ist kundenorientiert und nutzt den IT-Einsatz. Marketing 3.0 verfolgt einen ganzheitlichen Ansatz mit Werte-Ausrichtung. Werte werden über das Marketing an die Stakeholder vermittelt, denn Werte sind das Ergebnis von Kommunikation (Mast 2012). Das moderne Mar-

[13] Omni- oder Multi-Channel-Management nutzt unterschiedliche Vertriebskanäle, um Produkte zu verkaufen. Ziel ist es, die Ware über den von Kunden favorisierten Kommunikationskanal anzubieten.

keting wird immer komplexer bezüglich der Ziele, der zu kommunizierenden Inhalte, der antizipierte Rezeptionssituation des Konsumenten und der interaktiven Echtzeit-Kommunikation. Moderne Marketing-Kommunikation weist f. Merkmale auf (Tropp 2014):

- Interaktivität: Teilnahmemöglichkeit des Rezipienten am Kommunikationsprozess,
- Sozialpräsenz und Soziabilität: persönliche Kontaktmöglichkeit,
- Zeichen-/ Nutzenvielfalt: Wahrnehmung unterschiedliche Funktionen,
- Autonomie des Rezipienten gegenüber den Kommunikationsangeboten,
- Verspieltheit: Unterhaltungsnutzen in Relation zu Nützlichkeitserwägungen,
- Privatheit und Personalisierung von Mediengebrauch und Inhalten (ebd.).

Zum Social-Media-Einsatz in Unternehmen gibt es bereits einige Studien. Die meisten Firmen haben das Social-Media-Potenzial für sich entdeckt. Laut einer repräsentativen Umfrage im Auftrag des Digitalverbands Bitkom (2015) setzen die meisten (75 Prozent) der d. Unternehmen Social Media in der Kommunikation ein. Unterschiede nach Unternehmensgröße gibt es dabei nicht: Auch KMU (kleine und mittlere Unternehmen) profitieren von den interaktiven Möglichkeiten und der hohen Reichweite. Vor allem in der Dienstleistungsbranche ist Social-Media-Marketing beliebt, mehr als acht von zehn Unternehmen (84 Prozent) nutzen es (Bitkom 2015). Zumeist sind die Ziele: die Kundenbindung (73,4 Prozent), die Kunden-Gewinnung (64,9 Prozent), das Online-Marketing (64,3 Prozent) und die Steigerung des Bekanntheitsgrades (64,3 Prozent) (DIM 2012). Die externe Unternehmenskommunikation (Marketing, Öffentlichkeitsarbeit, Werbung) ist zumeist der Treiber für das Social-Media-Marketing. Drei Viertel der Firmen setzen Social Media ein, um ihre Werbung zu unterstützen. 72 Prozent nutzen Social Media für das Marketing und 60 Prozent für die Öffentlichkeitsarbeit (Bitkom 2012).[14] Dabei nutzen sie vor allem Netzwerke wie Facebook, Xing, Google Plus, LinkedIn, Twitter und YouTube. Doch ein professionelles Social-Media-Marketing ist für viele Unternehmen noch immer nicht etabliert. Obwohl bereits die Hälfte der Unternehmen in D. Social Media einsetzen, agieren 66 Prozent davon bei dem Einsatz unprofessionell: Viele Unternehmen haben keine Social-Media-Ziele definiert (ebd.). Doch die alleinige Präsenz reicht nicht aus, um einen ROI zu erzielen. Für das Social-Media-Marketing für Unternehmen haben sich f. Netzwerke herauskristallisiert (Hilker 2015):

1. Facebook ist das größte Netzwerk (mehr als 1,59 Mrd. Nutzer sind monatlich aktiv);
2. Xing ist das Netzwerk für berufliche Anliegen im deutschsprachigen Raum;
3. Twitter ist ein Micro-Blog-Netzwerk mit vielen mobilen Möglichkeiten;
4. Google Plus eignet sich als Unterstützung im Suchmaschinen-Marketing;

---

[14] Für die Studie wurden 723 d. Firmen zum Social-Media-Einsatz befragt. Die Untersuchung steht online zum Download zur Verfügung: www.bitkom.org/files/documents/Social_Media_in_deutschen_Unternehmen.pdf. (Abruf 07.08.2016).

5. YouTube ermöglicht die Publikation und das Teilen von Webvideos;
6. LinkedIn ist ein Business Netzwerk für internationale Geschäftsbeziehungen;
7. Flickr ermöglicht das Publizieren und Teilen von Bildern und Videos (ebd.).

Zur Auswahl geeigneter Social-Media-Kanäle müssen Unternehmen definieren, welche Zielgruppe sie erreichen wollen (Hilker 2010, S. 32–33). Dazu kann man Nutzer-Typologien[15] verwenden, um Ansätze zur effizienten zielgerichteten Ansprache zu finden. Grundsätzlich lassen sich qualitative und quantitative Nutzer-Typologien unterscheiden. Qualitative Typologien basieren auf einer kleinen Stichprobe und sind für das Marketing erst in quantitativer Form handhabbar. Erst mit einer für die Grundgesamtheit repräsentativen Stichprobe wird die Typologie validiert und quantifiziert. Ein Indikator für die Aussagekraft einer Typologie ist der Methodensteckbrief[16]. Ist dieser unvollständig, ist die Untersuchung von zweifelhaftem Charakter. Die Aussagen der entwickelten Typologie sollen zudem durch die verfügbare Datenbasis jederzeit für Dritte nachvollziehbar sein (Ullrich 2011).

Es gibt bereits einige Typologien der Social-Media-Nutzer, doch viele davon sind nicht nutzbar, weil weder die Daten zum aktuellen Nutzungsverhalten, noch die Methodik der Typologie aktualisiert wurden. Die Nutzer-Typologie von Li und Bernoff (2009) zeichnet sich durch beständige Daten-Aktualisierung seit 2007 aus. Das Modell klassifiziert Nutzer nach Internet-Aktivitäten in einer soziotechnografischen Perspektive. Je höher gelegen die Sprosse, desto aktiver ist die Nutzer-Kategorie. Sie klassifiziert Menschen nach der Art und Intensität der Beteiligung in Social Media und unterteilt sie in Rollen: Kreative, Kritiker, Sammler, Mitmacher, Zuschauer und Inaktive. Die Nutzer-Verteilung variiert z. B. nach Geschlecht, Alter, Land. Die Nutzertypen werden in Tab. 4 mit ihren Merkmalen erläutert.

Tab. 4: Social-Media-Nutzertypen mit typischen Merkmalen, in Anlehnung an Li und Bernoff (2011, S. 43)

Nutzer-Typen	Merkmale
Kreative	veröffentlichen Blogs, Websiten und produzierte Videos
Kritiker	verfassen Bewertungen über Produkte und Services, kommentieren Blog-Beiträge anderer, schreiben Beiträge in Foren oder Wikis
Sammler	abonnieren RSS-Feeds, bewerten Websites, nutzen Tags für Fotos

[15] Eine Typologie ist die Lehre von Typen: Eine Grundgesamtheit wird durch Zusammenfassen von Gemeinsamkeiten in unterscheidbare Gruppen segmentiert. Das Marketing versucht mit Typologien plakative, vorstellbare Menschentypen (Personas) zu entwickeln – unter Zuhilfenahme von demographischen, sozio-ökonomischen, psychologischen und (kauf)verhaltensbezogenen Kriterien, um die Entscheidungskomplexität zu reduzieren: Eine große Anzahl von Einzelpersonen wird auf eine überschaubare Typen-Anzahl verdichtet, für die sich dann spezifische und zielgruppen wirksame Maßnahmen entwickeln lassen. Eine Nutzer-Typologie komprimiert also eine große Anzahl von Menschen zu Typen, um die Komplexität der Entscheidungsprozesse in Marketing und Unternehmenskommunikation zu reduzieren.

[16] Ein Methodensteckbrief enthält die Grundgesamtheit, Größe der Stichprobe, Erhebungsmethode und den Zeitraum.

Mitmacher	besitzen Social-Media-Profile und besuchen sie regelmäßig
Zuschauer	konsumieren Videos und Podcasts, lesen Blogs, Foren, Bewertungen
Inaktive	beteiligen sich nicht an Aktivitäten in Social Media

Viele Menschen nutzen Social-Media-Netzwerke für soziale Bedürfnisse: Sie schliessen Kontakte online und pflegen ihre Freundschaften (Li und Bernoff 2009, S. 68). Dabei sind für viele Nutzer Marken ein persönliches Ausdrucksmittel: Sie signalisieren die Zugehörigkeit zu einer bestimmten sozialen Gruppe und bringen den Nutzer mit bestimmten Merkmalen in Verbindung durch ein Like (d.: gefällt mir) für eine bevorzugte Marke. Forrester hat zur o. g. Typologie von Li und Bernoff ein Online-Werkzeug entwickelt, das auf Basis von Datenanalysen die Nutzergruppen länderspezifisch darstellt. Damit kann man spezielle Analysen bezüglich Nutzer-Typen pro Land abfragen. Das ist für das internationale Marketing wichtig, um die Social-Media-Nutzertypen länderspezifisch anzusprechen. Welche Merkmale sind für deutsche Social-Media-Nutzer typisch? Deutsche Social-Media-Nutzer zeichnen sich aus durch viele Kreative (52 Prozent), Kritiker (38 Prozent) und Sammler (21 Prozent). Im deutschen Social-Media-Marketing sollten also kreative Anregungen durch Mitmach-Kampagnen dominieren. Zudem ist es wichtig, auf kritische Nutzer einzugehen und den Sammlern Nutzen zu bieten (Forrester Online-Werkzeug[17]). Die Nutzer-Typologie ermöglicht eine Grundlage zur Erstellung einer Social-Media-Strategie. Dabei zählt die POST-Methode zu den ersten Strategie-Ansätzen. Charlene Li und Josh Bernoff (2011) haben damit einen systematischen Social-Media-Strategie-Ansatz entwickelt. Das Kürzel POST umfasst vier Schritte (People, Objectives, Strategy, Technology) die nachfolgend erläutert werden (Hilker 2012, S. 49–51).

1. People (Menschen): Die Zielkunden werden definiert und die favorisierten Netzwerke werden analysiert. Dort sollten Web-Präsenzen eingerichtet werden. Anhaltspunkte dazu bieten die Erkenntnisse aus der Social-Technologie-Leiter (siehe oben).

2. Objectives (Ziele): Li und Berno benennen fünf Ziele zum Beziehungsaufbau online:

a) Zuhören: Durch die Analyse der Kundenaktivitäten online durch Monitoring[18] gewinnen Firmen Einblicke in die Themen der Zielkunden bezüglich Erfahrungen und Bewertungen.

b) Kommunizieren: Um interaktive Dialog-Angebote aufzubauen, gibt es diverse Möglichkeiten, z. B. Blogbeiträge und Community-Aufbau.

---

[17] Kostenfreies Online-Werkzeug von Forrester: empowered.forrester.com/tool_consumer.html, Abfrage am: 28.02.2015.

[18] Durch Monitoring lässt sich überprüfen, inwieweit die Markenbotschaften und die Einstellung zur Marke übereinstimmen. Nutzer können Anregungen für Produktinnovationen geben (Crowdsourcing). Man kann mit Social-Media-Monitoring Informationen über Wettbewerber gewinnen und Reputationskrisen online frühzeitig erkennen.

c) Motivieren: Ziel ist, Kunden als virale Markenbotschafter zu motivieren, um den Nutzen der Marke kostenfrei zu vermitteln, denn Kunden-Empfehlungen wirken glaubwürdig.
d) Unterstützen: Kunden unterstützen sich gegenseitig in Blogs, Self-Service Plattformen, Foren und Wikis, damit sparen Organisationen Geld für Personalkosten im Call-Center[19].
e) Integrieren: Für Li und Bernoff besteht der wirkliche Social-Media-Erfolg darin, dass Unternehmen Kunden in Produkt-Innovationsprozesse teilhaben lassen[20].
3. Strategy (Strategie): Mit der POST-Methode können Unternehmen Social Media in ihre Marketing-Kommunikation integrieren. Dabei wird das Beziehungsmanagement zwischen Organisation und Kunden geplant und auch Prozesse und Kampagnen.
4. Technology (Technologie) Unternehmen benötigen Verständnis für Nutzer- und Technologie-Zusammenhänge. Folgende Vorgehensweisen sind möglich:

- Teilhabe ermöglichen: Weblogs, YouTube oder andere Anwendungen, die auf Inhalten basieren, die von anderen Nutzern selber produziert werden.
- Netzwerke aufbauen: Durch digitale Verbindung von Social-Media-Profilen mit einer potenziell großen Mitglieder-Zahlen können viele neue Beziehungen aufgebaut werden.
- Kollaboration organisieren: Es gibt viele Technologien, die kollaborative Arbeit zu organisieren wie Wikis oder spezielle Croudsourcing-Anwendungen.
- Diskussionen anregen: Kommentare und Bewertungen finden oft in Foren statt.
- Inhalte verbreiten: Diese Technologien helfen, vorhandene Inhalte zu sortieren und zu verbreiten, wie Digg.com, Del.icio.us oder Mr Wong.

Aufgrund der hohen Wachstumsraten der Social-Media-Nutzerzahlen, der intensiven Mediennutzung und der vielfältigen Nutzungsweisen gelten Social Media bei vielen Marketing-Experten als ein Zukunftsthema. Unternehmen können damit hohe Reichweiten mit geringen Budget-Kosten erzielen, die weit unter den Investionen von klassischen Marketing-Maßnahmen liegen. Einige Experten fordern deshalb, Social Media in jede Marketing-Strategie zu integrieren (Bernecker und Beilharz 2012). Wer das Internet als Geschäftsfeld ignoriert, wird als Unternehmer nicht überleben, verschärfen andere Internet-Experten wie Brain Solis (2012) sogar die Botschaft. Ihmzufolge sind Unternehmen beraten, sich die Treue und Loyalität ihrer Kunden durch Social Media zu erhalten (ebd.). Demzufolge ist Vertrauen erforderlich: Es ist der Wirkstoff, um Online-Dialoge zu führen, Communities online aufzubauen und Kunden in die Geschäftsprozesse zu integrieren. Vertrauen wird auch von anderen Experten als der wichtigste Wirkungsmeachanismus für Unternehmen im Soci-

---

[19] Diese Vorgehensweise eignet sich für Firmen, die schwer erklärbare Produkte anbieten und ihre Kunden an Prozessen beteiligen wollen. Durch die kollektive Zusammenarbeit wird eine gemeinsame Wissensbasis erstellt. Das Know-how ist jederzeit abrufbar und erweiterbar. Voraussetzung ist, dass ein Unternehmen genug Kunden hat, die Beiträge liefern.
[20] Somit werden die Kunden zum integralen Bestandteil im Unternehmen. Sie können in Social Media oftmals schneller Informationen für Forschung und Entwicklung liefern als interne Abteilungen. Denn Kunden agieren unvoreingenommen mit dem Produkt, erkennen Optimierungen oftmals schnell und sind offen für Veränderungen.

al-Media-Marketing gesehen (Peppers und Rogers 2012). Die Besonderheiten im Social-Media-Marketing lassen sich f. zusammenfassen:

1. Menschen teilen online ihre Meinung. Deshalb hilft es nicht, Social Media zu ignorieren, denn Ignoranz schützt Unternehmen nicht vor Reputationskrisen.
2. Social-Media-Marketing agiert kundenzentriert und bedarfsorientiert: Im Gegensatz zum klassischen Marketing, wo Unternehmen mit Werbung die Aufmerksamkeit von Kunden gewinnen wollen, will Social-Media-Marketing nicht stören oder unterbrechen. Das Prinzip dreht sich also um: Firmen wollen von Kunden mit Bedarf gefunden werden.
3. Empfehlungsmarketing online ist ein wichtiges Ziel: Social-Media-Marketing kann virale Effekte auslösen. Das ist der größte Vorteil im Social-Media-Marketing, doch das funktioniert bei Low Involvement[21] Produkten aufgrund der geringen Aufmerksamkeit und der niedrigen Gedächtnisleistung nur eingeschränkt.
4. Zuhören wird zur obligatorischen Voraussetzung: Unternehmen hören also den Nutzer-Dialogen zu. Aufgrund des geringen Involvements und der Seriosität der Produkte gibt es wenig öffentliche Diskussionen über Finanzprodukte und Versicherungen.
5. Das Reputationsmanagement gewinnt an Stellenwert: Der gute Ruf ist im Dienstleistungsbereich ein wichtiges Mittel, um Vertrauen aufzubauen.

Social Media haben sich zu Massenmedien entwickelt und gehören heute zum Alltag vieler Menschen. 78 Prozent aller d. Internet-Nutzer sind in einem Social-Media-Netzwerk angemeldet und 67 Prozent nutzen sie aktiv (Bitkom 2012). Dabei nutzen die unter 30-Jährigen die Social-Media-Netzwerke am häufigsten: 89 Prozent dieser Personengruppe sind täglich in ihren präferierten Netzwerken aktiv. Dabei werden mit der Nutzung sozialer Netzwerke vor allem private Zwecke verfolgt: 73 Prozent der Befragten geben an, sich in den Online-Communities mit Freunden auszutauschen und die Kontakte zu pflegen (ebd.). Ausnahmen von dieser auf die privaten Interessen fokussierten Nutzung stellt die Netzwerke Xing und LinkedIn dar, die eine berufliche Ausrichtung verfolgen.

Wie hat sich das Mediennutzungsverhalten in den letzten Jahren verändert? Der Anteil der Internet-Nutzer liegt in D. 2014 bei 79,1 Prozent (ARD / ZDF 2014). Bezogen auf die Gesamtbevölkerung sind dies 44,5 Mio. Menschen, die täglich online sind. Mit 488 Minuten ist die tägliche Nutzungsdauer von elektronischen Medien zehnmal so hoch wie von gedruckten Angeboten. Durch mobile Endgeräte[22] und mehr Bandbreiten ist die Nutzung komfortabler geworden und es wird immer mehr Zeit mit dem Internet verbracht. Bei der Zielgruppe der 14-29 Jährigen (Digital Natives) ist das Internet mit einer durchschnittlichen

---

[21] Involvement bezeichnet die Ich-Beteiligung (inneres Engagement) mit dem sich eine Person einem Thema widmet (Trommsdorff 2009). Im Vergleich von *High* versus *Low Involvement* Käufen zeichnen sich unterschiedliche personen-, situations- und reizspezifische Einflussfaktoren aus. Diese Merkmale erschweren das Social-Media-Marketing für Versicherungen, denn damit sind hohe Marketing-Investitionen mit vielen Stimuli zur Vermarktung erfordert.

[22] Die Tablet-Verbreitung in den Haushalten hat sich innerhalb von zwei Jahren vervierfacht und die Verbreitung der Smartphones verdoppelt (ARD / ZDF 2014).

Nutzung von 187 Minuten am Tag das führende Medium. Das Internet dient in dieser Altersgruppe als Zugangsplattform für vielfältige Anwendungen und Bedürfnisse. Damit erschließt sich eine zunehmend neue Wettbewerbssituation (Engel und Breunig C., S. 321). Wie verändern Social Media die Meinungsbildung? Mit Social Media ist es möglich geworden, dass Kunden ihre Meinungen und Bedürfnisse direkt öffentlich online mitteilen und sich Unternehmen im Eigeninteresse darum bemühen müssen, darauf schnell und angemessen zu reagieren. Damit entsteht eine interaktive Kommunikation in Echtzeit zwischen Kunden und Unternehmen, die erst durch das Internet und Web 2.0 Technologie ermöglicht wurde (Kotler et al. 2010). Mit der digitalen Medien-Revolution haben sich die Social-Media-Netzwerke entwickelt. Ständig entstehen neue Netzwerke, während andere verschwinden[23]. Diejenigen, die sich über einen längeren Zeitraum im Markt beweisen, werden hinsichtlich ihrer Funktionen und Nutzungsmöglichkeiten laufend verändert. Aufgrund der Vielfalt der Angebot, der großen Nutzer-Anzahl und der Nutzungsintensität ist es nicht verwunderlich, dass Social Media die Wirtschaft und Unternehmen massiv verändert haben.

Auch das Versicherungsmarketing ist von diesem Wandel betroffen, denn mit der Medienrevolution hat sich auch das Kunden-Verhalten entscheidend geändert: gut informierte, anspruchsvolle und kritische Kunden streben nach einem hohen Tempo in der Marketing-Kommunikation. Sie erwarten interaktive Echtzeit-Kommunikation von Unternehmen auf Augenhöhe und individuelle Service-Angebote über Social Media.[24] Diese Anspruchshaltung wird durch eine abnehmende Kunden-Loyalität begleitet: Kunden wechseln häufiger, schneller und leichter von einem Anbieter online zum nächsten, so dass Versicherungen neue Marketing-Ansätze benötigen, um ihre Kunden wirksam zu gewinnen und zu binden. Das Tempo in der Social-Media-Kommunikation ist hoch und nicht mit herkömmlichen Medien vergleichbar. Pro Minute werden laut Statista[25] auf Facebook circa 100.000 Freundschaftsanfragen verschickt, auf Twitter 277.000 Tweets gesendet[26]. Versicherungen, die im digitalen Zeitalter erfolgreich sein wollen, müssen mit diesem Tempo Schritt halten. Sie sollten im Social-Media-Marketing in regelmäßigen Abständen relevante Beiträge posten und die Dialogpartner persönlich ansprechen, unterhalten und Mitmach-Aktionen bieten. Zudem müssen Unternehmen ihre Zielgruppen online durch Monitoring beobachten, Diskussionen moderieren und auf Beschwerden online souverän reagieren, um die Reputation zu schützen. Unternehmen müssen Beschwerden ernst nehmen und direkte Reaktionen zei-

---

[23] Stayfriends und StudiVZ sind z. B. Social-Media-Netzwerke, die kaum noch Beachtung von Nutzern finden.
[24] Siehe Hilker, C. in Cash: www.cash-online.de/versicherungen/2014/social-media-marketing/187667 (Abruf 07.08.2016).
[25] Siehe www.faz.net/aktuell/wirtschaft/wirtschaft-in-zahlen/grafik-des-tages-was-binnen-einer-minute-im-internet-passiert-13459083.html (Abruf am 23.11.2015).
[26] Eine Website-Grafik zeigt in Echtzeit die Social-Media-Datenproduktion: http://pennystocks.la/internet-in-real-time

gen, weil Fehler direkt online diskutiert werden und ggf. die Kompetenz des Unternehmens öffentlich in Frage stellen (Hilker 2012, S. 22). Da Online-Publikationen eine große Leserschaft erreichen, können sie fatale Auswirkungen für die Reputation haben. Kunden teilen ihre Erfahrungen online, während Kunden mit Kaufabsicht ihre Anliegen googeln. Einige Versicherungen (wie Ergo) haben damit schon negative Erfahrungen gesammelt, indem sie einen Reputationsschaden durch einen Shitstorm erlitten haben (Hilker 2012, S. 205).

Diese Effekte haben entscheidende Auswirkungern auf Kaufentscheidungen. Über die Hälfte der Konsumenten (51,3 Prozent) lässt die Kaufentscheidung durch Social Media beeinflussen (DigitasLBi 2015). Von den 18 bis 34-Jährigen geben 70 Prozent an, dass Social Media ihre Kaufentscheidungen beeinflussen. Dabei besitzen Facebook (29,9 Prozent) und YouTube (26,5 Prozent) die größte Macht zur Kaufentscheidung. Die Kombination von Content-Marketing und Online-Werbung kann eine große Schubkraft entfalten, wenn Unternehmen intelligente Ansätze dafür nutzen. Sowohl originäre Inhalte als auch Werbemaßnahmenerzeugen ähnliche Effekte (ebd.)[27]. Diese Veränderungen beschreibt auch das Buch Socialnomics (Qualman 2012) visionär: "In der nahen Zukunft werden wir Nachrichten nicht mehr suchen, sondern sie werden uns finden oder wir machen sie selbst. Diese Zukunft hat bereits begonnen" (ebd., S. 48).[28] Unternehmen ohne Webpräsenzen verschwinden aus der Wahrnehmung der Nutzer. Demzufolge benötigen Versicherungen strategisch geplante Webpräsenzen und gezielte Online-Strategien mit Social Media. Damit nutzen sie die Chance, auch in Zukunft auf dem Markt eine digitale Wahrnehmung zu erzielen und neue Kunden zu finden und zu binden, um Umsatzziele zu erreichen.

Was bedeutet diese Entwicklung für Versicherungen? Die Studie „Zukunft der Versicherungen“ (Ambacher, N., Jánszky, S., Knapp, D. 2014) stellt fest, dass die Kriterien Glaubwürdigkeit, Vertrauensbildung und Transparenz in der Beziehung zwischen Versicherungen und Kunden heute wichtiger sind denn je. Für Versicherungen hat dies eine gravierende Bedeutung, denn: „Die Frage, wem die Kunden in Versicherungsfragen in Zukunft vertrauen werden, ist die zentrale Herausforderung für etablierte Unternehmen“ (ebd.). Versicherungen sind gezwungen, sich diesen Herausforderungen im Wertewandel zu stellen. Erschwert wird dieser Prozess durch weitere Entwicklungen, die durch Social Media ausgelöst wurden. Die Infrastruktur zur Informationsgewinnung, -Verteilung und Meinungsmache hat sich massiv verändert. Durch die immer größer werdende Bedeutung von Partizipation, Vernetzung und Beschleunigung werden nicht nur althergebrachte, siloartige Hierarchien im Un-

---

[27] Für die Studie „Connected Commerce 2015“ der Digitalagentur DigitasLBi wurden über 1.000 deutsche Verbraucher zu ihrem Kaufverhalten durch das Marktforschungsinstitut IFOP befragt.

[28] Im Video "Social Media Revolution“ erläutert Erik Qualman seine Thesen zum Buch „Socialnomics“: Wie wir zukünftig Geschäfte machen werden: www.socialnomics.net/2010/05/05/social-media-revolution.

ternehmen aufgelöst, sondern es kommt zu einem Paradigmenwechsel in der externen Marketing-Kommunikation. Der digitale Paradigmenwechsel bedeutet für Unternehmen den Verlust von Macht und Kontrolle am Markt und schwächt die Deutungshoheit von Organisationen im Prozess des Agenda Settings (Meckl und Schmid 2010). Somit wird der gute Ruf im Social-Media-Zeitalter zunehmend fragiler. Er muss als wertvolles Unternehmenkapital mit Online-Repuationsmanagement mit Monitoring geschützt werden.

Bei all diesen Veränderungsprozessen ist es nicht verwunderlich, dass Versicherungen in D. zur Zeit nur zögerlich im Social-Media-Bereich agieren (Hilker und Raake 2010, S. 43). Diese Zurückhaltung darf allerdings nicht dazu führen, dass Versicherungen den internationalen Anschluss verpassen und Nachteile im globalen Wettbewerb erfahren (Keylens 2012). Diese Arbeit hat deshalb das Ziel, die Zusammenhänge des Social-Media-Marketing von Versicherungen zu untersuchen und einen wissenschaftlichen Beitrag dazu zu leisten, die Hintergründe systematisch zu erforschen. Zudem sollen aus den Befunden Anhaltspunkte generiert werden, wie Versicherungen Social-Media-Marketing gewinnbringend einsetzen können, um optimal von den neuen Chancen zu profitieren und den digitalen Wandel zu meistern. Zwar gibt es bereits viele Forschungsstudien über den Social-Media-Einsatz in den High-Involvement-Branchen (wie: Handel, Tourismus, Automotive) (DIM 2012), jedoch nur wenige Forschungsergebnisse im Bereich mit Low-Involvement[29] wie Finanzsektor. Die den Versicherungsbereich betreffende Forschungslücke ist als erheblich zu bezeichnen. Die Medien-Revolution erfordert von Unternehmen umfassende Kenntnisse zur Anwendung der neuen Regeln für Marketing und Kommunikation (Meermann Scott 2009, S. 63–64). Nicht verwunderlich ist es dementsprechend, dass viele Unternehmen einen hohen Beratungsbedarf aufweisen, wie mit den Neuerungen im Sinne des Unternehmensinteresses am geschicktesten umzugehen ist. Viele Unternehmen sind davon überzeugt, dass eine geschickte Präsenz und Kommunikation im Internet für die Unternehmen unverzichtbar sind. Daraus resultiert, dass sich im Bereich der Unterstützung von Unternehmen durch Social-Media-Experten ein großer neuer Markt entwickelt. Laut Marktforschung wurden 16,9 Mrd. US-Dollar im Segment Social Media zum weltweiten Social Media Umsatz im Jahr 2012 erwartet (Gartner 2012). Damit wird deutlich, dass viele Entscheider von den neuen Chancen überzeugt sind, weil Social-Media-Marketing im Gegensatz zum klassischen Marketing einen direkten persönlichen Zugang zur Kommunikation mit Menschen bietet.

[29] Low-Involvement-Bereiche zeichnen sich durch geringes Kunden-Interesse und habituelles Kaufverhalten aus. Die detaillierte Beschreibung erfolgt im Kapitel 1.8 Probleme und Forschungslücke.

1.2 Die Integration von Social Media in das strategische Marketing

Nachfolgend wird die Social-Media-Integration im Versicherungsmarketing untersucht, um die Anforderungen und Merkmale zur erfolgreichen Umsetzung zu beleuchten. Social Media haben das Marketing gravierend geändert. Kotler und Keller beschreiben den Paradigmenwechsel wie folgt: "Wir können mit einiger Zuversicht sagen, der Markt ist nicht das, was er früher war. Es unterscheidet sich dramatisch von dem, was er vor zehn Jahren war" (Kotler 2012, S. 34). Demzufolge gibt es drei Herausforderungen: Globalisierung, IT-Fortschritt und Social Media. Das bietet neue Chancen, erfordert aber auch neue Ansätze, denn:

- die Technologie beeinflusst noch stärker das Marketing;
- das Marketing erfährt durch die Social-Media-Revolution[30] einen neuen Druck: Die Verbraucher verlassen sich in ihrer Kaufentscheidung auf Social Media, sie beachten Produktempfehlungen von anderen Netzwerk-Mitgliedern und teilen ihre Meinung.
- Big Data[31] ist eine große Herausforderung für Unternehmen (Kotler 2012, 34 ff.).

Die Bitkom-Umfrage (2013) bestätigt ähnliche Entwicklungen in D.: Social Media bleiben mit 22 Prozent oben auf der Agenda den wichtigsten Marketing-Trends für Unternehmen (ebd.). Für das neue Marketing definieren (Kotler und Keller 2012) f. Schlüsselfaktoren:

- IT und Globalisierung: Das digitale Zeitalter stellt viele Daten (Big Data) bereit, die hilfreich für die Preiskalkulation und die internationale Wettbewerbsbeobachtung sind;
- Erhöhter Wettbewerb: Der internationale Wettbewerb erhöht die Marketing-Kosten und reduziert die Responseraten und die Gewinnmargen;
- Disintermediation[32]: Der Erfolg von Dotcom-Giganten wie Amazon, Dell und Yahoo basiert darauf, Intermediäre auszuschalten und damit Kostenvorteile zu erzielen;
- Mangelnde Kunden-Loyalität: Kunden haben verstärkte Macht durch den interaktiven Meinungsaustausch in Social Media. Sie zeigen weniger Markentreue, weil sie weniger Unterschiede bei Produkten erleben und Preisvergleiche online machen (Kotler 2012).

Wie lösen Unternehmen den Spagat zwischen klassischen und digitalen Marketing? Viele integrieren digitale Methoden in das klassische Marketing wie folgt:

- **Segmentierung**: Sie legen den Fokus im digitalen Marketing auf die Segmentierung, um z.B. sowohl Business to Business als auch Business to Consumer zu erreichen;
- **Influencer Marketing**: Beeinflusser zu identifizieren und in Kampagnen einzubinden ist ein Konzept im digitalen Marketing, um Reichweite und Engagement zu erreichen;

---

[30] Das Video zur Social-Media-Revolution: https://www.youtube.com/watch?v=jottDMuLesU (18.06.2016)

[31] Big Data wurde erstmalig durch Gartner 2011 zitiert und basiert auf das 3-V-Modell des Analysten D. Laney, der die Herausforderungen des Daten-Wachstums als dreidimensional bezeichnet hat: a) steigendes Volumen, b) steigende Geschwindigkeit der Daten-Erzeuzung und Verarbeitung und c) eine steigende Daten-Vielfalt.

[32] Disintermediation meint den Bedeutungsverlust von Intermediären (Vermittler zwischen Akteuren) im Wirtschaftssystem, wobei Stufen der Wertschöpfungskette entfallen, dies führt zu Kosteneinsparungen.

- **Omni-Channel-Management**: Mit einem CRM-System lässt sich die Kunden-Kommunikation kanalübergreifend in Echtzeit-Kommunikation gestalten;
- **Crossmedia-Kommunikation**: Push-und Pull-Technologien werden kombiniert, z. B. wenn eine E-Mail-Kampagne ein Banner oder Link zu einem Download-Inhalte enthält;
- **Content-Marketing**: SEO-orientierte und Kunden-zentrierte Themen werden von Unternehmen online bereitgestellt, um darüber neue Kunden (bzw. Leads) zu gewinnen.

Wie ist der Stellenwert von Social-Media-Marketing für Unternehmen? Nach der Studie „Turning Buzz into Gold der Unternehmensberatung" (McKinsey 2012) messen 70 Prozent der Unternehmen in D. Social Media eine hohe strategische Bedeutung bei. Die Studie zeigt aber auch, dass deutsche Unternehmen das Social-Media-Potenzial unvollständig ausschöpfen. Zwar nutzen schon viele Unternehmen Social-Media-Marketing, doch nur wenige zur Kommunikation. Auch die IBM-Studie Global C-Suite Study untersucht die Chancen des Marketing für die Zukunft (IBM 2013). Sie belegt den wachsenden Einfluss neuer Technologien auf den Unternehmenserfolg: 94 Prozent der befragten Marketing-Leiter gehen davon aus, dass die Nutzung von IT-Analysen und mobiler Anwendungen zukünftig einen entscheidenden Einfluss auf das Erreichen der Unternehmensziele haben werde. Laut IBM setzen erfolgreiche CMOs (Chief Marketing Officer) verstärkt auf die Integration von Big Data, um Kunden-Bedürfnisse zu erkennen. Die Studie zeigt drei Anforderungen an Unternehmen: 1) Aktive Partizipation von Kunden; 2) Innovatives Einbinden digitaler und physischer Welten und 3) Konsequentes Schaffen positiver Kundenerfahrungen (ebd.).

In welchem Reifegrad ist das Social-Media-Marketing? Es ist noch in der frühen Entwicklungsphase mit einem steten Anstieg der Nutzungsintensivität. Bei einer Umfrage von Statista wurden die Marketing-Trends erfragt. 14 Prozent der Befragten gaben an, verstärkt in Social-Media-Marketing zu investieren (Statista 2014). Wie gelingt die Integration von Social Media in die strategische Marketing-Kommunikation? Um Social Media in das Marketing zu integrieren, bedarf es eines fachlichen Ansatzes. Versicherungen können Social Media in das strategische Marketing durch Fachkonzepte integieren, wie Tab. 5 zeigt.

Tab. 5: Social-Media-Integration in das strategische Marketing, eigene Darstellung

Bereiche	Exemplarische Fachkonzepte	Nutzen-Potenzial
Strategisches Marketing	Reputationsmanagement, Digitales Branding, Kampagnen-, Crossmedia-, Content-Marketing	Das Kundenbeziehungsmanagement gewinnt Tempo, Transparenz, Interaktion
Social-Media-Kanalstrategien	Facebook-, Xing-, Twitter-, Youtube-, Google-Plus-Marketing	Jüngere Zielgruppen werden erreicht, Empfehlungsmarketing ist möglich
Unternehmens-	Newsroom, Online-PR, Blogger	Die Stakeholder Kommunikation wird

kommunikation	Relations, Corporate Blog, Influencer Marketing	günstiger, schneller, partizipativer
Vertriebs-förderung	Community-Management, Menschen als Markenbotschaftler, Virales Marketing, Social CRM	Die Kundenbeeziehung wird gefördert, durch Social-CRM werden neue Kunden identifiziert und gewonnen.
Kunden-Service	Service-Community online, Social Customer Relationship	Durch Blogs finden Kunden Antworten auf Fragen online im Self-Service

Wie ist der Status von Versicherungen zur Social-Media-Integration in die Marketing-Kommunikation? In der Praxis zeigt sich eine große Diskrepanz zwischen der strategischen Bedeutung und den realisierbaren Social-Media-Ergebnissen. Nur wenige deutsche Versicherungen haben in diesem Kontext einen Lernprozess durchschritten. Viele nutzen die erheblich Potenziale zur Monetarisierung von Social Media zurzeit noch nicht. Reifegradmodelle eigenen sich dazu, um den Status zu definieren. Es existieren bereits einige dazu (Aslanski et al. 2010; Köhler et al. 2011; Back 2011). Nachfolgend wird das Social-Media-Reifegradmodell zur Professionalisierung beleuchtet von Simmet (2012), das die Akzeptanz der neuen Kommunikationsbedingungen und Machtstrukturen durch die Führungsebene untersucht. Dabei steht nicht mehr die Maximierung des Shareholder Values im Fokus, sondern die Maximierung des Kundennutzens unter Mitarbeiter-Beteiligung. Durch den Social-Media-Einsatz können Unternehmen demzufolge eine voll ausgereifte Professionalisierung erzielen. Allerdings basiert dieses Reifegrad-Modell auf hypothetischen Annahmen, d. h. es fehlen noch konkrete Forschungsergebnisse dazu. Die fünf Stufen werden so erläutert (ebd.).

1) Zuhören durch den Einsatz von Social-Media-Monitoring: Die Aktivitäten und Äußerungen der Kunden in Social Media werden beobachtet und analysiert.

2) Erstellen von Social-Media-Präsenzen zur Steigerung des Bekanntheitsgrades und für die Werbung, z. B. Facebook-Fanpage, Twitter-Account und YouTube-Kanal einrichten.

3) Aufbau einer eigenen Community: Wenn es gelingt, aktive Fans und Influencer einzubinden, lassen sich weiterführende ROI-Potenziale zur Monetarisierung erschließen.

4) Integration von Social Media in die Geschäftsprozesse: Durch Communities und die konsequente Einbindung von Social Media in die Geschäftsprozesse können sich Kunden am Innovationsmanagement für Produkt-Entwicklung (Crowdsourcing, Open Innovation) beteiligen, z. B. Kunden-helfen-Kunden-Foren, Self-Service Plattformen, Social CRM.

5) Transformation in ein sozial integriertes Unternehmen: Auflösung von Unternehmensgrenzen, indem Kunden und Mitarbeiter durch Enterprise-2.0-Werkzeuge im digital-vernetzten Unternehmens mit einem offenen Austausch, mobile Dialoge führen (ebd.).

Auf welcher Stufe im Reifegrad-Modell stehen Versicherungen? In der Studie Social Media für Versicherungen von AMC / Hilker Consulting (2014) gab es dazu eine Umfrage mit der folgenden Frage: Wie würden Sie Ihr Unternehmen im digitalen Transformationsprozess einstufen? 44 Prozent der Befragten gaben an, sich auf der vierten Stufe mit der Integration von Social Media in Geschäftsprozesse zu befinden. Rund 22 Prozent sahen sich in der dritten Stufe und somit im Prozess zum Aufbau einer eigenen Community. 17 Prozent befanden sich nach eigener Einschätzung auf Stufe zwei mit der Erstellung von Social-Media-Präsenzen. Jeweils sechs Prozent waren auf der Stufe 0 (Keine eigene Social-Media-Aktivität) bzw. 1 (Nutzung von Social-Media-Monitoring). Die höchste Stufe (Transformation in ein sozial integriertes Unternehmen) sehen nur 6 Prozent als erklommen an (ebd.)[33]. Durch die Stufen der Integration und Transformation können Versicherungen Reifegrade entwickeln zur Partizipation der Nutzer. Damit lassen sich Optimierungen im Geschäftsmodelle erzielen (Produkt-Innovationen), Leistungserweiterung (z. B. Service-Communities) oder disruptische Geschäftsmodell-Innovationen (wie Friendsurance).

Unternehmen in anderen Branchen nutzen diese Ansätze bereits. Six, Starbucks und Dell nehmen die Meinungen und Wünsche der Kunden auf und setzen sie möglichst auch um (Hilker 2012, S. 85–88). Damit wird der Kunde zum Antreiber der Entwicklung von Unternehmen, Produkten und Service. Zudem nutzen sie virale Effekte mit Mund-zu-Mund Propaganda und machen den Nutzer zum Markenbotschafter. Das erhöht die Reichweite der Marketing-Maßnahmen und das Unternehmen spart Werbebudget (Evans 2008). Damit verändert sich das Marketing massiv: Es geht nicht mehr um Vertrieb und Umsatz, sondern um „Marketing mit Freunden“ (Holzapfel und Holzapfel 2011). Durch den digitalen Wandel und die neue Mediennutzung sind Versicherungen gezwungen, sich diesen Herausforderungen zu stellen und Anpassungen vorzunehmen. Doch Versicherungen setzen Social-Media-Marketing nur zögerlich und rudimentär ein. Nur 46 Prozent der Versicherungsvermittler nutzen Xing und 61 Prozent Facebook (GDV 2012). Wer in Social Media aktiv ist, landet bei den Suchmaschinen eher auf den vorderen Plätzen, denn für das Ranking wird verstärkt auf Social-Media-Aktivitäten zurückgegriffen. Zudem besteht das Risiko für Versicherungen, den Anschluss an die jüngeren Generation (Digital Native, Generation Y) zu verpassen. Zumeist begründen sich die Hemmnisse bei deutschen Versicherungen auf mangelnde strategische Entscheidungen, weil der Social-Media-ROI unklar ist. Viele globale Versicherer (59 Prozent) nutzen bereits Social-Media-Marketing, aber nur wenige haben es in ihre CRM-Systeme integriert (Capgemini 2013). Demzufolge sollten Versicherer Social-Media-

[33] Da die Online-Umfrage nur Ergebnisse von 18 Versicherungen ermitteln konnte, sind die Ergebnisse nicht repräsentativ, sondern zeigen lediglich die Tendenz auf, dass viele Nutzenpotenziale noch nicht ausgeschöpft werden.

Kundendaten in ihr CRM-System integrieren, um ein Social-CRM zu schaffen. Der Fokus der Versicherungswirtschaft würde sich somit verändern: weniger Kostenreduktion und operativen Effizienz und mehr Aktionen zur Umsatz-Steigerung und Markentreue. Dadurch würden die Kosten zur Kundenakquise sinken.[34] Das Risiko, Kunden an Mitbewerber zu verlieren, steigt für Versicherungen durch Social Media, denn die Mitbewerber tummeln sich auf den gleichen Plattformen und sind so nur einen Mausklick entfernt.

Ein Exkurs erweitert die Perspektive: Wie meistern Versicherungen die Herausforderungen durch den digitalen Wandel? Social Media sind ein Bestandteil in der digitalen Business Transformation. Jedoch geht die Digitalisierung noch weit darüber hinaus, weil auch interne Bereiche wie Prozesse und IT-Architekturen davon betroffen sind. Laut Accenture (2013) planen die meisten europäischen Versicherungen (78 Prozent) verstärkte Investitionen in die digitale Transformation bezüglich Kundenkontakt und Vertrieb. Bis 2016 sollen bei jedem Versicherungen durchschnittlich 27 Mio. Euro in diese Projekte fließen. Das Fazit der Studie: "Erst die digitale Transformation bietet die Grundlage für Interaktionen im Zusammenhang mit Information, Beratung und Verkauf, um auch zukünftig Kunden zu begeistern" (Accenture 2013). Laut Accenture müssen Versicherungen in digitale Strategien investieren, um das Kundenerlebnis bei jeder Interaktion zu intensivieren. Die bestehenden Vertriebskanäle für die Digitalisierung zu optimieren ist für die Versicherungen die größte Herausforderung[35] (Accenture 2013; Swiss Re 2014). Innovative Marketing-Ansätze sind erforderlich, um die Komplexität im Kaufprozess mit einer Vielzahl der Kontaktpunkte mit jeweils positive Markenerlebnis zu ermöglichen. Die konsequente und durchgängige Online-Kommunikation ist für neue Marketing-Ansätze eine große Herausforderung wie Customer-Experience-Management, das durch positive Kundenerfahrungen zum Aufbau einer emotionalen Bindung den Vertrauensaufbau zwischen Unternehmen und Kunden fördern will.

1.3 Die Besonderheiten im Versicherungsmarketing

Die Versicherungsbranche hat lange Zeit gänzlich auf Marketing verzichtet. Experten kritisieren, dass nicht nur das Fehlen von Marketing-Strategien, sondern auch der Einsatz moderner Ansätze optimierungsbedürftig sei (Beenken 2008). Generell hat das Marketing in Versicherungen einen geringen Stellenwert, während der Vertrieb einen hohen Rang einnimmt. So konnten Versicherung bisher kontinuierlich hohe Zuwachsraten erzielt. Deshalb erschien es bislang nicht notwendig, das Marketing stärker zu gewichten. Doch aktuell wird

---

[34] Original: "Going forward, the German non-life insurance industry has an opportunity to reduce acquisition costs by developing and utilizing low-cost direct-sales channels (Internet and mobile). This should reduce the reliance and cost of intermediaries for distribution and increase the amount of direct sales (currently less than 5%)" (Capgemini 2013, S. 13).

[35] Die Rolle der registrierten VV stehe auf dem Prüfstand, sagten 85 % der befragten Führungskräfte. Andere Barrieren seien Beschränkungen in den IT-Systemen und fehlende Agilität der Organisation (jeweils 81 %) (Accenture 2013).

ein neuer Stellenwert von Marketing in der Versicherungswirtschaft diskutiert, weil sich das Kaufverhalten verändert hat. In der Dienstleistungsbranche hat das Marketing eine besondere Herausforderungen zu meistern. Nicht nur die Produkt-Immaterialität, sondern auch das veränderte Kaufverhalten durch Kunden, die interaktiv, transparent und in Echtzeit kommunizieren, erhöht die Erwartungshaltung an das Versicherungsmarketing. Infolge dessen ist der Kunde preissensibler geworden und durch den wachsenden Wettbewerb mehr darauf bedacht, Angebote zu vergleichen und zu diskutieren. Social-Media-Marketing für Dienstleistungen[36] erfordert spezifische Anpassungen. Aus dem Dienstleistungscharakter resultieren die Besonderheiten im Versicherungsmarketing: Die nicht greifbaren Produkte bieten Versicherungschutz mit abstraktem Nutzen (Zerres und Reich 2010). Das latente Bedürfnis nach Sicherheit muss erst noch geweckt werden und deckt einen nur schwer fassbaren Zukunftsbedarf. Versicherungen versprechen keinen Prestige-Nutzen, keinen konkreten Grenzwert und sind sogar mit negativen Assoziationen verbunden. Es bedarf einer langfristigen Bindung zum Risikoausgleich im Kollektiv. In der Konsequenz muss sich das Versicherungsmarketing mit f. Produktcharakteristika auseinandersetzen (Köhne 2006):

- **Hoher Erklärungsbedarf**: Versicherungen zeichnen sich durch Immaterialität und Abstraktheit aus.
- **Schwerverkäufliche Leistungen**: Versicherungen zwingen Kunden dazu, sich gedanklich mit negativen Ereignissen auseinanderzusetzten.
- **Geringe Konsum-Neigung**: Eine Versicherung ist kein selbstwerbendes Gut.

Somit ist die Integration von Social Media eine anspruchsvolle Aufgabe für das Versicherungsmarketing.[37] Doch es gibt damit auch neue Chancen: „Die neuen Medien erlangen für eine zeitgemäße Kundenansprache und -bindung einen erhöhten Stellenwert, so dass sie als ‚Medienpolitik' zu einem eigenständigen Instrument des Versicherungsmarketings erhoben werden" (Eickenberg 2006, S. 14). Zusammenfassend läßt sich sagen: „Erfolgreiches Finanzmarketing muss seinen Fokus radikal auf Kundenbedürfnisse legen – Web 2.0-Anwendungen können dabei eine entscheidende Hilfe sein. Dabei sollten Sie mit meinungsaktiven Kunden rechtzeitig in die Kommunikation einsteigen" (Hilker / Raake 2010, S. 188).

1.4 Die Ökonomie der Versicherungswirtschaft

Um die Versicherungswirtschaft zu skizzieren, werden nachfolgend deren Besonderheiten erläutert. Die Versicherungswirtschaft ist ein Wirtschaftsbereich mit großer volkswirtschaftlicher Bedeutung. Sie ist mit Aufgaben der Schadensverhütung und -

[36] Eine Dienstleistung umfasst „jede einem anderen angebotene Tätigkeit oder Leistung, die im Wesentlichen immaterieller Natur ist und keine direkten Besitz- oder Eigentumsveränderungen mit sich bringt" (Kotler und Bliemel 2001, S. 772).

[37] Laut Eickenberg (2006) zählen zu den älteren Instrumenten: PR/Öffentlichkeitsarbeit, Werbung, Verkaufsförderung und persönlicher Verkauf. Zu den neueren Instrumenten zählen: Product Placement, Sponsoring und Event-Marketing.

regulierung und der Sammlung von Kapital betraut (Wagner 2011, S. 736–737). Die private Versicherungswirtschaft basiert auf dem Äquivalenzprinzip[38]. Versicherungen mildern die Unsicherheit der Zukunft und ihre Risiken[39]. Farney definiert Versicherungen aus der Perspektive von Kunde und Versicherungen (Farny 2006, S. 8, 22): 1) Kundensicht: Versicherung ist der Transfer einer ungewissen Wahrscheinlichkeitsverteilung von Schäden auf die Versicherung gegen Zahlung einer Prämie; 2) Versicherungsperspektive: eine Versicherung deckt einen ungewissen, geschätzten Bedarfs auf der Basis von Risikoausgleich im Kollektiv. Aus Sicht der Makro-Ökonomie hat die Versicherungswirtschaft einen hohen Stellenwert. Die sozialen Sicherungssysteme der gesetzlichen Rentenversicherung, Arbeitslosenversicherung und soziale Pflegeversicherung spielen für Menschen in der BRD eine wichtige Rolle. Der hohe ökonomische Stellenwert der Versicherungswirtschaft zeigt sich anhand f. Kennwerte (Statista 2014a):

- **Umsatz**: 1,17 Mrd. Euro Umsatz wurden durch 143 deutsche steuerpflichtige Unternehmen 2013 in der Versicherungsbranche generiert[40];
- die **durchschnittlichen Gehälter der Branche** sind in 2011 um 3,1 Prozent gewachsen;
- 89 Prozent der Unternehmen in der Branche[41] nutzen einen Internetzugang;
- Arbeitsmarkt: 2012 hatte die Branche 181.251 sozialversicherungspflichtige Mitarbeiter;
- die durchschnittlichen Gehälter der Branche sind von 2009 bis 2012 im Durchschnitt um jährlich 2,3 Prozent gewachsen,
- für 2013 waren Innovationsausgaben in Höhe von 1,73 Mrd. geplant,
- Aussichten: Für 2014 wurde ein Umsatzwachstum von 2,6 Prozent prognostiziert (ebd.).

Die Branche verzeichnete im Jahr 2014 ein Plus der Beitragseinnahmen von 2,7 Prozent auf 192,3 Milliarden Euro (GDV 13.03.2015). Versicherungen verzeichnen eine Wertschöpfung[42] von knapp 90 Prozent (Rahlfs und Döring 2007). Im Branchen-Vergleich ist diese Quote hoch. Die Automobilbranche erzielt Quoten zwischen 22 Prozent bis 50 Pro-

---

[38] Kollektive Risikoübernahme heißt: VN zahlen einen Betrag, um beim Eintreten eines Versicherungsfalles Schadenausgleich zu erhalten. Voraussetzung ist, dass der Umfang der Schäden statistisch abschätzbar ist und mit versicherungsmathematischen Methoden der von jedem Mitglied des Kollektivs benötigte Beitrag bestimmbar ist. Da der Versicherungsfall nur bei wenigen VN eintritt, reicht die Summe für diese Fälle aus.

[39] Dabei handelt es sich zumeist um den Austausch von einem gesicherten Geldbetrag (Prämie) gegen einen höheren Geldbetrag zu einem späteren Zeitpunkt, falls das Risiko eintritt.

[40] Beide Werte sind Schätzungen von Statista 2014.

[41] Die Daten beziehen sich auf die aggregierte Branche "Erbringung von Finanz- und Versicherungsdienstleistungen" (WZ-Codes 64-66), Quelle: Statistisches Bundesamt, Bundesagentur für Arbeit.

[42] Durch das Zusammenfassen einzelner Aktivitäten (bzw. Prozesse) im Unternehmen werden Wertschöpfungsstufen gebildet, die für die VW von strategischer Relevanz sind.

zent (ebd.). Die f. SWOT-Analyse[43] in Tab. 6 gibt einen Überblick zum Social-Media-Marketing-Nutzen für d. Versicherungen.

Tab. 6: SWOT-Analyse: Versicherungen und Social-Media-Marketing, eigene Darstellung in Anlehnung an Statista (2014)

Stärken	**Schwächen**
• D. Versicherungen sind zumeist global aufgestellt, was die Anfälligkeit bei nachlassenden Ergebnissen im Heimatmarkt verringert. • Versicherungen bilden durch die Risiko-Identifikation, Bewertung und Übernahme das Fundament für Investitionsentscheidungen mit Unternehmertum, Wachstum und Beschäftigung. • Die breite Kompetenzlandschaft mit leistungsfähigen Verbands-, Aufsichtsstrukturen Forschung und Lehre begünstigt die Positionierung in vielen Wirtschaftsbereichen. • D. Versicherungen sind bei Rückversicherungen weltweit führend, im Non-Life-Bereich auf Platz zwei hinter USA. Das bietet Potenzial zur Akquise in Social Media	• Zahlreiche Anbieter kämpfen um die Gewinnung und Bindung der gleichen Kunden. Da Social-Media-Marketing noch eine junge Maßnahme ist, gibt es in den Netzwerken noch wenig Wettbewerb. • Das Versicherungsmarketing hat nur einen geringen Stellenwert und nur ein begrenztes Budget. Dies erschwert das Social-Media-Marketing, denn gerade der Eintritt erfordert Start-Investitionen. • Versicherungen haben durch Low-Involvement erschwerte Rahmenbedingungen im Social-Media-Marketing: potenziellen Kunden mangelt es an Aufmerksamkeit und Interesse. Eine kreative und emotionale Ansprache ist erforderlich
Chancen	**Risiken**
• In Industrie und Gewerbe zählt Versicherungschutz oft zur rechtlichen Voraussetzung, was Versicherungen zu unabdingbaren Partnern macht. In Business Netzwerken wie Xing lassen sich im B2B-Umfeld z. B. Geschäftsführer zur Akquise gewinnen, wenn man eine Strategie zur Ansprache hat.	• Gesetze und Regulatoren (wie Solvency II)[44] erschweren die Rahmenbedingungen. Das führt dazu, dass Versicherungen sich dem Social-Media-Marketing verweigern, weil sie mit den juristischen Themen bereits stark belastet sind. • Klimawandel und Naturgefahren sind gro-

[43] SWOT ist ein Akronym für Strengths (Stärken), Weaknesses (Schwächen), Opportunities (Chancen), und Threats (Risiken). Es ist ein Instrument zur Untersuchung der aktuellen Situation und ein Basisanwendung für die PR-Planung. Stärken und Schwächen sowie sich daraus herleitende Chancen und Risiken werden einerseits bezugnehmend auf die internen Gegebenheiten einer Organisation ausgewertet, andererseits mit den Chancen und Risiken verbunden, die aus externen aktuellen oder erwarteten zukünftigen Gegebenheiten entstehen können, z. B. Änderungen der Marktbedingungen. Ziel ist es, die analysierten Stärken und Schwächen einzubeziehen, durch Nutzung der Möglichkeiten zu profitieren und optimale Verfahrensweisen zu entwickeln, die es gestatten, mit Risiken umzugehen.

[44] Die VW wird durch die EU-Richtlinie „Solvency II" reguliert, die deutlich höhere Rückstellungen für langfristige Verbindlichkeiten vorsieht. Solvency 2 ist ab 1. Januar 2016 in Kraft getreten.

• Im europäischen Vergleich liegt das Niveau der Versicherungen in BRD im mittleren Bereich bezüglich Neukunden-Potential. • Demografischer Wandel: das geringere Leistungsniveau der gesetzlichen Altersvorsorge bieten Versicherungen Chancen, sich in der privaten Vorsorge zu positionieren. Das Social-Media-Marketing kann Aufklärungsarbeit und Vertriebsförderung unterstützen.	ße Herausforderungen für Schaden- und Rückversicherungen. Crowdsourcing kann das Risiko-Management unterstützen. • Der Kunden-Wunsch nach hoher Beratungs- und Produktqualität bei fehlender Preis-Akzeptanz führt zu einem wachsenden Wettbewerb. Der Spagat läßt sich lösen durch Online-Service wie: Website mit Video-Beratung und Online-Abschluss.

Mit der SWOT-Analyse können Versicherungen auch individuelle Botschaften für die Positionierung mit einem USP[45] im Social-Media-Marketing entwickeln. Nachfolgend wird die Entwicklung des Versicherungsvertriebs online untersucht. In den letzen zehn Jahren haben das Internet, Social Media und weitere disruptive Technologien (wie Web 2.0) den traditionellen Versicherungsvertrieb gravierend verändert. „Eine stille Revolution ist im Gang, in der das traditionelle Vertriebsmodell im Versicherungsektor durch neue Technologie umgestaltet wird“ (Swiss Re 2014). Die Vertriebswege haben sich mit dem Internet vervielfacht. Somit existieren heute eine große Zahl an direkten und indirekten Kanälen zwischen Versicherungen und Kunden. Zwar haben die neuen Direktvertriebskanäle (Internet, mobile Anwendungen) gemessen am Prämienvolumen zurzeit nur einen geringen Marktanteil mit konstanten Verlauf der Vorjahre. Im Jahr 2012 gab es in der deutschen Bevölkerung von 14 bis 69 Jahren rund 2,51 Mio. Personen, die Versicherungen über das Internet abschlossen (IfD Allensbach 2013). Doch laut YouGov-Studie (2016)[46] gewinnt der Online-Vertrieb zunehmend an Bedeutung für Versicherungen. Beim Online-Vertrieb von Versicherungen steigt die Akzeptanz bevölkerungsrepräsentativ erstmalig über die 30-Prozent-Marke und hat sich im Vergleich zu 2000 von 8 Prozent auf 32 Prozent in 2015 vervierfacht. Bei den bis 30-Jährigen (den zukünftigen Neukunden) liegt die Akzeptanz für den Online-Abschluss sogar bei 57 Prozent. Insbesondere Kunden mit höherem Einkommen und umfassenden Versicherungsbedarf sind gegenüber Online-Angeboten mit 39 Prozent Akzeptanz offen. Ähnliche Wachstumsprognosen erwartet Accenture. Der Vertrieb von Versicherungen über digitale Kanäle in Europa könnte bis 2016 auf bis zu 25 Mrd. Euro ansteigen (Accenture 2013).

[45] Unique Selling Proposition (USP; engl.; d.: Verkaufs-Alleinstellungsmerkmal): Alleinstellungsmerkmal, welches ein Produkt von anderen abhebt und herausstellt, z. B. durch bestimmte Produkteigenschaften, Bedienung.

[46] Für die Studie „Kundenmonitor e-Assekuranz“ hat das Marktforschungsinstitut YouGov 2.294 Versicherungsentscheider vom 27.04.15 bis 14.06.15 in 20-minütigen bevölkerungsrepräsentativen Face-to-Face-Interviews befragt: https://yougov.de/news/2016/04/13/vertriebswege-der-assekuranz-makler-und-onlinevert/ (Abruf am 14.04.2016).

Folglich ist für Versicherungen wichtig, das Online-Geschäft mit Social Media auszubauen, denn das Internet hat eine elementare Bedeutung für die Kaufentscheidung, weil Menschen online ihre Erlebnisse und Meinungen teilen. Es ist ein deutlicher Trend zur Informationssuche über Finanzthemen im Internet erkennbar. Durchschnittlich 8,9 Prozent der Internetnutzer haben 2010 pro Quartal Internetseiten von Versicherungen besucht (Allianz 2010). 48,6 Prozent der Kunden nutzen im Neugeschäft die Online-Recherche, um Finanzentscheidungen vorzubereiten. Sie vergleichen Konditionen, lesen Hintergrundberichte und verfolgen Entwicklungen bezüglich Empfehlungen und Meinungen von anderen Nutzer (Accenture 2013). Der ROPO-Effekt (Research Online, Purchase Offline) belegt, dass die Vorbereitung der Kaufphase oft online erfolgt während der Abschluss offline erledigt wird (Deutsche Bank, GFK, Google 2010).[47]

Deshalb ist es notwendig für die positive Reputation, dass Versicherungen die Nutzer-Meinungen mit Social-Media-Monitoring beobachten und die Anliegen im jeweiligen Kanal zeitnah beantworten. Die Versicherungswirtschaft hat in der Vergangenheit kontinuierliches Prämienwachstum und auskömmliche Gewinne verzeichnet. Doch die Zeiten kontinuierlicher Rendite-Steigerungen in der deutschen Versicherungswirtschaft sind vorbei (Farny 2011). Versicherungen müssen sich auf verschärfte Rahmenbedingungen einstellen und neue Strategien entwickeln, um die Unternehmensziele auch im digitalen Zeitalter zu erreichen. Wenn die Ausweichstrategien[48] (Kostensenkung und Nischen-Positionierung) nicht mehr funktionieren, müssen sich Versicherungen den neuen Herausforderungen (Globalisierung, Digitalisierung, Mobilität) mit innovativen Lösungen stellen. Dabei kann Social-Media-Marketing ein Bestandteil sein – neben einem innovativen Image, zeitgemäßen Werten und einer integrierten Marketing-Kommunikation und mehr Kunden-Nähe.

1.5 Die Herausforderungen für die Versicherungsökonomie

Versicherungen sind einem verschärften Wettbewerb ausgesetzt. In den letzten Jahren gab es in der Versicherungswirtschaft eine Marktbereinigung mit Konsolidierung. Die Anzahl der Versicherungen in BRD hat sich in den letzten zehn Jahren um 12,5 Prozent reduziert (80 Versicherungen): von 640 Versicherungen (2003) auf 560 Versicherungen (GDV 2014)[49]

---

[47] Der ROPO-Effekt (Online Research, Purchase Offline) basiert auf der Studie von DB Research (Deutsche Bank Research), GFK und Google 2010. Demzufolge nutzen 48,6 Prozent der Kunden im Neugeschäft die Online-Recherche, um ihre Finanzentscheidungen zum Abschluss offline vorzubereiten. Sie vergleichen Konditionen, lesen Hintergrundberichte und verfolgen Empfehlungen und Meinungen von anderen Nutzern.

[48] Grundsätzlich gibt es zwei Ausweichstrategien: *Größe* (Kostensenkung durch Massenangebote) oder *Nische* (Spezialisierung). Doch die Nischen-Positionierung ist problematisch, denn es gibt schon viele Nischenanbieter für Kundengruppen (wie 50+) oder Sparten (Rahlfs und Döring 2007).

[49] In D., Österreich und der Schweiz müssen Versicherungen ein Unternehmen sein meist in der Rechtsform einer Gesellschaft, Anstalt des öffentlichen Rechts und privatwirtschaftlich organisiert. In anderen Ländern (z. B. Großbritannien) können auch Einzelpersonen Versicherer sein.

Trotz Mitbewerber-Schwund hat sich die Wettbewerbssituation für Versicherer nicht entspannt, weil es neue Herausforderungen gibt. Die Globalisierung und neue Rahmenbedingungen (wie verschärfte Auflagen und Digitalisierung) sorgen für Volatilität und Diskontinuität. Sie wirken sich auf die Gewinne aus und somit auf die Erfüllung der Unternehmensziele. Versicherungen müssen elf Herausforderungen meistern, siehe f. Liste::

1. **Die Macht des Kunden steigt durch Social Media:** So erhöht sich der Stellenwert der Kunden-Integration für Unternehmen (Meffert und Bruhn 2012) und erfordert eine flexible Anpassung des Geschäftsmodells mit neuen Strategien und innovativen Konzepte.
2. **Der Stellenwert von Online-Reputationsmanagement steigt:** Das Trust Barometer (Edelman 2014)[50] zeigt, dass die Vertrauenskrise der Finanzkrise [51] noch nicht überwunden ist. Während 72 Prozent der Befragten der IT-Branche vertrauen, liegen diese Werte für FDL bei nur bei 32 Prozent. Damit verharrt die Branche seit Jahren auf den letzten Plätzen. Mit Social-Media-Marketing können Versicherungen mehr Glaubwürdigkeit, Vertrauen und Transparenz aufbauen (Edelman 2014).
3. **Die Wertschöpfung mit Shareholder Value[52] erfordert Marketing-Controlling**. Ein zunehmender Treiber ist die Forderung der Kapitalgeber nach einer angemessenen Rendite. Auch VVaG und öffentlich-rechtliche Versicherungen können sich dem Renditedruck nicht entziehen, wenn sie auch konkurrenzfähig bleiben wollen (Rahlfs und Döring 2007). Um eine Rendite zu erzielen muss Social-Media-Marketing wirksam sein.
4. **Die Ergebnismessung etabliert sich im Marketing als Standard:** Die Regulierungen für Versicherungen haben sich seit der Krise verschärft. Somit steigen administrative Aufwände und erfordern, die Marketing-Kommunikation-Investitionen sorgsam zu kontrollieren. Deshalb sollte die Marketing-Kommunikation-Strategie überprüft werden, ob die jetzigen Investitionen zum Erfolg führen, bzw. ob Optimierungen erforderlich sind.
5. **Die operative Profitabilisierung erfordert den Einsatz von Stakeholder-Konzepten:** Die reine Fokussierung auf die Interessen der Kapitalgeber stößt häufig auf Kritik, so dass in modernen Marketing-Ansätzen ein komplexes Stakeholder-Zielsystem erstellt wird für Versicherungsmitarbeiter, Aufsichtsbehörden und Öffentlichkeit. Die Stakeholder-Beziehungspflege kann mit Social Media unterstützt werden.

---

[50] Das Edelman Trust Barometer ist eine jährliche Studie der PR-Agentur Edelman über Vertrauen. Für die Studie wurden in [27] Ländern jeweils 1.000 Personen aus der Bevölkerung sowie 200 Meinungsführer (Hochschulabschluss mit jährlichem HH-NE im oberen Viertel mit Rezeption mehrmals wöchentlich von Wirtschaftsmedien) in zwei Altersgruppen (25–34 und 35–64 J.) befragt (Edelman 2014).

[51] Die Finanzkrise basierte auf einer globalen Bankenkrise, die 2007 als US-Immobilienkrise (Subprimekrise) begann. Die Krise war u.a. Folge eines spekulativ aufgeblähten Immobilienmarkts in den USA und hat eine weltweite Wirtschaftskrise ausgelöst, die das Vertrauen der Kunden in Finanzmärkte negativ beeinträchtigt hat (Edelman 2014).

[52] Im Stakeholder Value-Ansatz werden die Interessen aller Anspruchsgruppen eines Unternehmens definiert, um den Shareholder Value zu maximieren und Ziele zu erreichen (Rahlfs und Döring 2007b, S. 143).

6. **Versicherungen brauchen unbedingt jüngere Kunden**, um ihre Geschäftsentwicklung für die Zukunft zu sichern. Die Ansprache jüngerer Zielkunden kann über Social Media gelingen, wenn Versicherungen ein überzeugendes Social-Media-Engagement für die Ziegruppe aufbauen. Der demografische Wandel verstärkt das Problem: BRD wird bis 2060 ein Fünftel der Bevölkerung verlieren, das sind etwa 17 Mio. Einwohner. Jeder Dritte wird dann 65 Jahre oder älter sein (GDV 2013). Damit sinkt die Anzahl potenzieller Kunden sowie die Einnahmen der Versicherungen.
7. **Internet-Unternehmen werden zu Mitbewerbern für Versicherungen.** 64 Prozent der Befragten einer Studie gehen davon aus, dass der Wettbewerb zukünftig von Nicht-Versicherungen wie Google ausgeht (Accenture 2013). Bisher war es undenkbar, dass ein Branchenfremder in die Versicherungswirtschaft eindringen kann. Seitdem bekannt ist, dass Google eine Banklizenz[53] hat, ist es denkbar, dass Google als Mitbewerber auftritt und das Wissen von Internet-Nutzern nutzt.
8. **Veränderte Mediennutzung:** Immer mehr Menschen nutzen das Internet, so dass die Wirkung von klassischer Werbung nachgelassen hat (ARD / ZDF 2014). Versicherungen müssen darauf reagieren und benötigen individuelle Social-Media-Strategien.
9. **Der digitaler Wandel erfordert Veränderungen** bzw. Anpassungen im Geschäftsmodell für Versicherungen (Everling und Lempka 2013). Dafür ist ein Change Management erforderlich mit Strategien, Fachkonzepten und neuen IT-Systemen.
10. **Versicherungen müssen den mobilen Vertrieb ausbauen**. 67 Prozent der Versicherungen planen den Aufbau mobiler Services und Social-Media-Marketing (59 Prozent), um neue Kanäle für Marketing, Vertrieb, Services zu gewinnen (Accenture 2013).
11. **Durch die gesunkene Kundenloyalität sind neue Ansätze zur Kundenbindung erforderlich**. Mehr als zwei Drittel (71 Prozent) der deutschen Versicherungskunden können sich einen Wechsel ihrer Versicherungen in den nächsten zwölf Monaten vorstellen. Damit ist D. bei der Kundenloyalität das Schlusslicht (Accenture 2010). Während 2005 bereits eine abnehmende Kundenloyalität erkannt wurde, richtet sich die Branche nun stärker auf ihre Kunden und deren sich veränderndes Verhalten aus.

In dieser Entwicklung hat sich die Vertriebssteuerung als strategisches Thema in der Unternehmensführung von Versicherungen etabliert. Einer effizienten Vertriebssteuerung wird zunehmend eine durchdachte Kundenanalytik zugrunde gelegt werden, was zu neuen Herausforderungen für Versicherungen führt. So wird der Multi-Kanal-Ansatz heute immer öf-

[53] Google Payments LTD ist von der britischen Finanzaufsichtsbehörde (Financial Conduct Authority - FCA) als elektronisches Geldinstitut autorisiert und unterliegt den entsprechenden Regelungen. Die FCA-Registernummer von Google Payments LTD lautet 900008. Weitere Informationen zu Google Payments LTD gibt es im FCA Register, siehe: http://www.fsa.gov.uk/register/2EMD/2EMD_MasterRegister.html, Abruf am 06.08.2016.

ter als zwingende Maßnahme angesehen, um sich noch stärker auf den Kunden auszurichten. Doch das Kundenvertrauen bleibt angesichts geringer Markenwirkung und abnehmender Kundenloyalität in den nächsten Jahren der erfolgsentscheidender Faktor im Versicherungsvertrieb, um Wechselbereitschaft zu anderen Anbietern einzudämmen (Accenture 2015).

Die Versicherungswirtschaft kann also einige Probleme mit Social-Media-Marketing lösen und neue Chancen identifizieren. Bislang reagieren Versicherungen auf die Stagnation mit Kosteneinsparungen[54]. Doch Social-Media-Marketing bietet neue Chancen, kostengünstige mobile Vertriebskanäle einzusetzen. Damit können Versicherungen Kosten reduzieren, das Vertrauen der Kunden fördern und den Direktvertrieb ausbauen. Angesichts der zunehmenden Social-Media-Mitgliederzahlen sind neue Ansätze in der Marketing-Kommunikation zur Interaktion mit Mio. von Verbrauchern weltweit möglich. Da Versicherungen dazu neigen, Prioritäten zu setzen, die sich an langfristigen Beziehungen mit ihren Stakeholdern orientieren, sind umfassende Konzepte erforderlich, um neben der klassischen Marketing-Kommunikation auch innovative Social-Media-Ansätze zu etablieren. Neben den externen Herausforderungen haben Versicherungen auch viele interne Hindernisse zu lösen. Die Probleme aus Beobachtungen in Beratungsprojekten werden nachfolgend skizziert.

- Versicherungsvermittler hoffen mit Social Media neue Kunden zu gewinnen, es fehlt aber Wissen und Know-how. Das Agieren mit Experimentier- und Aktionsfreude schadet der Marke, z. B. Social-Media-Präsenzen ohne Corporate Design und Spam-Mails.
- Die Datenschützer und Juristen diskutieren oft nur die Risiken wie Datenschutz und blocken die Social-Media-Nutzung, statt sich mit den neuen Anforderungen aktiv auseinanderzusetzen und Richtlinien zum Schutz aller Beteiligten aufzusetzen.
- Der Betriebsrat sorgt sich um die Social-Media-Mitarbeiter, die auch abends oder am Wochenende Notdienst leisten müssen, und blockiert den Social-Media-Einsatz. Oftmals werden damit auch Machtspiele gegen das Management ausgetragen.
- Die IT-Abteilung blockiert die sozialen Netzwerke, weil das Management Social Media als Zeitverschwendung sieht. So können die Social-Media-Mitarbeiter mit ihrem PC nicht die Social-Media-Netzwerke nutzen. Stattdessen werden iPads eingekauft, um über einen externen Internet-Provider Zugang zu Social Media zuerhalten. Probleme durch Zusatzkosten und vernachlässigte IT-Leitlinien folgen.[55]

---

[54] Seit 2003 sind rund 29.000 Stellen (etwa 12 % der MA) in der VW abgebaut worden. Die Verwaltungskostenquoten sind seit 2005 in der LV um 24 % gesunken (Wyman 2013).

[55] Erforderlich wäre eine Organisationsrichtlinie für *BYOD* (Bring Your Own Device), die regelt, wie MA ihre eigenen elektronischen Bürogeräte (Smartphones, Notebooks, Tablets) zu dienstlichen Zwecken nutzen dürfen, insbesondere für den Zugriff auf Netzwerkdienste und das Speichern interner Daten.

- Viele Fach- / Führungskräfte sind mit den neuen Anforderungen überfordert und verweigern die Mehraufgaben aus Zeit-/ Kompetenzgründen oder reagieren mit passivem Boykott: Sie werden aus Erschöpfung oder Überforderung krank bis hin zum Burnout.

1.6 Chancen und Risiken von Social Media für Versicherungen

Unternehmen gewinnen mit Social-Media-Marketing neue Chancen, die Mund-zu-Mund-Kommunikation zu unterstützen – mit allen Vor- und Nachteilen. Die Chancen für Versicherungen sind also „eine starke Online-Präsenz aufzubauen und glaubwürdige, alternative Standpunkte zu bieten, falls ein solcher Fall eintritt" (Kotler et al. 2015, S. 665). Neue Marketing-Ansätze sind mit Social-Media-Marketing möglich, z. B. neue Vertriebskanäle nutzen, Kundenbindung durch Communities fördern, neue Kunden durch Empfehlungsmarketing und virale Effekte (Hilker 2009, S. 166). Doch die Echtzeit-Kommunikation birgt auch Risiken wie: Kritik, unfaire Bemerkungen, Kunden-Beschwerden, Reputationsverluste und Online-Krisen (Shitstorm). Die Anforderungen an Versicherungen steigen damit, da neue Marketing-Ansätze, neue Kompetenzen, Fähigkeiten und IT-Werkzeuge erforderlich sind. Vor dem Social-Media-Eintritt sollte eine Risiko-Analyse erfolgen (Eck 2011), denn es dauert Jahre, sich einen guten Ruf aufzubauen und eine starke Marke zu entwickeln – während es manchmal nur weniger Fehler bedarf, um sie in Sekunden zu zerstören. Zunehmend werden Unternehmen Opfer vom Rufmord online, indem sie diffamiert werden (Scherg 2011). Die Chancen und Risiken von Social Media für Versicherungen sind in Tab. 7 aufgelistet.

Tab. 7: Chancen und Risiken von Social Media für Versicherungen (Hilker und Zajko 2015)

Risikotyp	Risiken	Chancen
Operative Ebene	1) Urheberrechtsverletzungen, mangelnde Kompetenz der Mitarbeiter, Verlust vertraulicher Daten, kein Monitoring 2) Mitarbeiter-Beiträge ohne Social-Media-Guideline 3) Falsche Kommunikation: mangelnde Medienkompetenz, unzureichende Ressourcen 4) Ignorieren von Innovationsimpulsen in Interaktion mit dem Kunden	1) Neuer Kommunikationskanäle, personalisierte Ansprache 2) Verjüngtes Marken-Image, Steigerung der Markenbekanntheit, Mitarbeiter- und Kundenbindung 3) Neukunden-Gewinnung (Leads), Kundenbeziehungsmanagment, Service, Verkaufsförderung 4) Innovationen, Crowdsourcing 5) Neue Mitarbeiter gewinnen, Beziehungen mit Multiplikatoren

Rechtliche Ebene	1) Verletzung der Gesetze / Vorschriften, Nutzungsbedingungen: Daten-/Verbraucherschutz, Werbe-Standards 2) Rechtsvorschriften zur Daten-Vorratsspeicherung, -Archivierung 3) Herabsetzende Bemerkungen, Diffamierung, Belästigung 4) Risiken durch Dritte 5) Vorzeitige Informationen über (finanzielle) Unternehmensinterna	1) Optimierung von Geschäftsprozessen und somit Erzielen von Kostenvorteile, z.B. im Call-center, wenn Anliegen auch auf einer Plattform beantwortet werden (wie Allianz-hilft.de) oder auf Twitter und Facebook
IT-Ebene	1) Unterschätzung der Sicherheitsrisiken auf Social-Media-Websites 2) Cyberkriminalität: Hacker, Spammer, unbefugte Informationsbeschaffung, Phishing, Betrug, Spam, Malware 3) Konstante Änderungen aufgrund Entwicklung von Social-Media-Plattformen	1) Strategie, Betriebsrat, Management, IT-Zugang zu Social Media, definierte Prozesse 2) Vorsichtsmaßnahmen bei der Social-Media-Risiken in der Organisation: Social-Media-Sicherheitspolitik (Guidelines und Policy), Mitarbeiter-Sensibilisierung, Social-Media-Ausbildung, Anti-Virus-/Anti-Spyware-Anwendungen
Reputationsebene	1) Mangel an Social-Media-Governance: Unangemessene Aussagen von Mitarbeiter, Antworten in der Kritik 2) Gefälschte Social-Media-Profile (Fake, Profildiebstahl) 3) Reputationschaden (Shitstorm)	1) Entwicklung einer Firmen-Identität, Öffentlicher Vertrauensaufbau 2) Lage der Diskussion in den Unternehmenskommunikationskanäle 3) Einblicke hinter den Kulissen
Finanzielle Ebene	1) Auswirkungen von Social Media an Aktienmärkten (Aktienkurs) 2) Unklarer ROI zum Social-Media-Einsatz, Kosten der Social-Media-Umsetzung und Planung 3) Sanierungsbedarf (IT-Hacking), Verlust vertraulicher Daten	1) Finanzielle Vorteile durch Nutzen von Chancen im operativen Bereich

Die Tab. zeigt, dass es mehr Chancen als Risiken im Social-Media-Marketing für Versicherungen gibt. Mit Social-Media-Marketing können Versicherungen die Beziehungen mit Kunden intensivieren. Social Media ermöglichen mehr Kontaktpunkte, mehr Nähe durch direkte interaktive Echtzeit-Kommunikation und Marktforschung. Deshalb überrascht der niedrige Social-Media-Stellenwert im Versicherungsmarketing. Schlussfolgend lässt sich sagen, dass sich der Aufwand für Social-Media-Marketing für Versicherungen lohnt, wenn:

- das Unternehmen mit dem Social-Media-Marketing eine Strategie verfolgt,
- Ziele und Fachkonzepte für ausgewählte Bereiche entwickelt wurden,
- Vorgaben für Budget, Aufgaben, Prozesse und Guidelines definiert wurden,
- fachliche versierte Mitarbeiter das operative Social-Media-Marketing verantworten.

Es zeigen sich drei Probleme für Versicherungen im Social-Media-Marketing:

1. Viele Versicherungen sind ungeduldig, sie wollen in Social Media dabei sein und starten ihre Präsenzen im Aktionismus. Dass eine alleinige Präsenz nicht ausreicht, sondern eine Strategie erforderlich ist, das fällt erst auf, wenn der erhoffte Erfolg ausbleibt.
2. Wenn Versicherungen ihr Social-Media-Marketing an Agenturen auslagern erfolgt oftmals eine Konzentration auf die technische und kreative Umsetzung, während die strategische Dimension vernachlässigt wird. Das zeigen zahlreiche Beispiele, die mit hohem Aufwand erstellt wurden, inzwischen aber verwaist sind und kaum genutzt werden.[56]
3. Viele Versicherungen zeigen Unsicherheiten in Social Media. Dabei könnte die Annahme gelten: Alles ist erlaubt, solange es authentisch ist und den Nutzer interessiert.[57]

1.7 Social-Media-Strategien in Versicherungen mit Ergebnismessung

Es ist ein Risiko, wenn ein Versicherungen keine Social-Media-Richtlinie eingeführt hat, denn dann haftet die Unternehmensleitung für alle Probleme wie: Schleichwerbung oder Shitstorm. F. Ergebnisse bezüglich Social-Media-Reifegrade von Versicherungen zeigt eine Studie auf (AMC / Hilker Consulting 2011):

- Jede zweite Versicherungen hat keine Social-Media-Strategie, Fach- und Führungskräften fehlte Social-Media-Wissen;
- 85 Prozent schätzen ihr Engagement in Social Media gering ein;
- nur 20 Prozent bezeichnen ihre Reaktionsgeschwindigkeit als hoch,
- 75 Prozent sehen Ressourcen als größte Herausforderung;

---

[56] Zum Beispiel: Die Reichweite der Vermittler-Filme von Barmenia als „multimediale Visitenkarten" sind sehr gering für den monetären Aufwand der Filmproduktion: 15 Filme haben jeweils unter 100 Abrufe auf Youtube.

[57] Auch Verkaufsgespräche in Social Media sind möglich, wenn der Nutzer daran Interesse hat, siehe Allianz Fallbeispiel.

- die Außendienst-Kommunikation wird vernachlässigt, obwohl es Potenzial gibt;
- rund 70 Prozent der Versicherungen weiß, dass Mitarbeiter Informationen in Social Media publizieren, doch nur die Hälfte davon hat eine Social-Media-Richtlinie (ebd.).

Allerdings gibt es Branchen-Vorreiter, die bereits erfolgreiche Strategien umgesetzt haben (Allianz, R+V, Ergo, Barmenia, Direct Line, Gothaer). Zudem gibt es Aufsteiger, die beobachtend agieren (u. a. Münchener Verein, D.A.S., Sparkassenversicherung/Sachsen). Die übrigen Versicherungen agieren als Einsteiger, ohne erkennbare Strategie oder wirksame Erfolge. Die V.E.R.S. Studie (2012) zeigt f. Status für Versicherungen in Social Media:

- Rund 70 Prozent der Versicherer erhalten positives Feedback in Social Media.
- Eine Social-Media-Richtlinie haben 83 Prozent der Versicherer.
- 78 Prozent der Versicherer bieten ihren Mitarbeiter Social-Media-Weiterbildung an.
- Fast alle Versicherer arbeiten mit Redaktionsplänen (ebd.).

Die Entwicklung zeigt, dass sich den Jahren 2011 bis 2012 der Social-Media-Einsatz etabliert hat. Die beliebtesten Netzwerke der Versicherungen sind Facebook (100 Prozent), Twitter (96 Prozent) und Youtube (96 Prozent). Fast alle Versicherungen verfolgen kanalspezifische Social-Media-Strategien (V.E.R.S. 2012):

- Facebook wird vornehmlich für Kundenbeziehungen eingesetzt (95 Prozent);
- Twitter wird zum Aufbau von Multiplikatoren-Beziehungen verwendet (65 Prozent);
- Xing wird zur Mitarbeiter-Suche verwendet (76 Prozent).

Welche Zielgruppen wollen Versicherungen in Social Media erreichen? Es sind vor allem Kunden (96 Prozent), Öffentlichkeit (78 Prozent), Mitarbeiter (74 Prozent), Bewerber (70 Prozent) und Journalisten / Medien (61 Prozent) (V.E.R.S. 2012). Erstaunlich ist, dass der Stellenwert der Versicherungsvermittler als Kommunikationspartner gering bewertet wird, obwohl ein hoher Nutzen für die Verkaufsförderung besteht. Die Studie stellt die Frage: „Welche Ziele wollen Versicherungen in Social Media erreichen?“ (ebd.):

1. Steuerung und Pflege des Marken-/ Unternehmensimages (78 Prozent);
2. Gewinnung neuer Mitarbeiter (52 Prozent);
3. Dem Unternehmen ein Gesicht geben und Blick hinter die Kulissen (52 Prozent);
4. Steigerung der Bekanntheit der Marke/des Unternehmens (30 Prozent)
5. Verbesserung von Service und Kundenzufriedenheit (30 Prozent)
6. Sonstiges: Community-Aufbau, Akquise jüngerer Kunden (26 Prozent) (ebd.).

Ziele wie Steigerung der Marken-Bekanntheit sowie Verbesserung von Service und Kundenzufriedenheit wurden demzufolge erreicht. Die Marken-und Image-Steuerung und Mitarbeiter-Gewinnung sind dagegen noch nicht gelungen (V.E.R.S. 2012). Die Kunden-Zufriedenheit hat einen positiven Einfluss auf die Loyalität der Kunden (Skala-Gast 2012). Vergleicht man die Social-Media-Ziele der Versicherungen branchenübergreifend, so ist es überraschend, dass für Versicherungen Ziele wie Kundengewinnung und -bindung keine Rolle spielen. In der DIM-Studie (2012) haben die befragten Unternehmen Kundenbindung (73,4 Prozent) und -gewinnung (64,9 Prozent) als Top-Werte genannt (ebd.). Doch bei den Versicherungen fehlen diese Ziele. Die Tata-Studie stellt fest, dass die Versicherungswirtschaft die niedrigste Prozentzahl erzielt hat bei der Frage nach messbaren Social-Media-Zielen zur Umsatzsteigerung (Tata Consultancy 2013). Die fehlenden Ziele und der niedrige Stellenwert von Social Media in Versicherungen sind deutliche Schwachpunkte.

Welche Inhalte kommunizieren Versicherungen in Social Media? Vor allem Ratgeber-Themen mit konkreten Tipps (82 Prozent) werden von den Befragten in Social Media angeboten, gefolgt von Produktthemen zur Verkaufsförderung (65 Prozent). Aktionen und Events (65 Prozent), Presse- und Unternehmensinfos (65 Prozent) und aktuelle Themen aus der Versicherungsbranche (53) folgen (AMC / Hilker Consulting 2014). Zur Entwicklung einer Social-Media-Strategie eignen sich f. zehn Schritte, um eine erfolgreiche Integration in das Versicherungsmarketing zu vollziehen und sowohl Unternehmens- als auch Marketing- und Kommunikationsziele strat egischzu unterstützen (Hilker 2010, S. 53).

1. **Monitoring**: Mit der Nullmessung wird das Stimmungsbild ermittelt, um einen Überblick über das Meinungsbild online zu gewinnen und einen Ist-/Soll-Stand zu definieren.
2. **Ziele**: SMARTE Ziele (spezifisch, messbar, akzeptiert, realistisch, terminierbar, erreichbar) sollten mit validen Kennzahlen[58] sowie Ist- und Soll-Abgleich definiert werden.
3. **Kanalauswahl**: Das Monitoring zeigt, wo sich die Zielkunden online bewegen, z. B. auf Facebook, Twitter. Dort sollte das Unternehmen auch eigene Präsenzen einrichten.
4. **Agenda-Setting**: Themen werden geplant, die den Erwartungen und Bedürfnissen der Zielgruppen entsprechen und zur Unternehmensstrategie bezüglich Branding passen.
5. **Strategie-Entwicklung**: Die Ergebnisse der SWOT-Analyse werden verdichtet und fließen in die Strategie-Entwicklung ein. Verschiedene taktische Optionen werden untersucht, um mit minimalem Aufwand einen maximalen Erfolg zu erzielen.

[58] Valide Kennzahlen sollten konsistent und objektiv messbar sein und einfache, automatisierte Messungen von Kardinal- oder Prozentzahl ermöglichen. Zudem sollten sie kontextsensitiv und spezifisch sein, um eine relevante Aussagekraft darzustellen und damit als prägende Entscheidungsgrundlagen zum Einsatz zu kommen.

6. **Maßnahmen-Mix**: Die relevanten Bestandteile im Maßnahmen-Mix werden aufgelistet und in einem Zeit- und Projektplan mit Meilensteinen versehen.
7. **Projekt-Team**: Die Rollen, Aufwände, Ressourcen und Prozesse werden geplant.
8. **Krisen-Management**: Zudem benötigt ein Unternehmen ein Krisenkonzept sowie Richtlinien und eine Policy für die Mitarbeiter, die mit dem Betriebsrat abgestimmt sind.
9. **Präsenz-Aufbau**: Die Kanäle werden eingerichtet und redaktionell bespielt mit dem Ziel, möglichst viele Fans, Follower und Freunde für die Community zu gewinnen und virale Effekte auszulösen. Die Online-Reputation sollte proaktiv gesteuert werden.
10. **Ergebnismessung:** Die Messung der KPIs und die Monitoring-Ergebnisse ermöglichen eine ständige Anpassung und Optimierung der Strategie (ebd.).

Warum zählt die Ergebnismessung auch zur Social-Media-Strategie? Damt können Marketers begründen, wie die Marketing-Investitionen zu rechtfertigen sind, damit das Budget in wirtschaftlich schwierigen Zeiten nicht gestrichen wird (Hermes 2011, S. 32). In der Praxis wird vernachlässigt, den Erfolg von Social-Media-Maßnahmen in konkreten Zahlen zu messen. Die Investition in eine Marketingmaßnahme ist zwar ein wichtiger Faktor, die monetäre Bewertung muss aber in Verbindung zum Nutzen der Maßnahme gesetzt werden, der zumeist schwieriger zu erfassen ist. Dies gilt für innovative Kommunikationsmaßnahmen wie Social Media in einem noch stärkerem Maße als für klassische Kommunikation (Hutter und Hoffmann 2013, S. 143). Der Erfolg einer Marketing-Maßnahme kann z. B. anhand betriebswirtschaftlicher Ergebnisse (z. B. Umsatz) gemessen werden. Aus Marketing-Sicht sind aber auch nicht-monetäre Merkmale (wie Verbesserung der Online-Reputation) erstrebenswerte Ziele. Viele dieser psychologischen Ziele wirken sich langfristig positiv auf die ökonomischen Ziele aus. In der Werbewirkungsmessung kennt man bereits viele Methoden, um die Wirkung von Werbemaßnahmen zu bewerten (Reinecke und Janz 2006). Die Ansätze zur Social-Media-Ergebnismessung lassen sich in drei Gruppen klassifizieren:

- **Social-Media-Monitoring:** ermöglicht, Online-Beiträge von Internet-Nutzern zu verfolgen, um daraus relevante Kunden- und Marktingformationen und Erkenntnisse für das Management zu gewinnen und gezielten Einfluss auf die Online-Reputation zu nehmen. Damit können Unternehmen negative Äußerungen in Echtzeit identifizieren. Das ist die Voraussetzung für ein professionelles Krisen-, Risiko- und Reputationsmanagement.
- **Social-Media-Controlling**: überprüft die Zielerreichung der Social-Media-Maßnahmen anhand KPIs und entwickelt Verbesserungsvorschläge zur Optimierung.
- **Social-Media-Analysen:** Daten werden nach Kriterien (z. B. Keywords) in Social Media gesammelt und in einer Datenbank (Data Warehouse) gespeichert, um sie mit BI-

Anwendungen[59] wie semantische Textanalyse (Data-Mining) statistisch und linguistisch auszuwerten, um die Ergebnisse nach Vorgaben zu sortieren, z. B. Tonalität[60] (ebd.).

In der Social-Media-Ergebnissmessung bevorzugen viele Unternehmen quantitative Kennzahlen, weil sie einfach durch Ablesen in den Social-Media-Netzwerken erkennbar sind, während qualitative Kennzahlen wie Kundenzufriedenheit komplexer zu messen sind, z. B. mit dem NetPromoterscore (Rossmann 2013). Einige Beispiele dazu zeigt die Tab. 8.

Tab. 8: Kennzahlen für Facebook, Twitter, Youtube (eigene Darstellung)

Netzwerk	**A) Facebook**	**B) Twitter**	**C) Youtube**
Kennzahlen	1 Fans	1 Follower	1 Videoanzahl
	3 Engagement	2 Tweets	2 Abonnenten
	2 Wachstum	3 Retweets	3 Video Views
	4 Shares	4 Wachstum	4 Likes/Dislikes
	5 Reichweite	5 Engagement	5 Kommentare

Die Kennzahlen werden in der Reihenfolge der Netzwerke von A) bis C) erläutert.

A) Facebook wird für Branding, Community-Aufbau und Verkaufsförderung eingesetzt.

1. **Fans:** Anzahl der Likes der Fanpage, offen ersichtliche Anzahl auf der Fanpage.
2. **Engagement:** der Wert definiert, wie oft ein Fan mit Beiträgen der Seite durchschnittlich interagiert. Die tägliche Engagementrate ergibt sich aus der Summe aller Likes, Kommentare und Shares pro Tag geteilt durch die Fananzahl des Tages.
3. **Wachstum**: Das absolute, tägliche und wöchentliche Wachstum gibt es sowie den Wert Wachstumsrate: die durchschnittliche wöchentliche Wachstumsrate.
4. **Shares** meint das Teilen von Beiträgen (Post) mit den eigenen Kontakten im Netzwerk.
5. **Reichweite**: Die Reichweite ist die Anzahl der Nutzer, die einen Beitrag auf einer Fanpage gesehen haben. Unterschieden wird hier zwischen bezahlt (Werbung), organisch (Post auf der Fanpage) und viral (Nutzer erwähnen bzw. verlinken einen Post).

B) Twitter wird zumeist für Multiplikatoren-Beziehungen (Journalisten) aufgebaut.

1. **Follower**: Ein Nutzer, der einem anderen folgt, wird als Follower bezeichnet. Dann werden dessen Tweets daraufhin in der eigenen Timeline angezeigt.
2. **Tweets** sind alle Botschaften, die über Twitter publiziert werden. Mehr Inhalte zu streuen kann die Performance eines Accounts erhöhen, wenn das Engagement hoch ist.

---

[59] Business Intelligence bezeichnet Verfahren und Prozesse zur systematischen Daten-Analyse (wie Daten-Sammlung, -Auswertung und -Darstellung) in elektronischer Form.

[60] IT-Anbieter wie IBM, Salesforce, Microsoft oder Adobe haben dafür gezielte IT-Systeme entwickelt.

3. **Retweets**: Die Zahl der Retweets gibt an, wie häufig die Tweets eines Profils von anderen durchschnittlich pro Tag retweetet wurden.
4. **Wachstum**: Unterschieden wird zwischen absolutem, täglichem und wöchentlichem Wachstum. Die Wachstumsrate ist die durchschnittliche wöchentliche Wachstumsrate.
5. **Engagement**: Je höher das Engagement ist, desto höher ist die Reichweite des Twitter-Profils. Das Engagement wird berechnet, indem die Anzahl der Interaktionen (wie Retweets) eines Tages durch die Follower-Anzahl geteilt wird.[61]
6. **Gespräche**: der Anteil der @-Antwort-Tweets zur Interaktionen mit anderen Profilen.[62]

C) Youtube wird zur Publikation öffentlicher Videos genutzt, auch für Werbespots.

1. Die **Video-Anzahl** der veröffentlichten Videos (Wert zum Ende des Zeitraumes).
2. **Abonnenten**: Die Anzahl der Abonnenten des Kanals (Wert zum Ende des Zeitraumes).
3. **Video-Views**: gibt an, wie oft die Videos aufgerufen wurden. Die Kennzahl View pro Video gibt an, wie häufig ein veröffentlichtes Video im Durchschnitt aufgerufen wurde.
4. **Likes:** Die Anzahl aller Likes (d. mag ich) und Dislikes (d. mag ich nicht) auf Videos.

Zur Erfolgmessung betreiben viele Versicherungen Social-Media-Monitoring. 70 Prozent der Versicherungen monitoren mit folgender Priorität: Facebook (100 Prozent), Twitter (90 Prozent) und Youtube (86 Prozent) (V.E.R.S. 2012). Versicherungen messen ihre Social-Media-Ergebnisse mit f. Kennzahlen, siehe Tab. 9.

Tab. 9: Quantitative versus qualitative Kennzahlen in Versicherungen, eigene Darstellung in Anlehnung an V.E.R.S. (2012)

100 Prozent der Versicherungen nutzen quantitative KPIs	52 Prozent der Versicherungen nutzen qualitative KPIs
• Anzahl Follower, Fans, Interaktionsrate • Anzahl Kommentare, Beiträge, Tweets • Messung der viralen Ausbreitung • Anzahl Likes und Reichweite • Sonstiges, z. B. Gewinnspiele, Umfragen, Website-Messungen	• Beurteilung der Tonalität, Stimmung • Sonstiges wie Interpretation der Analyse • Wie Ursache-Wirkung-Zusammenhänge • Fanpage Statistiken • Befragung der Vertriebspartner • Brand-Monitoring

Diese Ergebnisse zeigen, dass die Social-Media-Ergebnismessung von Versicherungen durch einfache Vorgehensweisen ausgezeichnet wird. Es wird nur wenig Aufwand betrie-

[61] Siehe: http://blog.fanpagekarma.com/2014/08/07/die-5-wichtigsten-kennzahlen-auf-twitter (07.08.2016).
[62] Der Wert ist für Service-Profile relevant. Je höher die Gesprächsrate, desto stärker ist ein Nutzer in Gespräche involviert. Eine hohe Gesprächsrate deutet auf einen gut vernetzten und aktiven Account hin.

ben. Doch damit lässt sich die Zielerreichung nur unzureichend analysieren, wenn man die komplexen Wirkungserfolge untersuchen möchte. Rein quantitative Ergebnisse wie die Anzahl von Follower und Fans lassen kaum Schlussfolgerungen zu bezüglich Loyaliät, Empfehlungs- und Kaufbereitschaft, denn es mangelt an Beziehungsmodellen und Daten. Infolgedessen bleibt fraglich, ob die Investitionen zielführend eingesetzt werden. Eine Analyse benötigt KPIs, die relevante Unternehmensziele widerspiegeln. Wenn sie regelmässig analysiert werden, lässt sich die Zielerreichung messen. Wenn es Abweichungen gibt, können die Maßnahmen optimiert werden. Doch ohne Zielsetzung und KPI-Definition lassen sich weder Ziele noch Abweichungen messsen. Die Messung ist also eine begründete Schwachstelle.

1.8 Reputationsmanagement und Monitoring in Social Media

Die Reputation spielt eine wichtige Rolle im Kaufprozess. 1983 fand Carl Shapiro heraus, dass Reputation eine wichtige Rolle im Kaufprozess spielt, wenn die Qualität eines Produktes nicht direkt erkennbar ist. Shapiro sieht als eine wesentliche Voraussetzung für den Reputationsmechanismus: „that reputation is common knowledge or public information“ (Shapiro 1983, S. 633). Unter Reputation wird also der gute Ruf bzw. das öffentliche Ansehen von Personen, Organisationen und Unternehmen verstanden. Die positive Wahrnehmung bei relevanten Stakeholdern wird gefördert. Gerade im Finanzbereich ist das wichtig, da bei den Produkten die Qualität nicht offensichtlich erkennbar ist. Die Informationen zur Reputation müssen also als allgemeines Wissen bekannt oder öffentlich erreichbar sein, z. B. über Online-Marketing bzw. in den Social-Media-Netzwerken. Sein Reputationsmodell erläutert im betriebswirtschaftlichen Kontext, wie sich die Reputation auf die Zahlungsbereitschaft auswirkt und warum der gute Ruf relevant für Unternehmen ist (ebd., S. 659 ff.).

Eine Annahme dabei ist, dass Kunden ihre Erfahrungen bei zukünftigen Kaufentscheidungen berücksichtigen. Bei dem ersten Kauf kann sich der Kunde lediglich darauf verlassen, dass das neue Produkt der Mindestqualität entspricht. Er kann nur die äußerlich sichtbaren oder gesetzlich vorgeschriebenen Merkmale prüfen. Deshalb ist er nur bereit, den Preis zu zahlen, auch wenn die tatsächliche Qualität besser ist. Aufgrund der Unsicherheit sieht er ein Risiko, für Qualität zu zahlen, die über den Standardpreis hinausgeht. Deshalb ist der Kunde nicht dazu bereit, dieses Risiko zu übernehmen und keinen höheren Preis zu zahlen, wenn die Qualität nicht gesichert ist.

Ein Unternehmen, das ein Produkt mit mehr Qualität anbietet, macht folglich einen Anfangsverlust. Der Reputationaufbau erfordert also eine Anfangsinvestition, damit Kunden einen Anreiz zum Erstkauf haben und sich damit von der Qualität überzeugen können. Diese Informationskosten muss der Anbieter zunächst tragen, um den Kunden zum ersten Kauf zu bewegen. Danach antizipieren die Kunden die Erfahrungen mit der Qualität auf zukünftige Käufe, d. h. die Qualitätsunsicherheit reduziert sich in Zukunft, so dass eine Bereitschaft entsteht, für höhere Qualität eine höhere Reputationsprämie zu zahlen. Die Reputationsprämie ist quasi eine Sicherheitsgebühr, die der Kunde zahlt, um die Unsicherheit über die angebotene Qualität zu reduzieren. Der Anbieter hätte die Anfangsinvestition nicht getätigt, wenn er nicht in Folge die Produktionskosten und eine Prämie zur Verzinsung der Anfangsinvestition erhält. Die Reputationsprämie nimmt mit steigender Qualität zu, da sich die Informationskosten mit der beginnenden Qualitätsunsicherheit erhöhen. Wenn die Reputation aus dem ursprünglichen Markt im Zuge der Diversifikation auf einen neuen Markt übertragen wird, erwarten die Konsumenten bereits beim ersten Kauf des neuen Produktes eine höhere Qualität als die Mindestqualität. Dies gilt nur, wenn sich bereits Vertrauen bei den Kunden aufgebaut hat, d. h. sie bereits in der Vergangenheit positive Erfahrungen mit den Produkten des Herstellers gesammelt haben. Menschen übertragen das Vertrauen zu einem Produkt auf ein neues, wenn es mindestens eine Gemeinsamkeit zwischen beiden gibt.[63]

Der Aufbau von Vertrauen ist ein relevanter Faktor der Reputation. Wie wird Vertrauen definiert? Georg Simmel unterscheidet zwischen Vertrauen als Glauben, Gefühl und Wissensform (Simmel et al. 1989, S. 215). Ihmzufolge ist es für die Wirtschaft relevant, dass Kunden zu FDL Vertrauen haben, denn ansonsten kann es z. B. keinen Bargeldverkehr geben. Für Simmel ist das „Gefühl der persönlichen Sicherheit, das der Geldbesitz gewährt, [...] vielleicht die konzentrierteste und zugespitzteste Form und Äußerung des Vertrauens auf die staatlich-gesellschaftliche Organisation und Ordnung" (ebd.). Die größte Leistung des Vertrauens ist, dass es Ansprüche und Bindung bewirkt. Je größer das Risiko der Vorleistung ist, desto größer die verpflichtende Wirkung. Unternehmen können dieses Wissen zum Vertrauensaufbau nutzen. Menschen suchen die Balance: Geben und Nehmen müssen zum Wohlbefinden in der Balance sein. Das Gesetz der Reziprozität lautet: Gleiche ein Geschenk aus. Wenn jemand beschenkt wird, dann ist die Beziehung kurz aus dem Gleichgewicht geraten. Der Beschenkte fühlt sich dem Geber zum Zurückgeben verpflichtet: „Wie durch Geschenke kann man auch durch Vertrauensbeweise fesseln" (Luhmann 2000, S. 56). Gezielte Ansätze zum Aufbau von Vertrauen zur Reputationssteigerung gibt es im Content-Marketing, wobei nutzwertige Inhalte wie Whitepaper und Checklisten über Social Media verschenkt werden, um eine vertrauensvolle Kundenbeziehung aufzubauen. Der Nutzen für

---

[63] Auf Basis der Reputation gehen Kunden auf neuen Märkten davon aus, dass die Qualität über der Mindestqualität liegt. Infolgedessen steigt der Einführungspreis aufgrund der höheren Qualitätserwartung. Die übertragene Reputation verringert die Anlaufverluste auf neuen Märkten, da bereits in der Anfangsphase eine höhere Zahlungsbereitschaft vorhanden ist. Trotzdem verbleibt bei dem ersten Kauf eine Restunsicherheit beim Kunden. Doch wenn die Qualität zu Produkt-Qualität bekannt geworden ist, dann baut sich zusätzlich zur Markenreputation eine produktspezifische Reputation auf.

den Finanzberater liegt auf der Hand: Die Kunden werden kaum abwandern, auch in schlechten Zeiten bei ihm bleiben und Empfehlungen teilen. Schließlich ist langfristig der monetäre Nutzen höher als bei einer herkömmlichen, auf den schnellen Profit ausgerichteten Finanzberatung. Ein solcher Finanzberater bedient nicht nur einfach sein Klientel: er begeistert sie. Und außerdem übt er selbst seinen Beruf mit viel Freude und Begeisterung aus (Peterreins et al. 2010, S. 16). Viele Unternehmen unterschätzen die Folgen der negativen Online-Reputation. Früher bedeuteten unzufriedene Kunden für Unternehmen im schlimmsten Fall ein paar verlorene Käufer. Wer sich über etwas ärgerte, erzählte es seinen Freunden. Die Halbwertszeit war kurz und die Reichweite gering. Doch heute gibt es Social Media. Sie ermöglichen es, mit geringem Aufwand eine große Öffentlichkeit mit hohen Reichweiten zu erzielen. Viele Versicherungen erkennen diese Entwicklung und die Risiken zu spät. Reputationskrisen sind kostspielig, durch Longtail-Effekte mit langfristigen Folgen verbunden und der Vertrauensverlust ist das Risko. Die Reputationskrisen von Ergo (2011) und Debeka (2013) werden im Kapitel 4 analysiert, um Erkenntnisse zum Reputationsmanagement zu gewinnen und Handlungsanweisungen zur Früherkennung von Krisen zu erstellen.

Durch Reputationsmanagement entsteht also ein nachfragebezogener Wettbewerbsvorteil: Durch virale Effekte wie Mund-zu-Mund Propaganda mit interaktiven Handlungen (Liken, Teilen) verbreiten die Social-Media-Nutzer als Markenbotschafter die Inhalte. Somit wird die Reputation und der Zinsfaktor für die Verzinsung der Anfangsinvestition gefördert. Umgekehrt bedeutet es auch, dass der Verlust an Reputation – potenziert durch Social-Media-Reichweiten – den Verlust von Reputation, Investitionen, Zinsen bedeutet. Die Reputation wird seit einigen Jahren als immaterieller Wert im Markenwert bilanziert, so dass mit Online-Reputationsmanagemt der Unternehmenswert gesteigert wird (Hilker 2012, S. 149).

Reputation beginnt mit der Wahrnehmung des Unternehmens durch den Kunden. Die Konsumenten erhoffen sich damit Zeit bei der Entscheidungsfindung zu sparen und bessere Kaufentscheidungen zu fällen. Online-Meinungen weisen eine hohe Relevanz und Glaubwürdigkeit auf. Das Vertrauen ist enorm, selbst wenn es nur digitale Empfehlungen von Fremden sind. Social-Media-Monitoring gewinnt deshalb für Unternehmen immer stärker an Bedeutung (Sterne 2011). Je mehr Nutzer in Social Media ihre Meinung teilen, desto weniger können Unternehmer es sich leisten, diese Online-Dialoge zu ignorieren, denn sie haben einen hohen Einfluss auf Kaufentscheidungen und Reputation. Eine Umfrage hat ergeben, dass 66 Prozent der Konsumenten Online-Reviews vor dem Produkt-Kauf konsultieren (Kaiser 2012). Dabei ist bedenklich, dass nur jeder dritte Versicherungskunde weltweit (30

Prozent) den letzten Kontakt mit seiner Versicherung positiv erinnert (Capgemini 2013).[64] Eine durchängige positive Kundenerfahrung ist dabei wichtiger als eine punktuelle Kundenzufriedenheit.[65] Das Kundenerlebnis muss die Erwartungen erfüllen oder übertreffen im gesamten Kundenlebenszyklus. Nur zwei Drittel der Befragten hatten ein neutrales oder sogar ein negatives Kundenerlebnis. Es existiert also nur eine geringe Bindung an Versicherungen und das Kundenverlust-Risiko ist hoch. Durch Social-Media-Marketing könnte dieses Risiko reduziert werden, denn damit wird die Kundennähe gestärkt (ebd.). Auch das Edelmann Trust Barometer (Edelman 2014)[66] zeigt, dass die Folgen der Vertrauenskrise für die Versicherungswirtschaft noch nicht überwunden sind. Während 72 Prozent der Befragten Vertrauen in die Technologie-Branche (Spitzenreiter) haben, liegen die Werte für Financial Services bei nur bei 32 Prozent. Damit verharrt die FDL-Branche seit Jahren auf den letzten Plätzen, obwohl es Initiativen gab, den schlechten Ruf der Branche zu verbessern. Zudem leidet der Ruf der Versicherungswirtschaft unter den Reputationskrisen einzelner Versicherungen (Ergo, Debeka).

Versicherungen müssen sich daran gewöhnen, dass sich ihre Marke heute nicht alleine dadurch definiert, wie Marketers die Markenführung gestalten, sondern zunehmend auch darüber, was die Kunden im Netz dazu sagen (Lembke 2013). Denn mit der durch Social Media verstärkten Machtposition bestimmen die Kunden heute maßgeblich die Reputation eines Unternehmens. FDL können mit einem guten Ruf online neue Kunden gewinnen und binden. Menschen vertrauen Menschen, die sie kennen und den Erfahrungen im Freundeskreis. Zudem werden Kaufentscheidungen heute zumeist mit einer Google-Recherche vorbereitet bzw. begleitet. Das gilt auch für den Finanzbereich, wie der ROPO-Effekt beweist. Deshalb wird das Online-Reputationsmanagment im Social-Media-Zeitalter immer wichtiger. Versicherungen können zwar Menschen nicht vorschreiben, wie sie über ihre Produkte, Unternehmen und Services sprechen, aber sie können ihren guten Ruf beobachten und mitgestalten. Vertrauen ist die Basis jeder Geschäftsbeziehung und das gilt auch für Social Media. Versicherungen können Social Media einsetzen, um Vertrauen im Kunden-Dialog online zu fördern. Wenn Bedarf besteht, kann dann eine persönliche Beratung folgen. Relevant dabei ist, dass die Versicherungsvermittler auf ihre Reputation achten, denn darüber erfolgt

---

[64] Der World Insurance Report 2013 beruht auf Forschungsergebnissen aus 41 Märkten in Europa, Asien, Australien, USA. Die Untersuchung basiert auf Interviews mit 114 Führungskräften aus Versicherungen und 16.500 Kunden.

[65] "Wenn Kunden neutrale oder negative Erfahrungen sammeln, ergeben sich Möglichkeiten für andere Versicherer, diese Kunden abzuwerben. Sie wechseln dann meist auch für einen minimalen zusätzlichen Nutzen", so Volker Gerlach, Vice President bei Capgemini Consulting (Capgemini 2013).

[66] Das Edelman Trust Barometer ist eine jährliche Studie der PR-Agentur Edelman über Vertrauen und Glaubwürdigkeit, die in 2014 zum 14. Mal durchgeführt wurde. Die Datenerhebung erfolgte durch Online-Interviews (Zeitraum: 16.10.2013 bis 29.11.2013). Für die Studie wurden in 27 Ländern jeweils 1.000 Personen aus der Bevölkerung sowie Meinungsführer (Hochschulabschluss, jährliches Haushaltseinkommen im oberen Viertel) befragt. Sie beschäftigen sich mehrmals wöchentlich mit Wirtschafts-/Nachrichtenmedien in zwei Altersgruppen (25–34 und 35–64 J.).

online ein Austausch. Auf WhoFinance.de werden Finanzberater öfffentlich bewertet. Deshalb sind zur Sicherung der Online-Reputation die Qualitätssicherung, die Weiterbildung und das Monitoring relevant (Hilker 2010, S. 129). Zunächst werden f. Annahmen zur Online-Reputation getroffen:

- **die Reputation hat Auswirkungen auf die Basis das Kaufverhalten der Kunden**: Es betrifft deren Anspruchshaltung bezüglich Qualität und Zahlungsbereitschaft;
- **in Social Media kann die Reputation positiv oder negativ gestaltet werden** durch die schneeball-ähnliche Effekte, die unter Umständen schnell hohe Reichweiten erzielen;
- **aus ökonomischer Sicht ist ein Reputationsmanagement für Versicherungen unerlässlich**, da viele Kunden ihre Meinung online teilen. Deshalb ist ein Monitoring wichtig, da es als Instrument zur Früherkennung dient und Reputationsschäden mindern kann.

Die Online-Reputation, die durch Beiträge von Nutzern gestaltet wird, läßt sich mit Social-Media-Monitoring beobachten, messen und analysieren. Die Ergebnisse zeigen ein Stimmungbild zur Marke und spiegeln die Facetten der Online-Reputation wider. Kennzahlen sind z. B. die Menge der Beiträge, Themen, Tonalität. Um wissenschaftliche Erkennnisse über das neue Forschungsfeld Social Media zu gewinnen, ist es wichtig, sich mit den Funktionsweisen von Monitoring vertraut zu machen, weil die Ergebnisse eine Orientierung geben, die Wirkungsmechanismen mittels neuer Erkenntnisse über Netzwerk-Effekte in der Online-Kommunikation zu skizzieren (Hilker 2010). Das Social-Media-Monitoring ist ein spezielles Monitoring[67], das die Beobachtung von Diskussionen und Meinungsbildung im Internet bezeichnet. Dabei geht es darum herauszufinden, was Kunden, Geschäftspartner und Mitbewerber beschäftigt. Zudem kann der Erfolg der eigenen Online-Maßnahmen überprüft werden und die Markt- und Trendforschung kann es nutzen (Sen 2011). Das Beobachten, Analysieren und Evaluieren sollte professionell durchgeführt werden, damit man aus den Ergebnissen auch die richtigen Konsequenzen ziehen kann. Das Monitoring sollte in die Unternehmensstrategie eingebunden werden und vernetzt sein mit den Organisationseinheiten wie: Marketing, Vertrieb, Service, Kommunikation, PR, Forschung und Entwicklung. Nur so kann das Wissen gewinnbringend im Unternehmen eingesetzt werden. Ziel ist, mit den Social-Media-Analysen relevante Inhalte, Trends und Meinungsbilder herauszufiltern und zu bewerten. So können Unternehmen Chancen und Risiken frühzeitig erkennen und Erkenntnisse erhalten. Die Ziele zur Messung im Monitoring sollten vorab definiert werden, z. B.: 1) Was wird gemessen? 2) Welches Aussageziel wird gemessen? 3) Wie soll das Messverfahren sein? Der neuralgische Punkt beim Social-Media-Monitoring ist nicht der

[67] Der zugehörige Oberbegriff Web-Monitoring befasst sich mit der Erhebung und Analyse von Daten, die sich aus dem Kommunikationsverhalten der Nutzer im Internet ergeben.

Daten-Mangel, sondern die immense Vielfalt an Daten (Big Data). Die Monitoring-Anwendungen können zwar viele Daten verarbeiten, aber der Aufwand ist hoch, unstrukturierte Daten nach definierten Kriterien zu analysieren und gezielte Reportings zu erstellen. Für komplexe detaillierte Analysen müssen Ressourcen und Know-how zur Verfügung stehen. Nur mit klaren Zielen läßt sich verwertbares Wissen für konkrete Funktionen gewinnen[68]. Einsatzbereiche für Social-Media-Monitoring sind (Mind Business Consultants 2010):

- Kommunikation: Identifikation von Themen, Meinungsführern, Multiplikatoren
- Krisen-Prävention: frühe Intervention durch schnelles und gezieltes Eingreifen
- Marktforschung: neue Trends und Muster aufdecken
- Produkt-Optimierung durch Kunden-Feedback und -Beteiligung
- Issue Management: Positionierung, Branding und Markenwahrnehmung stärken
- Service-Qualität: Innovationen werden durch die Community bewertet (ebd.).

Professionelles Social-Media-Monitoring erfordert je nach Aufgabe quantitative Verfahren bis zu qualitativen Interpretationsverfahren in Bezug auf Inhalt, Tiefe und Qualität der Gespräche. Messgrößen können beispielsweise sein: Anzahl der Gespräche, Themen, Influencer. Semantische Analysen, neuronale Netze und manuelle Auswertungen können zudem erforderlich sein, um Reportings in einer angemessenen Qualität zu gewinnen. Wichtig sind dann standardisierte Auswertungen, um den subjektiven Faktor in der Ausführung möglichst gering zu halten. Folgende Kennzahlen sind im Social-Media-Monitoring möglich:

- **Mentions und Reach**: Anzahl der Einträge (Mentions) der Marke in den unterschiedlichen Quellentypen im Zeitverlauf und Anzahl der potenzieller Sichtkontakte (Reach);
- **Share of Voice**: Anteil der Mentions im Vergleich zum Markt bzw. Mitbewerber;
- **Sentiment**: Anzahl positiver, neutraler und negativer Meinungen (Mentions);
- **Influencer**: Identifikation wichtiger Personen und deren Beziehungen untereinander;
- **Keywords**: Identifikation von relevanten Schlüsselwörtern per Text-Analysen.

Zusammenfassend läßt sich festhalten: Laut Experten sollte man durch kontinuierliches Social-Media-Monitoring die Online-Reputation beoabachten. Potenzielle Gefahren für das Unternehmen können so frühzeitig erkannt und individuelle Handlungsempfehlungen eingesetzt, um Äußerungen entgegenzuwirken oder positive Resonanzen gezielt noch stärker für sich zu nutzen (Zerres und Reich 2010). Aufgrund der wachsenden Bedeutung des Internets gewinnt das Online-Reputationsmanagement immer mehr an Stellenwert. Im Reputationsmanagement geht es darum, Informationen fortlaufend im Monitoring zu analysieren und durch proaktives Internet-Marketing zu optimieren (Hilker 2012, S. 141). Das Modell zur

---

[68] Inhalte im Monitoring-Konzept können sein: Ist-Analyse, Ziele, Methoden, Ressourcen-Einsatz, Evaluation.

Online-Reputation von Shapiro (1983) eignet sich jedoch nicht für Versicherungen, weil in dieser Branche der Verkauf vom ROPO-Effekt (online/offline) tangiert wird. Somit muss die Erfolgsmessung für Versicherungen der persönlichen Beratung nachgelagert erfolgen. In dieser Dissertation erfolgt die Erfolgsmessung der Online-Reputation mit Monitoring-Analysen. Dabei nehmen auch weitere Quellen (wie Bewertungsportale) und der NPS Einfluss auf die Online-Reputation. Relevant dafür sind auch der Community-Aufbau und das Empfehlungsmarketing, da es aus betriebswirtschaftlicher Sicht ökonomischer Argumente im Social-Media-Marketing bedarf, um die neuen Chancen zur Erhaltung der Wettbewerbsfähigkeit für Versicherungen zu nutzen. Die Analyse von Fallbeispielen dient dazu, Handlungsempfehlungen zur Online-Reputation zu geben, s. Kapitel 4.3.

1.9 Zusammenfassung der Analyse und Forschungslücke

Die Analyse zeigt, dass viele Versicherungen Social Media rudimentär in Teilbereichen zurückhaltend einsetzen. Sie nutzen eher das klassische Versicherungsmarketing, das aber die neuen Kunden-Erwartungen nicht erfüllt. Es wird deutlich, dass es ein großes ungenutztes Potenzial gibt sowie viele Hürden (z. B. Datenschutz) gibt. Viele Experten meinen, dass Social Media vielseitig im Marketing-Mix einsetzbar ist, z. B. für Produkt-Innovationen, Marktforschung, Verkaufsförderung und Empfehlungsmarketing (BVDW 2010, S. 13–15). Unterschiede zeigen sich im Branchenvergleich, z. B. ist der Social-Media-Marketing-Reifegrad in der Versicherungswirtschaft niedrig. Einige Studien belegen, dass der Stellenwert von Social Media weiter wächst und in Zukunft fester Bestandteil im Marketing sein wird (Attensity 2011). Einige Versicherungen haben dies bereits erkannt und planen Social Media als festen Bestandteil im Marketing zu etablieren, denn das Risiko ist groß, den Anschluss an den globalen Wettbewerb und die jüngere Generation zu verpassen. Im Hinblick auf internationale Wachstumschancen kann eine zögerliche Entwicklung problematisch sein, denn damit könnte es Wettbewerbsnachteile geben. Versicherungen werden in Social Media nur am Rande wahrgenommen. Laut Studie von (Tata Consultancy 2013) eignet sich Social-Media-Marketing eher für Produkte mit High Involvement wie: TV-Shows, Computer, Mobilgeräte. Demzufolge leisten Branchen wie Versicherungen zwar mit ihren Produkten Notwendigkeiten des täglichen Lebens, gewinnen aber nur wenige Fans. Branchen mit High-Involvement-Produkten haben größere Chancen auf Erfolg im Social-Media-Marketing mit Fans, die von ihrer Marke begeistert sind (ebd.). Demzufolge ist Social-Media-Marketing im Low-Involvement- deutlich anspruchsvoller als im High-Involvement-Bereich. Der Unterschied wird deutlich im Vergleich von Fan-Zahlen aus beiden Bereichen, siehe Tab. 10.[69]

[69] Daten-Abruf am 29.09.2015 auf http://www.socialbakers.com/statistics/facebook/pages/total.

Tab. 10: Facebook-Fanzahlen von Marken mit High versus Low Involvement

Food-Marken mit High Involvement	Finanz-Marken mit Low Involvement
Coca Cola 93.094.633 Fans MC Donalds 58.993.044 Fans Red Bull 43.998.770 Fans	Visa 19.392.584 Fans Mastercard 12.692.000 Fans American Express 5.844.884 Fans

Coca Cola hat etwa fünfhundert Prozent mehr Fans als Visa. Auch wenn das nur Stichproben sind, so zeigt sich, dass die Bedeutung einer erfolgreichen Marke für den wirtschaftlichen Erfolg in Social Media relevant ist. Der beste Weg zur Gewinnung von Wettbewerbsvorteilen ist deshalb die Bildung einer vertrauensvollen Marke mit nachhaltigen und positiven Werten. Laut Studie Wave 7 sind Marken erst dann in Social Media erfolgreich, wenn sie ihren Kunden helfen, ihre Bedürfnisse zu stillen. Dabei geht es um neue Bedürfnisse wie Lernen, Unterhaltung und gemeinsame Erlebnisse (Universal McCann 2014)[70]. Diese Anforderungen werden von Versicherungen in Social Media kaum erfüllt, was in Kapitel 4 diskutiert wird. Die Selbstverpflichtung der deutschen Versicherungen im Hinblick auf Datenschutz ist neben technischen Aspekten der größte Nachteil im Vergleich von Versicherungen aus BRD und USA. Zudem gibt es auch kulturelle Aspekte, die für das Social-Media-Marketing maßgebliche Unterschiede bewirken (ebd.). Im internationalen Vergleich zeigt sich ein deutlicher Vorsprung der amerikanischen Versicherungen bezüglich Facebook-Fanzahlen. Die US-Versicherung Geico hat 406.910 Fans (facebook.com/geico) und Allianz D. hat 333.671 Fans (facebook.com/allianzdeutschland)[71]. Die Nutzung digitaler Vertriebswege im Verbindung mit der hohen Wechselbereitschaft der Kunden sind die wichtigsten Herausforderungen für Versicherungen (Lünendonk 2013). Der direkte Kundenzugang über Social Media und der mobile Vertrieb gelten als wichtige Einflussfaktoren für die künftige Entwicklung, um eine Differenzierung in einem von nachlassendem Vertrauen und zunehmendem Preisdruck geprägten Markt zu bewirken (ebd.). Die Probleme von Social-Media-Marketing in der Versicherungswirtschaft lassen sich f. zusammenfassen, siehe Tab. 11.

Tab. 11: Probleme von Social Media bei Versicherungen, eigene Darstellung

Sachbezogene Mängel	Personenbezogene Probleme
• **keine Prioritäten** und Maßnahmenpläne, unklare Definition der Verantwortlichkeiten	• **unzureichende Führung:** keine persönliche Identifikation der Social-Media-

[70] Wave ist die weltweit größte kontinuierliche Social-Media-Studie. Sie untersucht die Meinungen von mehr als eine Mrd. der weltweit einflussreichsten Online-Nutzer in 65 Ländern, siehe wave.umww.com.
[71] Die Zahlen müssen natürlich in Beziehung gesetzt werden zu Kriterien wie Bevölkerungszahlen. Zudem ist die Fanzahl nur ein Erfolgsfaktor und begrenzt in der Aussagekraft zum Erfolg. Abruf am 23.04.2015 via www.facebook.com.

• **Probleme:** abteilungsübergreifendes Team, unzureichende Ressourcen, mangelnde interne Abstimmung, fehlende Organisationsstruktur • **unzureichende Umsetzung:** ungeeignete Informationssysteme, unkonkrete Planung, • **fehlendes Controlling** zur Beurteilung der Umsetzungsergebnisse, fehlende Kennzahlen • **fehlende Verknüpfung** zwischen Analyse, Strategie, Umsetzung, Planung und Controlling	Manager, geringes Engagement für Social Media, fehlende Durchsetzungsfähigkeit der Verantwortlichen • **unzureichende Fähigkeiten:** zu wenig Wissen, mangelndes Know-how • **Widerstände** der Betroffenen, zu **kurzfristiges (vertriebliches) Denken** der Umsetzungsverantwortlichen gekoppelt mit einem zu engen Zeithorizont

Die Analyse zeigt drei Problemfelder zum Thema auf:

1. **Etwa 50 Prozent der Versicherungen haben keine Social-Media-Strategie** (AMC / Hilker Consulting 2011). Viele Studien bestätigen strategische Schwachstellen und operative Mängel (Tata Consultancy 2013; V.E.R.S. 2012). Versicherungen sind rückständig im Social Media Marketing im Branchen-Vergleich (Neuland 2014).
2. **Die Social-Media-Ergebnismessungen fehlen bei vielen Versicherungen.** Dies führt dazu, dass die Zusammenhänge zwischen den Investitionen und der Ziel-Erreichung unklar sind. Diese Unschärfe führt dazu, dass Argumente fehlen, um den ökonomischen Einsatz von Social-Media-Marketing zu rechtfertigen. Eine Evaluation dient als Ausrichtungsbasis für erfolgreiche Entscheidungen. Doch nur 50 Prozent der Versicherungen messen ihre Social-Media-Marketing-Erfolge (AMC / Hilker Consulting 2014, S. 43). Die Hälfte der Versicherungen messen nur quantitative Kennzahlen wie Zuwachs von Fans (V.E.R.S. 2012). Die daraus resultierende geringe Belastbarkeit mit stichhaltigen Argumenten zum Social-Media-Marketing kann zu Vorbehalten führen.
3. **Die Wirkungszusammenhänge im Social-Media-Marketing sind wenig erforscht.** Zwar sind bereits Wirkungsweisen erforscht, die jeweils innerhalb eines Social-Media-Netzwerks (Facebook, Twitter) gültig sind. Es fehlen jedoch Analysen für Wirkungseffekte in komplexen Zusammenhängen von Social-Media-Marketing in der Versicherungswirtschaft. Mängel zeigt die Analyse zum Einsatz von Online-Reputationsmanagement mit Social-Media-Monitoring. Viele Versicherungen haben Schwächen in der erfolgreichen[72] Strategie-Entwicklung, Umsetzung und das Risiko-Management fehlt, um z.B. negative Folgen (wie Shitstorm) zu meiden und den Unternehmenswert zu sichern.

[72] Erfolg wird dabei definiert als wirtschaftlicher Erfolg mit monetären Zahlen (Beitragseinnahmen) und immaterielle Werte wie: Markenkapitel, Reputation, Bekanntheitsgrad.

2 Ziele, Forschungsfragen und Hypothesen

Die Analyse (Kapitel 1) zeigt, dass es bei Versicherungen viele Probleme im Bereich der Strategie-Entwicklung und -Implementierung mit Social-Media-Mangement. Es sollen neue Erkenntnisse im Bereich der Social-Media-Ergebnismessung und Social-Media-Wirkungszusammenhänge erforscht werden, um neue Ansätze zum strategischen und operativen Social-Media-Marketing für Versicherungen zu generieren.

2.1 Forschungsziele

Das Hauptziel der Dissertation ist, wie deutsche Versicherungen ihre Unternehmensziele mit Social Media erreichen können mit folgenden Teilzielen:

1. Definition der wichtigsten Begriffe und Kennzahlen von Social-Media-Marketing zur Untersuchung der KPI-Modelle zur Social-Media-Ergebnismessung, um Handlungsempfehlungen für eine systematische Steuerung des Einsatzes zu entwickeln;
2. Analyse der Wirkungszusammenhänge im Social-Media-Marketing in der Versicherungswirtschaft;
3. Untersuchung des Social-Media-Einsatzes von Versicherungen in der Praxis, um Handlungsempfehlungen für das Online-Reputationsmanagement zu entwickeln.

2.2 Forschungsfragen

Drei Forschungsfragen stehen im Fokus der Dissertation. Sie basieren auf den drei Forschungslücken: fehlende Strategie, Erfolgsmessung und Mangel über Wirkungseffekte.

1. Wie können Versicherungen ihre Social-Media-Ergebnisse messen, um den Social-Media-Einsatz zielorientiert zu steuern?
2. Wie sind die Wirkungszusammenhänge zwischen den Beitragseinnahmen von deutschen Versicherungen und deren Facebook-Ergebnissen?
3. Wie können Versicherungen Social-Media-Strategien entwickeln, implementieren und kontrollieren, die negative Folgen vermeiden und positive Auswirkungen (wie Online-Reputationsförderung) erzielen?

2.3 Hypothesen

Eine Prämisse dieser Arbeit ist, dass Versicherungen durch Social-Media-Marketing mehr Glaubwürdigkeit, Transparenz und Nähe zu Stakeholdern aufbauen können. Um Kunden zu halten, müssen Versicherer verstärkt in Social Media und positive Kundenerlebnisse investieren. Versicherungen gewinnen mit Social Media neue Möglichkeiten zur Erhöhung der

Marktdurchdringung und zur Steigerung der Effizienz von Kundenbindungs- und Akquisitionsstrategien zu steigern. Drei Hypothesen überprüft diese Dissertation ceteris paribus[73].

1. **Hypothese: Wenn deutsche Versicherungen ihre Social-Media-Ergebnisse systematisch messen, dann können sie ihre Social-Media-Erfolge zielgerecht steuern.** Zielgerichtete Steuerung meint, dass aus den Werttreiberbäumen Scorecards konstruiert werden, die die KPIs mit den Messmethoden, Zielen, Maßnahmen verbinden und eine zielgerichtete transparente Steuerung der Unternehmenskommunikation ermöglichen (Zerfaß 2014, S. 66). Die Analyse (Kapitel 1.7) zeigt, dass viele Versicherer Social Media noch nicht als strategisches Instrument in der Marketing-Kommmunikation integriert haben und die Ergebnismessung vernachlässigen. Mit der Hypothese wird das erste Teilziel untersucht, das mit systematischer Ergebnismessungen zielgerichtete Handlungsempfehlungen zur Steuerung entwickelt. Die erste Forschungsfrage wird damit beantwortet: Wie können Versicherer ihre Social-Media-Ergebnisse messen, um den Einsatz zielorientiert zu steuern?
2. **Hypothese: Social-Media-Marketing verbessert die Beitragseinnahmen von Versicherungen, wenn sie es strategisch einsetzen.** Der strategischer Einsatz bezieht sich auf f. Definition: „Eine Marketingstrategie ist ein bedingter, globaler Verhaltensplan zur Erreichung der Unternehmens- und Marketingziele" (Meffert et al. 2012, S. 291). Die Analyse (Kapitel 1.7) hat gezeigt, dass viele Versicherungen Social-Media-Marketing ohne Integration in die strategische Marketing-Kommunikation nutzen. Damit wird das zweite Teilziel untersucht bezüglich Wirkungszusammenhänge zum Social-Media-Einsatz in der Versicherungswirtschaft, um die zweite Forschungsfrage zu beantworten: Wie sind die Wirkungszusammenhänge zwischen den Beitragseinnahmen von deutschen Versicherungen und deren Facebook-Ergebnissen?
3. **Hypothese: Wenn Versicherungen Social-Media-Marketing strategisch nutzen, dann fördert es positive Effekte wie Verbesserung der Online-Reputation.** Die Analyse (Kapitel 1.8) hat gezeigt, dass noch nicht alle Versicherungen im Social-Media-Marketing strategisch einsetzen, um die Unternehmensziele gezielt zu unterstützen. Das Social-Media-Marketing von Versicherungen wird untersucht, um Handlungsempfehlungen für die Auswirkungen auf das Online-Reputationsmanagement zu entwickeln. Damit wird die dritte Forschungsfrage beantwortet: Wie können Versicherungen Social-Media-Strategien entwickeln, implementieren und kontrollieren, die negative Folgen vermeiden und positive Auswirkungen (wie Online-Reputationsförderung) erzielen?

[73] Die Abkürzung bedeutet wörtlich „bei gleichen sonstigen [Dingen oder Umständen]". Das spielt vor allem im Zusammenhang mit Experimenten eine Rolle und bedeutet dann „unter der Voraussetzung, dass alle anderen außer den (vorher) genannten Variablen gleich bleiben". Dies ist eine wesentliche Voraussetzung für interne Validität.

3 Herangehensweisen und Forschungsmethoden

In diesem Kapitel werden die relevanten Variablen geklärt, auf die erforschte Beziehungen Einfluss haben können. Zudem erfolgt eine Abschätzung, wieweit das die Forschungsergebniss beinflussen bzw. die Wirkung ausgeschlossen werden kann. Das Forschungsdesign folgt dem konstruktivistischen Paradigma. Die Zielsetzung des konstruktivistischen Paradigmas besteht darin, Probleme der realen Welt auf innovative Art zu lösen (Kaiser 2012, S. 9). Das Ziel wird durch einen iterativen Prozess, bestehend aus der Evaluation von Kausalzusammenhängen mit explorativen Methoden erreicht. Von wesentlicher Bedeutung ist, dass Nutzen für die Problemstellung gestiftet und ein eindeutiger Forschungsbeitrag geliefert wird. Ausgehend von einer Literaturrecherche werden im Rahmen dieser Arbeit Modelle zur Ergebnissmessung, Fallbeispiele mit positiven und negativen Auswirkungen sowie Datensätze aus der Praxis mit einem BI-Werkzeug auf Wirkungszuammenhänge empirisch evaluiert. Die Tab. 12 stellt die Methodik des Forschungsprozesses dar.

Tab. 12: Prozess zur methodischen Vorgehensweise der Dissertation, eigene Darstellung

Auswahl der Forschungsmethoden	
Planung, Auswahl, Begründung	Erhebungsinstrumente, Datengewinnung
Durchführung der Untersuchung	
Datengewinnung und -analyse	Daten-Interpretation, -Präsentation
Ergebnisse und Schlussbetrachtung	
Zuammenfassung und Schlussfolgerungen	Implikationen und Handlungsempfehlungen

Die Form der Informationsgewinnung basiert auf Primär- und Sekundärforschung. Als Erhebungsmethode werden Informationen ermittelt durch Datenabfragen aus den für deutsche Versicherungen relevanten Social-Media-Netzwerken (Facebook) (V.E.R.S. 2012) und durch Mail-Befragungen (Debeka und Ergo). Die Phase der Durchführung der Untersuchung umfasst die Datengewinnung und die Datenanalyse. Bei den Methoden zur Stichprobenanalyse bezüglich Wirkungsmechanismen geht es um eine Durchführung von Teilerhebungen und Stichproben (Bruhn 2012, S. 91).

Nachfolgend wird die explorative Herangehensweise beschrieben. Mit BI-Analysen werden Kundenreaktionen im Social-Media-Marketing von deutschen Versicherungen erforscht. Das kommunikative Verhalten von Internet-Nutzern wird unter realen Bedingungen durch den Einsatz technischer Hilfsmittel (Monitoring) beobachtet. Die Personen sind nicht darüber informiert, dass ihre Äußerungen und ihr Verhalten nachträglich beobachtet, analysiert und interpretiert wird. Im zeitlichen Bezugsrahmen handelt es sich also um eine retrospektive Forschung. Da die Forschungsmethoden (Monitoring, BI-Analysen) begrenzte Funktionen haben, liegt in der Kombination qualitativer und quantiativer Instrumente der größte Nutzen in der Social-Media-Forschung. Mit Monitoring werden bei den Fallbeispielen die spezielle Analysen zur Shitstorm-Forschung durchgeführt. Durch Fallbeispiele und Mail-Befragungen werden die Ergebnisse weiter differenziert. Die Forschungsmethoden, Forschungsziele und Forschungsfragen werden nachfolgend begründet. Die Dissertation will neue Erkenntnisse aus einer interdispziplinären Perspektive gewinnen. Im Zentrum stehen die Social-Media-Wirkungsweisen. Im Forschungsdesign werden f. Methoden kombiniert:

- Die erste Forschungsfrage zur Social-Media-Wirkungseffizienz untersucht Modelle zur Social-Media-Wirkungsmessung (Input/Output) mit deskriptiver Forschung, um Begriffe, Kennzahlen, Handlungsanweisungen zur Erfolgmessung zu erzielen, s. Kapitel 3.1.
- Die zweite Forschungsfrage untersucht mit Analysen und entdeckender Forschung die Social-Media-Wirkungseffekte auf kausale Strukturen, um neue Wirkungsmuster zu ermitteln. Bei der Untersuchungen geht es um die Wirkungsmechanismen von Facebook (Engagement) mit betriebswirtschaftlichen Daten (Beitragseinnahmen), s. Kapitel 3.2.
- Die dritte Forschungsfrage untersucht mit Fallbeispielen negative und positive Wirkungsweisen (Ursache/Wirkungen) in Social Media, um kausale Zusammenhänge im Social-Media-Marketing zu ermitteln und Handlungsempfehlungen zu erarbeiten. Die Erhebungsmethoden sind Analysen, Beobachtung und Mail-Befragung, s. Kapitel 3.3.

3.1 Social-Media-Ergebnismessung

Um die Methoden zur Ergebnismessung zu klären, müssen zunächst die Begriffe Effektivität und Effizienz voneinander abgrenzt werden. Während Effektivität eine Maßgröße der Zielerreichung ist, ist Effizienz die Wirtschaftlichkeit zur Zielerreichung. Die Werbeeffektivität bezieht sich demnach auf das Ziel-Output-Verhältnis einer Marketing-Maßnahme. Wenn ein Marketer mit einer Social-Media-Kampagne sein Ziel erreicht hat und z. B. eine Mio. Facebook-Fans gewonnen hat, dann war die Maßnahme vielleicht effektiv. Die Werbe-Effizienz definiert dagegen das Output-Input-Verhältnis zur Messung der Wirtschaftlichkeit einer Maßnahme. Möglicherweise erfordert das Ziel, eine Mio. Fans zu gewinnen, eine Investition für ein Gewinnspiel mit der Verlosung von 100 i-Pads. Somit wäre die Werbe-Effizienz im Verhältnis von Output (1 Mio. Fans) zu Input (Investitionskosten für 100 i-Pads) zu berechnen, um die Wirtschaftlichkeit dieser Maßnahme im Vergleich mit anderen Marketing-Maßnahmen zu bewerten. In der Betrachtung von Return-on-Investment müssten zudem betriebswirtschaftlich relevante Kennzahlen definiert, analysiert und bewertet werden, um Outcome-Ergebnisse (wie Conversionrate, d. Online-Abschluss) zu ermitteln. Um effizient zu agieren, können Unternehmen dem Minimalprinzip folgen und versuchen, ein bestimmtes Ziel mit minimalen Mitteln zu erreichen. Oder sie folgen dem Maximalprinzip und streben an, mit gegebenen Mitteln den maximal möglichen Output zu erwirtschaften (Bruhn 2010). Wird also ein geplantes Marketingziel erreicht, ist die Maßnahme effektiv. Wird das geplante Ziel mit geringstmöglichem Mitteleinsatz (= Minimalprinzip) bzw. ein größtmögliches Werbeziel mit gegebenen Mitteln (= Maximalprinzip) erreicht, ist die Werbemaßnahme effizient. Demzufolge ist Effektivität eine notwendige, aber nicht hinreichende Bedingung für Effizienz (Reinecke und Janz 2006). Die Zielsetzung von Social-Media-Marketing im Unternehmen ist individuell. Deshalb ist auch die Auswahl der Ergebnismetriken und der KPIs individuell vorzunehmen. Die Beispiele veranschaulichen die Spannbreite der Social-Media-Wirkungseffekte und zeigen die Problematik bezüglich der Vielzahl an Messmöglichkeiten:

- Das Marketing kann durch eine gesteigerte Produktwahrnehmung und Mundpropaganda (Word-of-mouth) indirekt zu einer Umsatzsteigerung beitragen.
- In der Presse-Arbeit kann durch einen Corporate Blog eine Verbesserung der Markenwahrnehmung die Kundenbindung und die Neukundengewinnung erhöhen.
- Durch die Einbindung von Kunden-Ideen und die Nutzung der kollektiven Intelligenz lassen sich Entwicklungszyklen in der Produkt-Entwicklung (F&E) verkürzen.
- Community-Mitglieder helfen sich gegenseitig bei der Lösung technischer Probleme. Dies reduziert die Anrufe im Service-Center und führt somit zu Kostenersparnissen.

Die Komplexität und Vielzahl der variablen Faktoren sowie die Bewertung der sozialen Faktoren können zum aktuellen Stand der Forschung jedoch noch nicht zu einheitlichen KPI-Standards verdichtet werden. Angesichts der Neuartigkeit von Social-Media-Maßnahmen lässt sich festhalten, dass bekannte Input- und Output-Größen zur Effizienzmessung nicht ausreichen, um die Ziele und Besonderheiten in Social Media wie Netzwerk-Effekte umfassend abzubilden. Social-Media-Marketing soll Vernetzungs- und Kosteneffekte durch Output- und Input-Größen erzielen und daneben auch möglichst viele Kontaktpersonen erreichen (Diffusionseffekt), um effizienter im Vergleich zu klassischen Kommunikationsmaßnahmen zu wirken. Dafür bietet sich beispielsweise die Messung des Diffusionseffektes mithilfe von Social-Media-Instrumenten an. So können Facebook-Likes sowie andere Bewertungen die Effizienzmessung ebenso ergänzen wie Views bei Youtube. Für die Effizienzbewertung sollten unbedingt zusätzliche Output-Größen wie die Anzahl der erreichten

Personen, die Intensität der Maßnahme (Reichweite) und Tonalität berücksichtigt werden (Hutter und Hoffmann 2013). Ein wichtiger Diffusionseffekt ist, wie Internet-Nutzer über Social Media Empfehlungen kommunizieren (Word-of-Mouth). Relevanz entsteht durch Mitglieder-Anzahl der Online-Community, der Faktor für Stickiness und der digitale Status (Vernetzungsgrad) der Nutzer. Dabei sind Influencer relevant, denn es sind einflussreiche Stakeholder mit hohen Reichweiten, die Marketers gewinnen möchten.

Da der Diffusionseffekt mit einer zeitverzögerten Wirkung einher geht, bildet eine Messung direkt nach der Social-Media-Implementierung den Erfolg nicht adäquat ab. Deshalb ist die Werbewirkungsforschung immer mit der Frage konfrontiert, ob die Wirkung einer Aktion überhaupt zeitnah erfassbar ist oder ob die Wirkung erst viel später eintritt und auch dann erst gemessen werden sollte (Carry-Over-Effekte). Dies gilt insbesondere für Social-Media-Marketing, weil es in der Praxis eine Anlaufzeit benötigt, bis ein Unternehmen eine Online-Community mit vielen Kontakten (wie Facebook-Fans und Twitter-Follower) aufgebaut hat, so dass die Unternehmensnachrichten hohe Reichweiten, viel Engagement und eine hochwertige Online-Reputation erzielen. Andere Netzwerk-Phänome wie Longtail bestätigen eine verzögerte langfristige Wirkungsweise. Auch im Community-Aufbau fallen die Investitionen mit den Aufwänden zum Aufbauf von Profilen (wie Twitter-Account), Website-Präsenzen (Facebook-Fanpage) und Content-Produktion (Corporate Blog) an. In der Praxis gibt es zumeist ein Problem, wenn die Anzahl der Kontakte zu gering ist, um die Investition zu rechtfertigen. Doch wenn ein Unternehmen im Anfangsstadium aufgibt, weil keine wirksamen Ergebnisse erzielt werden, war die Zeitdauer für das Engagement zu kurz geplant, denn die Investition rechnet sich erst später (Carry-Over-Effekt). Der Erfolg tritt erst dann ein, wenn das Unternehmen durch den Community-Aufbau hohe Reichweiten erzielt, z. B. viele Influencer und Umsatzsteigerung gewonnen hat.

Ohne die Planung einer entsprechender Zeitdauer bis zur Bewertung der Investionen kann das Start-Investition verloren gehen, weil Social-Media-Marketing keine kurzfristige, sondern eine langfristig wirksame Maßnahme ist. Zudem können andere externe Faktoren wie klassische Werbeaktionen die Messung der Effizienz verzerren (Spill-Over-Effekte). Das Durchhalten in der Aufbauphase muss in der Strategie eingeplant werden. Die Effizienzmessung ist mit verschiedenen Zuordnungsproblemen konfrontiert und sollte deshalb auch ermitteln, welche Inputfaktoren die Werbewirkung verursachen. Deshalb wird häufig der Zusammenhang zwischen Input- und Output-Größen quantifiziert. Sowohl in der Unternehmenspraxis als auch in wissenschaftlichen Studien werden häufig Werbekosten und Umsatz in Relation gesetzt, ohne nachgelagerte Wirkungsstufen der Kommunikation (Chain-of-Effects) zu berücksichtigen (Bruhn 2010). Ein positiver Zusammenhang zwischen Werbeausgaben und Marken-Image lässt vermuten, dass auch weitere nicht berücksichtigte Variablen eine Rolle spielen. Umsatzzuwächse sind möglicherweise eher auf die psychologische Ebene (z. B. Marken-Image) als auf monetäre Input-Größen des Unternehmens zurückzuführen. Diese Scheinkorrelationen geben nur bedingt Auskunft über die Input-Größen und können zu Fehlinterpretationen führen. Grundsätzlich sollte beachtet werden, dass Output-Input Relationen eine Ursachen-Wirkungs-Beziehung lediglich vermuten lassen. Ein kausaler Zusammenhang kann häufig nicht nachgewiesen werden. Deshalb sind die ermittelten Kennzahlen mit Vorsicht zu interpretieren (Hutter und Hoffmann 2013). Zusammenfassend lässt sich sagen, dass aussagekräftige Verfahren zur Effizienzbewertung Output- und Input-Größen mit qualitativen und quantitativen KPIs in Beziehung setzen. Die Werbe-Effizienzmessung klassischer Marketing-Maßnahmen sind nur eingeschränkt auf das Social-Media-Marketing übertragbar. Zur Effizienzbewertung von Social-Media-Maßnahmen sollte die Betrachtung monetär-orientierter Input-/Output-Größen in Ergänzung mit qualitativen KPIs kombiniert werden, um ein ganzheitliches Bild zu gewinnen. Aussagekräftig sind valide Kennzahlen mit f. Merkmalen: 1) konsistente Messung der Kennzahlen; 2) die Messung ist frei von subjektiven Einflüssen; 3) es ist eine einfache und automatische Erfassung möglich; 4) es gibt Ergebnisse als Kardinal-/Prozentzahl und 5) es handelt sich um kontextsensitive, relevante spezifische Kennzahlen.

3.2 Social-Media-Wirkungsweisen

Manuelle Social-Media-Analysen sind aufgrund der großen Datenmengen (Big Data) sowie der hohen Dynamik sozialer Interaktionen (Netzwerk-Effekte) nur begrenzt möglich. Eine automatisierte Unterstützung durch Werkzeuge ist deshalb notwendig. Bei der Untersuchung der Social-Media-Wirkungen können f. Methoden eingesetzt werden:

- **Social-Media-Monitoring** dient zur zielgerichteten Beobachtung und Analyse der Internet-Kommunikation mit dem Ziel herauszufinden, was Anspruchsgruppen (Stakeholder) beschäftigt. Es geht darum zu erfahren, wie die eigenen Online-Maßnahmen ankommen und was die aktuellen Bedürfnisse und Trends sind. Dazu werden Meinungen über die eigene Marke online in Social Media (wie Facebook, Twitter) und Web-2.0-Anwendungen (wie Blogs, Foren) gesammelt, archiviert und ausgewertet (Sen 2011). Social-Media-Monitoring kann zur Marktforschung, als Barometer, Innovationsantrieb, Ideengenerator und Frühwarnsystem genutzt werden (Ceyp und Scupin 2013, S. 189).[74]
- **Social-Media-Analyse** meint die Daten-Analyse mit einem Werkzeug, um Einsichten aus den Daten zu gewinnen, z. B. Themen sowie Topic- und Sentiment-Analysen. Oft-

---

[74] Monitoring-Anbieter sind z. B. Ethority, Infospeed, Attensity, Brandwatch, Meltwater und Radian 6.

mals werden Monitoring und Analyse mit einem Werkzeug durchgeführt. Bei der Analyse stehen die Zahlenwerte wie z. B. Fans im Mittelpunkt, die sich mit kanalspezifischen Werkzeuge auswerten lassen (Rogge 2014, S. 143-153).

- **Business Intelligence** (BI) umfasst viele Methoden zur Analyse von Wirkungszusammenhängen und dient zur Unterstützung von Unternehmens-entscheidungen (Kaiser 2012, S. 3). Im engen Verständnis verstehen einige Experten darunter Kernapplikationen, „die eine Entscheidungsfindung unmittelbar unterstützen" (Kemper et al. 2010, S. 3)[75]. Im weiteren BI-Verständnis werden damit alle direkten und indirekten, für die Entscheidung relevanten Anwendungen verstanden. BI-Anwendungen beinhalten Funktionen zur Datenaufbereitung, Analyse und Präsentation (ebd.). Zudem gibt es spezielle analyseorientierte BI-Ansätze.[76] BI sammelt betriebswirtschaftliche Daten und liefert Analysen und Reportings. BI-Software[77] verwendet viele Funktionen[78] wie Statistik, Data Mining, Predictive Analytics, um relevante Einsichten zu liefern.[79]

BI-Werkzeuge reichen von der Datenvisualisierung über Predictive Analytics bis hin zu Corporate Performance Management (Hilker und Zajko 2015).[80] Social BI-Anwendungen vereinen traditionelle BI-Funktionen (wie Scorecards) mit Erkenntnissen aus Social-Media-Marketing und Monitoring in einem Dashboard mit einem Überblick. Das Besondere daran ist, dass sie Kunden-Feedback in den Prozess integrieren. Versicherungen sollten diese Werkzeuge zur Überwachung für Prognosen, als Vorsichtsmaßnahme für Krisen und als ROI-Maßnahme verwenden (ebd.). Im Bereich der Analyseplattformen gibt es von Microsoft die Anwendungen MS Excel und Microsoft Power Pivot. Die Add-ins für Excel verfügen (ähnlich wie QlikView) über die Fähigkeit der Daten-Verarbeitung im Speicher. QlikView ist eine Data-Discovery-Plattform, entwickelt von der Firma Qlik.[81] Die Lösung ermöglicht Visualisierungen von Analysen in Selbstbedienung. Das hat den Vorteil, größere Daten-Mengen schneller zu verarbeiten. MS-Excel ist das beliebteste und am weitesten verbreiteten BI-Werkzeug (Saxena und Srinivasan 2013, S. 85). In einer Masterarbeit

---

75 Dabei geht es vor allem um *Online Analytical Processing* (OLAP) und,. *Executive Information Systems* (EIS).

76 Das analyseorientierte BI-Verständnis umfasst alle Anwendungen, bei denen der Entscheider direkt mit dem System arbeitet. Somit wird auch der Zugriff auf eine Benutzungsoberfläche mit interaktiven Funktionen integriert. Dazu zählen z. B. Systeme für Data Mining, Text Mining, Ad-hoc-Reporting, Balanced Scorecard und Customer Relationship Management.

77 Laut Gartner sind f. Software-Anbieter für BI-Lösungen weltweit führend: IBM, Microsoft, MicroStrategy, Oracle, QlikTech, SAP, SAS Institute, Tableau Software www.gartner.com/technology/reprints.do?id=1-2ACLP1P&ct=150220&st=sb (Abruf 30.12.2015)

78 Dazu zählen beispielsweise Online Analytical Processing, Analytics, Process Mining, Complex Event Processing, Business Performance Management, Text Mining, Benchmarking und präskriptiven Analysen.

79 www.webopedia.com/TERM/B/Business_Intelligence.html (Abruf 30.12.2015)

80 Zu den größten Anbietern im globalen SBI-Markt zählen: IBM, Oracle, SAP, SAS, Adobe, Attensity, Beewolve, Clarabridge, Crinson Hexagon, evolve24.

81 Qlik wurde 1993 in Schweden gegründet. Heute ist das Qlik Headquarter in den USA.

wurden die drei Anwendungen (QlikView, MS-Excel, MS-Excel Pivot) verglichen und bewertet (Christoffersson und Karlsson 2015, S. 50), siehe Tab. 13.

Tab. 13: Matrix-Vergleich der Produkte: MS-Excel, MS-Excel PowerPivot, QlikView, (Christoffersson und Karlsson 2015, S. 50), übersetzt von englisch auf deutsch

Anwendungsfall	**MS-Excel**	**MS-Excel PowerPivot**	**QlikView**
Kapazität zur Datenbearbeitung	-	+1	+1
Mehrfache Datenauswahl	-	+1	+1
Anteil der manuellen Arbeit	-	0	0
Drill-down Analysen	-	0	+1
Flexibilität	-	0	-1
Transparente Schnittstelle(n)	-	0	-1
Integrierte Powerpoint Erstellung	-	0	.1
Ergebnisse	**-**	**+2**	**0**

In dieser Matrix bildet das MS Excel-Tool die Basislinie, das zumeist verwendet wird. MS PowerPivot und Qlikview werden auf der Grundlage dieser Basislinie verglichen, ob sie eine bessere (+), schlechtere (-) oder indifferente (0) Lösung für den Anwendungsfall bieten. Die Entscheidung zum Einsatz des Werkzeugs QlikView zur Datenvisualiserung wurde aufgrund der assoziativen Anwendung im Vergleich der starren Funktionen von Excel getroffen. Die Vorteile von QlikView sind, dass es assoziativen Datenindizierung bietet, die eine tiefe Exploration von Daten und Beziehungen ermöglicht. Zudem können mehrere Datenquellen eingesetzt und analysiert werden. In Bezug auf die o.g. Matrix werden aufgrund der Untersuchung folgende Vorteile von QlikView im praktischen Anwendungsbereich bestätigt:

- Hohe Kapazität zur Datenbearbeitung mit mehrfacher Datenauswahl,
- geringer Anteil der manuellen Arbeit sowie flexible und einfache Visualisierungen
- Drill-down Analysen unterschiedllicher Datenquellen mit Datenvisualisierung.

Ein Problem ist die Beschaffung der Werkzeug und die aufwändige Daten-Vorbereitung. Man benötigt eine kostenpflichtige QlikView Lizenz und muss das Programm auf dem Computer installieren. Die Daten müssen die in einer relationalen Datenbank strukturiert angelegt werden und mit einer Schnittstelle zu QlikView verbunden werden, um sie zu visualisieren. Der Nutzen für die Forschung basiert auf f. Qlikview Funktionen:

- Einfache, transparente Anwendung zur Ursachensuche in unstrukturierten Daten;
- Assoziative Analysen ermöglichen neue Blickwinkel zum Entdecken neuer Effekte;

- Daten werden aus verschiedenen Quellen in Verbindung gebracht, man kann im Sinne des entdeckenden Forschens variablen Fragestellungen assoziativ und flexibel testen;
- Monitore (Dashboards) fördern den Überblick über die Kennzahlen, man kann Apps erstellen und kollaborativ, auch über räumliche Distanz, mit anderen zusammenarbeiten;
- Hohe Leistung durch die automatische Konsolidierung relevanter Daten aus diversen Quellen in einer einzigen Applikation ermöglicht eine Effizienz in der Anwendung;
- Mobiles Arbeiten: offline und online auf verschiedensten Geräten sowie einfache Erweiterung und Anpassung mit selbständiger Administration und Entwicklung.

3.3 Negative und positive Fallbeispiele

Die Fallstudie eignet sich als qualitative Methode zur Beantwortung der Forschungsfrage, weil sie ein „ganzheitliches und realistisches Bild der sozialen Welt" mit sozialer Interaktion und Kultur in relevanten realen Situationen" (Meyer und Kittel-Wegner 2002, S. 13) erfasst und auf diverse Verfahren sozialwissenschaftlicher Analysen zurückgreift.[82] Die Eignung von Fallstudien wird mit f. Kriterien geprüft, um den Einsatz zu rechtfertigen (Yin 2009, S. 8): 1) die Forschungsfrage darf nur durch Wie- oder Warum-Fragen zu bearbeiten sein; 2) die Notwendigkeit der geringen Einflussmöglichkeiten des Forschers und 3) es sollte ein aktueller Zeitbezug sein (ebd.). Die Fallbeispiele werden aufgrund von Online-Recherchen erfasst und in der chronologischen Entwicklung analysiert. Dazu werden Monitoring-Analysen verwendet (s.o.). Zudem wird Kontakt zu den Versicherungen aufgenommen, um ergänzende Fragen zu klären, die sensible betriebswirtschaftliche Aspekte betreffen wie Umsatzverlust. Die Fallbeispiele werden in positiv und negativ unterschieden, was wie f. definiert wird: 1) Negative Fallbeispiele beziehen sich auf einen krisenhaften Verlauf mit Kontrollverlust (wie Shitstorm), die negative Folgen wie Reputationsschaden bewirken können. 2) Positive Fallbeispiele sind Fallbeispiele mit positiven Wirkungsergebnissen wie virale Effekte, die die Reputation und Neukunden-Gewinnung fördern können.

---

[82] Neben primären, direkten Untersuchungsmethoden werden auch Sekundärdaten wie Berichte genutzt (Lamnek 1993).

4 Ergebnisse der Dissertationsforschung

4.1 Analyse der Ansätze zur Social-Media-Erfolgsmessung

Auch wenn die Ziele im Social-Media-Marketing zumeist nicht den Unternehmensgewinn, sondern die Unternehmenskommunikation unterstützt, so muss doch die Ergebnismessung erfüllt werden (Fiege 2012, S. 14). Es bedarf also eines Social-Media-Controllings zur Erfolgsmessung, auch weil das Controlling im Marketing immer mehr an Stellenwert gewinnt (Reinecke und Janz 2006). Für viele Firmen ist der Social-Media-ROI nicht bestimmbar, weil sie Probleme mit der Erfolgsmessung haben. Zumeist werden in der Praxis Zahlen wie Fans, Freunde, Follower als Kriterien zur KPI-Messung verwendet. Doch nur weil man diese Zahlen messen kann, bedeutet es nicht, dass sie relevant sind (Blanchard 2011)[83]. Es geht darum, die richtigen KPIs bezüglich Ziele für das Social-Media-Controlling zu finden.

Bei der Definition zum ROI (Return-of-Investment) im Social-Media-Marketing gibt es unterschiedliche Ansätze (Rossmann 2013; Ray 2010; Blanchard 2012; Weinberg et al. op. 2011; Schumacher 2010). Der ROI wird auch als Return on Ignorance oder als ROE (Return on Engagement) (Beilharz 2012/2013, S. 28) bezeichnet, um die Folgen des Ignorierens von Social-Media-Marketing plakativ zu demonstrieren. In der Diskussion dominiert letztlich die Einstellung: Wenn Unternehmen Social-Media-Marketing-Investitionen leisten, dann müssen auch die Ergebnisse gemessen werden, damit Social-Media-Marketing nicht zur Risiko-Investition wird. Doch herkömmliche Kennzahlen aus dem Marketing wie TKP[84] und Ad-Impression[85] sind keine wirksamen KPIs für Social-Media-Marketing. Deshalb müssen neue Methoden zur Ergebnismessung etabliert werden.[86] Die Messung des Social-Media-ROI ist komplex und bisher wenig standardisiert. Viele Social-Media-Manager messen den ROI mit Kennzahlen pro Social-Media-Netzwerk, denn es gibt bisher keine einheitlichen Standards mit vergleichbaren Ergebnissen. KPIs zur Erfolgsmessung müssen drei Anforderungen erfüllen: Informationscharakter, Verdichtung von Informationen, sowie Quantifizierbarkeit (Reichmann 2006, S. 19). Für die Social-Media-Netzwerke (wie Facebook, Twitter) werden zumeist kanalspezifische Kennzahlen zur Erfolgsmessung verwendet, die im Kap. 1.7 (Tabelle 8) erläutert wurden. Doch isolierte Kennzahlen wie Facbook-Fans

---

[83] "If the golden rule of business measurement is 'measure what matters,' the golden rule of social Media Measurement is 'just because you can measure it doesn't mean that it matters'" (Blanchard 2011, S. 32).

[84] TKP steht für Tausend-Kontakt-Preis und ist eine Kennzahl aus der Mediaplanung. Er gibt an, welcher Geldbetrag bei einer Werbemaßnahme eingesetzt werden muss, um 1000 Personen einer Zielgruppe per Sichtkontakt zu erreichen.

[85] Ad-Impression gilt im Onlinebereich, z. B. bei Bannerwerbung, als eine Kennzahl für Kontaktwert.

[86] Die hohe Informationsgeschwindigkeit sowie die Multiplikationseffekte in Social Media erfordern zudem eine Echtzeit-Erfolgsmessung, um potenzielle Krisen frühzeitig zu erkennen. Eine Steuerung von Social-Media-Maßnahmen sowie eine Krisenfrüherkennung werden erst durch ein Social-Media-Controlling möglich (Schmitz-Axe et al. 2012, S. 395).

haben nur eine begrenzte Aussagekraft.[87]Deshalb ist eine Kombination quantitativer und qualitativer Kennzahlen empfehlenswert. Laut Rossmann (2013) werden kaum Kausalbeziehungen zwischen KPIs oder komplexere Wirkungsstufenmodelle zur Social-Media-Ergebnismessung herangezogen. Der Fokus liegt auf der einfachen Datenerhebung: die Aussagekraft der Analysen ist entsprechend begrenzt (ebd., S. 10). Einige Experten meinen, dass sich der Social-Media-Einsatz für viele Unternehmen nicht auszahle. Es fehle der Mehrwert für Unternehmen (Tata Consultancy 2013). Demzufolge erschliessen nur zehn Prozent der Firmen die Social-Media-Nutzenpotenziale und erzielen dadurch Vorteile, z. B. zur Akquise. Dabei haben Versicherungen mit dem Wert von 19 Prozent den niedrigsten Wert zum Social-Media-ROI (ebd.). Als Gründe führt die Studie auf: späte Eintrittszeit, fehlende Zielsetzung und Low-Involvement (ebd.).[88] Ein Problem ist, dass die Vorgehensweisen und Metriken nicht professionalisiert sind. Die Besonderheiten der Social-Media-Netzwerke erschweren zusätzlich eine einheitliche Messung. Die Firmen messen den ROI zumeist durch:

- die Reichweite (88 Prozent) anhand der Anzahl von Fans und Follower;
- Kennzahlen zum Nutzer-Engagement durch Likes, Kommentare, Shares (52 Prozent);
- Stimmungen, qualitative Analysen folgen (28 Prozent) (Rossmann 2013).

Für 65 Prozent der Befragten ist es eine Herausforderung, den Einfluss von Kommunikationsgrößen auf monetäre Kennzahlen darzustellen (ebd.). Erschwerend kommt hinzu, dass viele Social-Media-Strategien nicht in der Wertschöpfungskette integriert sind. Somit lassen sich keine zielgerechten Analysen durchführen. „Der Einfluss der Kommunikation auf den finanziellen Erfolg kann nur geschätzt, subjektiv bewertet oder an globalen Größen festgemacht werden. Dabei liegt jedoch weniger ein Verfahrens- oder Messproblem, sondern eher ein Umsetzungsdefizit vor" (Rossmann 2013, S. 26). In seiner Studie merkten 46 Prozent der Befragten an, dass die aktuellen Analysemethoden nicht ausreichend glaubwürdig und valide sind. Für 40 Prozent der Unternehmen sind die Monitoring-Anwendungen noch zu teuer. Es gibt bisher wenige Modelle für ein Controlling zum Socia-Media-ROI (ebd.). Trotzdem gibt es Ansätze, um den Social-Media-Erfolg zu messen, z.B. (Schumacher 2010, S. 387). Er misst den ROI zum Online-Marketing wie folgt: 1) ROI: Erzielter Gewinn / Kos-

---

[87] Ebenso wird bei Twitter der Erfolg zumeist nur quantitativ nach Anzahl der Follower gemessen. Doch das ist nur ein möglicher Kennwert. Tweets pro Tag, Wachstumsrate, Engagement und Gespräche sind weitere Kennzahlen, die in diesem Zusammenhang analysiert werden sollten. Bei Youtube lässt sich recht einfach die Videoanzahl ermitteln. Doch auch das ist nur ein Kennwert, der erst im Zusammenhang mit Abonnenten, Video Views sowie Anzahl und Tonaltität der Kommentare eine weitere Dimension in der Aussagekraft zur vollständigen Analyse zum Wirkungserfolg erzielt.

[88] Der Originaltext lautet: "They are more likely to have consumers who are loyal fans of their offerings: TV shows, computers, stores, mobile devices, and other offerings as against industries that sell necessities but don't have fans: insurance, medical services; checking accounts or electric service, to name a few. Perhaps consumers with a passion for a product or service are easier for firms to engage through social media. This suggests that certain industries have a better opportunity to use social media to create consumer 'tribes' around their products or services – consumers who are avid fans of the product or service, and the company behind it" (Tata Consultancy Services 2013).

ten einer Marketing-Kampagne; 2) ROI: Erzielter Gewinn / Kosten pro Kampagne (ebd.). Das läßt sich ergänzen: 3) ROI: Erzielter Gewinn / Kosten pro Social-Media-Netzwerk. Ein Problem daran ist, dass der Erfolg möglicherweise nicht nur auf einer Kampagne basiert, sondern auch durch andere Maßnahmen beeinflusst wird. Einen Ansatz zur Social-Media-Erfolgsmessung mit kognitiven, affektiven und konativen Wirkungsfffekten zeigt Tab. 14.

Tab. 14: Wirkungseffekte im Social-Media-Marketing mit Kennwerten (Bruhn 2012, S. 298)

Kontrollgegenstand	Kenngröße	Kontroll-Instrumente
Kognitive Wirkung: Wissen, Aufmerksamkeit	Markenbekanntheit, Informationssstand, Produktkenntnisse Preiskenntnisse, u. a.	Recognititon-Test, Recall-Test, Evoked-Set-Analyse, Projektive Techniken, u. a.
Affektive Wirkung: Interesse, Einstellung, Positionierung, Emotion	Einstellungen, Image, Kundenzufriedenheit, Kaufpräferenzen, u. a.	Einstellungsmessung, Imageprofile, Zufriedenheitsmessung, Präferenzstudien, u. a.
Konative Wirkung: Kaufabsicht, Test, Wiederholung	Umsatz, Gewinn, Marktanteil, Kaufabsicht, -bindung, Nutzungsintensivierung, u. a.	Umsatz-/Absatzstatistiken, Panel-, Branchen-, Vertriebs-, Beschwerde-, Umfrage-Daten, u. a.

Die Kategorien zielen darauf ab, die Reichweite von Social-Media-Plattformen zu messen und ermöglichen die Verbindung zwischen strategischen Zielen und operativer Ergebnismessung. Zur Messung der Zielerreichung kognitiver Zielen eignet sich laut Bruhn (2013b) u. a. die Durchführung von Recall-/ Recognition-Tests[89]. Um die Ist-Situation konativer Ziele festzustellen, eignen sich z. B. Befragungen mit Hinblick auf Verhaltensabsichten oder die Beobachtung des Nutzungsverhaltens (Bruhn und Hadwich 2013b, S. 33). Die Analysen zur ROI-Messung sollten regelmäßig erfolgen (Blanchard 2012, S. 251).

In der Schlussfolgerung zur Untersuchung wird die Meinung von Rossmann (2013) unterstützt: Es gibt keinen ROI-Standard.[90] Somit ist die Suche nach branchenübergreifenden Social-Media-Kennzahlen aussichtslos, da es zu viele individuelle Aspekte gibt. KPIs

[89] Probanden wurden z. B. nach dem Inhalt einer Botschaft gefragt, die ihnen zuvor auf einer Social-Media-Plattform gezeigt wurde. Affektive Zielgrößen können z. B. über Einstellungsmessungen überprüft werden (Bruhn und Hadwich 2013b, S. 33).

[90] Rossmann schlussfolgert: „Die Messung des Return on Social Media gelingt nur auf Basis individueller Messmodelle. Diese müssen die spezifische Ausgestaltung der Social-Media-Strategie berücksichtigen. Daher wird sich auch in den nächsten Jahren kein allgemeines Standardmodell durchsetzen. Unternehmen müssen vielmehr die generell verfügbaren Möglichkeiten zur Messung der Erfolgswirkung in individuelle Controllingstrategien umsetzen" (Rossmann 2013, S. 26).

sollten immer an die Branche und an individuelle Unternehmenziele angepasst werden. Die Abb. 1 zeigt einen inspirierenden Ansatz zur Social-Media-Messung mit Reifegraden.

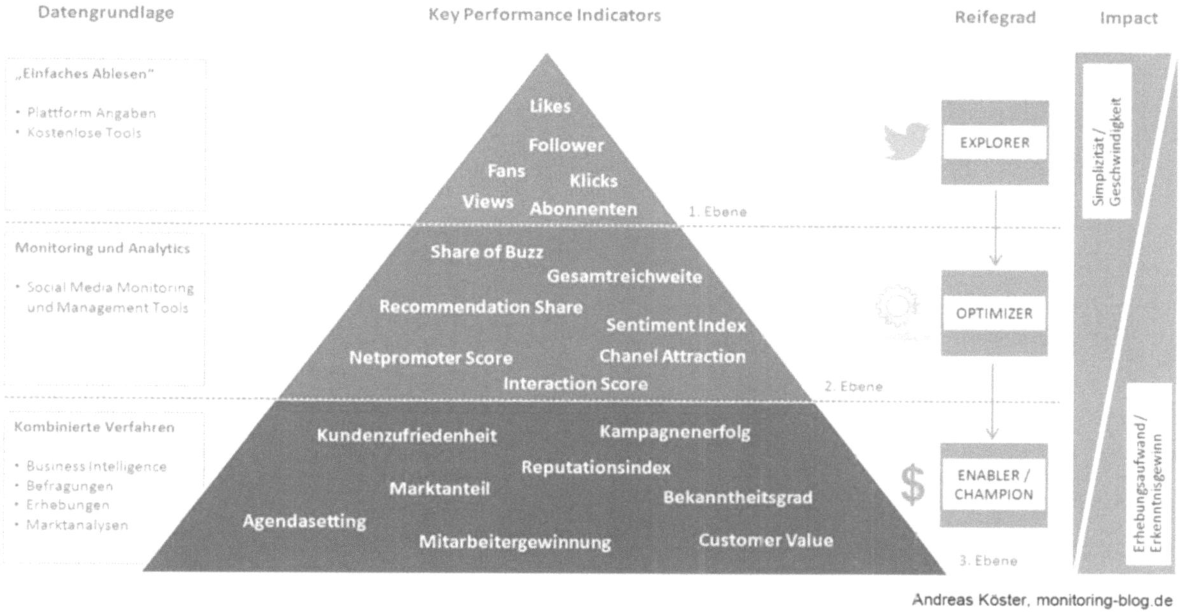

Abb. 1: Social-Media-Kennzahl-Pyramide mit Reifegrad-Modell (Köster 2012)

Das KPI-Modell basiert auf dem digitalen Reifegrad des Unternehmens (Köster 2012):

- Der Explorer liest als Datengrundlage die Zahlen der Plattformen einfach ab, z. B. Fans auf Facebook, das ist der Basis-Standard der meisten Unternehmen;
- Der Optimizer überwacht mit professionellen Social-Media-Analysen das Netz;
- Der Enabler / Champion nutzt umfassende KPI-Systeme für definierte Bereiche und Ziele und kombiniert Verfahren, wie auch in der Dissertation favorisiert.

Das Modell zur Ergebnismessung[91] zeigt, dass die Erfolgsmessung zu den strategischen Entscheidungen zu Beginn zählt. Bei diesem Modell handelt sich jedoch um ein generisches Modell, das noch nicht konkret als Messmethode für die Praxis dient, sondern Grundlage eines individuelles Modells sein kann (ebd.). Insofern eignet sich das Modell nicht zum konkreten Social-Media-Controlling. Erforderlich dafür sind Modelle, die die komplexen Wirkungszusammenhängen in der Praxis mit konkreten KPIs und definierten Methoden berücksichtigen. Es handelt sich bei der Social-Media-Ergebnismessung um die Messung von Kommunikation als mehrstufiger Prozess auf mehreren Ebenen. Deshalb wird nachfolgend ein Modell aus der Kommunikationswissenschaft dazu untersucht. Beim Kommunikationsmanagement werden mehrdimensionale Ziele in der Planung vorgenommen. Bei der Umset-

[91] Köster 2012 weist darauf hin, dass nicht alle KPIs verwendet werden sollen, sondern nur eine Auswahl verwendet werden sollte. Bei der Konzeption sind die Anforderungen individueller und branchenspezifischer KPIs zu kombinieren.

zung der Maßnahmen muss in der Evaluation überprüft werden, ob die Wirkungen erreicht werden. Die formative Kontrolle prüft prozessbegleitend, ob die Annahmen, Plänen und Zielen gültig sind. Die summative Kontrolle analysiert, ob die geplanten Wirkungen real eingetreten sind. Um die Zielerreichung zu beurteilen ist eine Analyse in den Phasen der Kommunikation von der Initiierung bis zu den Wirkungsergebnissen notwendig. Der Bezugsrahmen für Kommunikations-Controlling (DPRG/ ICV 2011) [92] ist ein Instrument zur Orientierung auf einer Meta-Ebene, um Evaluationsmethoden in der Praxis praktikabel zu machen, siehe Abb. 2.

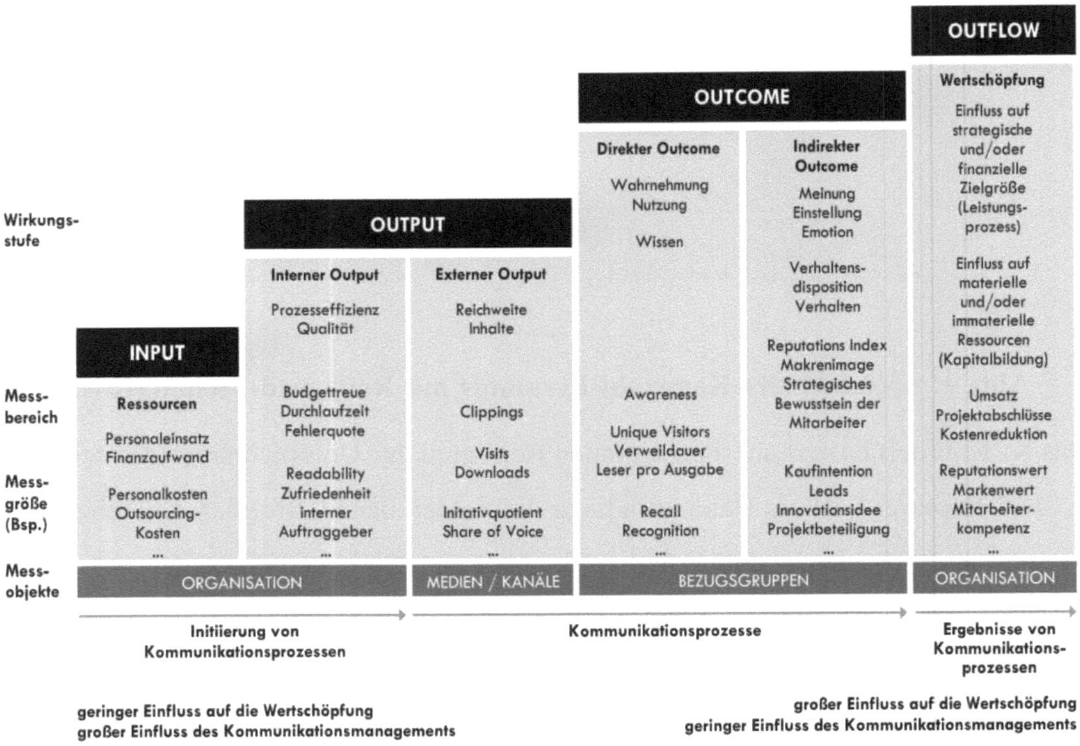

Abb. 2: Bezugsrahmen für Kommunikations-Controlling (DPRG / ICV 2011)

Bei diesem Modell handelt es sich um ein Input-/Output-Schema mit mehrstufigen Wirkungen. Das Modell verdeutlicht, dass eine Versicherung, die Social-Media-Marketing einsetzen möchte, Ressourcen einplanen muss[93]. Die Phasen gliedern sich in f. Wirkungsstufen:

- **Input**: „Welche Aufwendungen erfordert die Kommunikation?" Die Ressourcen umfassen den Personal- und Finanzaufwand für die Kommunikation.
- **Interner Output**: „Was leistet das Unternehmen selbst?" Dabei geht es um die Prozesseffizienz, z. B. durch Budgettreue und Durchlaufzeiten belegt.

---

[92] Die Deutsche Public Relations Gesellschaft (DPRG) hat mit dem Internationalen Controller Verein (ICV) ein Modell entwickelt, das bereits von vielen Organisationen übernommen wurde (DPRG/ ICV 2011).

[93] Relevante Messgrößen sind dabei z. B. Personal- und Outsourcingkosten. Beim internen Output misst man z. B. über die Messgrößen Budgettreue und Fehlerquote die Prozesseffizienz und Qualität. Bei dem externen Output bewertet man über Kennzahlen wie Follower und Clipping-Anzahl die Inhalte und deren Reichweiten.

- **Externer Output**: „Welche Kontaktangebote werden geschaffen?" Diese Stufe bezieht sich auf die Reichweite und Inhalte der Angebote für Dialogpartner. Mit Kennzahlen wie Website-Besucher werden Ergebnisse der Kommunikation erhoben.
- **Direkter Outcome**: „Wie werden Wahrnehmung und Wissen gesteigert?" Es geht um Veränderungen bei den Stakeholdern bezüglich Einstellung, Nutzung und Wissen, z. B. die Verweildauer auf der Website, um kommunikative Interaktionen nachzuweisen.
- **Indirekter Outcome**: „Wie werden Meinungen und Absichten beeinflusst?" Es geht um die Einflussnahme als das übergeordnete Ziel aller Kommunikationsprozesse. [94]
- **Outflow**: „Welche werthaltigen Zielgrößen können erhöht werden?" Als Ergebnis können strategische und finanzielle Leistungsziele beeinflusst werden (Umsatz, Kosten).

In der Praxis hat es sich bewährt, dass Unternehmen an der generischen Strategie anknüpfen, um typische Einflussfaktoren für einzelne Handlungsbereiche zu definieren und sie durch kommunikative Werttreiber und Kennzahlen ergänzt.[95] In der Unternehmenspraxis wird der Kommunikationsprozess unterschiedlich evaluiert. Der Schwerpunkt liegt darauf, die Wirkung in den Medien bzw. die Reichweite eigener Internet-Plattformen (externer Output) zu erfassen (Zerfass und Ralph/Verhoeven et al. 2010). Der Großteil der Unternehmen richtet in der Praxis den Blick auf das Gelingen der Kommunikation zu den Stakeholdern (direkter Outcome). Die Messung der eigenen Effizienz (interner Output) erheben nur wenige Unternehmen. Auch die Beeinflussung als übergeordnetes Ziel der Kommunikation (indirekter Outcome) spielt eine deutlich geringere Rolle. Aus Sicht einer wertorientierten Kommunikation ist alarmierend, dass sowohl die Aufwendungen (Input) als auch die Auswirkungen auf die Unternehmensziele mit Schaffung immaterieller Vermögenswerte (Outflow) nur selten erhoben werden (ebd.). Dabei wäre diese Messung relevant für den Kommunikationserfolg.

Zur Social-Media-Integration in das DPRG / ICV-Modell ist eine Evaluation erforderlich. Der Beitrag der Social-Media-Ergebnisse zur Unternehmensstrategie muss spezifisch evaluiert werden, da jedes Unternehmen branchenspezifische KPIs hat und zudem individuell am Markt positioniert ist. Der Bezugsrahmen des Modells muss deshalb an die Spezifika der Social-Media-Kommunikation angepasst werden, um eine Gültigkeit für diesen Bereich zu erlangen. In Social Media sollte zwischen der direkten und indirekten Kommunikation unterschieden werden. Während die Botschaften in der direkten Kommunikation (z. B. Facebook-Fanpage Beiträge) sofort Kontaktmöglichkeiten (Output) schaffen, wenden sich virale Effekte der indirekten Kommunikation (z. B. Empfehlungen) zunächst an In-

[94] Stakeholder-Meinung, Einstellungen und Emotionen können durch Indikatoren (wie Marken-Image, Reputationsindizes, Kaufbereitschaft) erhoben werden.

[95] Zudem sind damit Steuerungssysteme und unternehmensspezifische Implementationen notwendig. Und auch standardisierte Verfahren zur Bewertung von Marken, Image und Online-Reputation, um maßgeblich durch Kommunikation aufgebautes immaterielles Kapital zu bewerten und zu bewahren. Dazu zählt beispielsweise Vertrauen und Glaubwürdigkeit.

fluencer. Sie leiten die Botschaften als Markenbotschafter durch das Teilen an ihre Kontakte weiter. Deshalb ist es erforderlich, wenn das Modell im Social-Media-Kontext eingesetzt wird, dass zunächst Wirkungen (Output/Outcome) gemessen werden, bevor die Influencer als Marken-Botschafter weitere Handlungen auslösen (z. B. die Botschaft teilen) und die Nachricht weitere Stakeholder erreicht. Eine weitere Ergänzung ist den gestiegenen Anforderungen aus dem Marketing-Controlling geschuldet, das Modell durch konkrete KPIs zu ergänzen, um den ROI zu berechnen und damit die Messung und Evaluation durchzuführen.

Als Zwischenfazit lässt sich festhalten, dass viele Marketer nur vage Beziehungen zwischen Social-Media-Investitionen und den Finanzergebnissen herstellen können. Das bedeutet aber nicht, dass Social-Media-Marketing unwirtschaftlich ist. Es gibt immaterielle Nutzenpotenziale, die schwer oder nicht monetär quantifizierbar sind. Es gibt viele Social-Media-Ergebnisse wie Facebook-Fans und Retweets, die positive Bewertungen mit hohen Reichweiten bewirken (Forrester 2009). Doch sie erzeugen nicht unbedingt sofort konkrete finanzielle Vermögenswerte. Sie wirken sich positiv auf die Unternehmensergebnisse aus, können aber nicht in der Gewinn- und Verlustrechnung berrechnet werden. Das bedeutet aber nicht, dass sie wertlos sind. Es sind Frühindikatoren, die einer Marke nachhaltige Werthaltigkeit verleihen, das in der Zukunft zu Finanzergebnissen führen kann (Lembke 2011, S. 157). Die Analyse zeigt, dass es an Social-Media-Erfolgsmessungen mangelt, die die Unternehmensziele systematisch mit KPIs verbinden. Einen Ansatz dazu zeigt das 4 C-Modell, das die Messung der Social-Media-Ergebnisse zur Steigerung der Wertschöpfung ermöglichen will (Zaugg und Egle 2013). Die Social-Media-Ergebnismessung wird von der Unternehmensstrategie abgeleitet und in vier Bereiche unterteilt: Commerce, Content, Community, Customer Care – verbunden mit KPIs für das Social-Media-Controlling, siehe Tab. 15.

Tab. 15: Social-Media-Marketing Controlling mit dem 4 Social C-Modell

Unternehmensziele	**Commerce**	**Content**	**Community**	**Customer Care**
Ziele	Verkaufsförderung	Fachthemen wie Auslandsreiseversicherung	Kundenbindung	Kunden zufriedenheit
KPI Beispiel	Leads, Conversion	Websitebesucher, Verweildauer	Social-Media-Mitglieder	NetPromoter-Score

- **Commerce (Verkauf)**: Dabei geht es um Verkaufsförderung mit dem Ziel der Monetarisierung durch den Online-Verkauf. Jedoch ist zu prüfen, inwieweit das Produkt sich zum Online-Vertrieb eignet. Außerdem kann ein agressiver Vertrieb in Social Media negativ auffallen, weil es vornehmlich darum geht, Beziehungen mit Freunden zu pflegen.

- **Content (Inhalt)**: Dabei werden z. B. Blogs mit speziellen Themen erstellt, um über Suchanfragen mit den Keywords Leads zu gewinnen. Bei Facebook kann man Werbe-Anzeigen zielgerecht schalten für spezifische Zielkunden mit einem speziellen Angebot.
- **Community (Gemeinschaft)**: Die Community-Mitglieder müssen gewonnen, animiert und motiviert werden zum Wiederkommen und zur aktiven Beteiligung.
- **Customer Care (Kundenvorsorge)**: Gerade für Versicherungen ist die Kundenbindung ein wichtiger Bereich, an den Kunden hohe Erwartungen stellen (ebd.).

Zum Erreichen der Unternehmensziele im Bereich Commerce lassen sich sich beispielsweise zur Verkaufsförderung[96] die Kennzahlen Website Traffic und Conversion verwenden. Im Bereich Content können Kennzahlen wie: Anzahl Veröffentlichungen, Anzahl Website-Besucher und Zeitdauer definiert werden. Im Community-Bereich wird die Kundenbindung fokussiert und durch Kennzahlen wie Mitglieder-Anzahl und Engagement (Likes, Sharings, Kommentare) gemessen. Im Customer Care Bereich wird die Kunden-Zufriedenheit z. B. durch die Kennzahl NPS gemessen. Zur kritischen Würdigung des 4 Social C-Modells lassen sich f. Argumente aufführen: Im 4-Social-C-Modell (Zaugg und Egle 2013) fehlen differenzierte Ansätze, um konkrete Zielhierarchien abzubilden, z. B. Ziele von Abteilungen, Funktionen oder Bereiche. Zudem müssen die Wirkungszusammenhänge zwischen Nutzen und KPIs gewährleistet sein. Nicht immer lassen sich die Wirkungserfolge der Maßnahmen im Controlling einzeln differenzieren. Social-Media-Commerce soll die Nutzung der Plattformen möglichst stark monetarisieren.[97] In der Praxis zeigt sich, dass eine zu aggressive Werbung in Social Media als störend empfunden werden kann. Infolgedessen müssen bei der Zielsetzung für Commerce die Maßnahmen zur Monetarisierung mit Sorgfalt geplant und eingesetzt werden, damit keine gegenteilige Effekte (Antiwerbung) ausgelöst werden.

Aufgrund von Erfahrungen aus der Beraterpraxis lässt sich bestätigen, dass der Großteil der Unternehmen keine Erfolgsmessung einsetzt. Zumeist wird dies mit Ressourcen-, Strategie- bzw. Know-how-Mangel begründet. Jedoch lässt sich aufgrund der Untersuchung die Empfehlung aussprechen, eine geeignete Vorgehensweise zur Social-Media-Erfolgsmessung zu wählen, um die Investitionen zielgerichtet und begründet einzusetzen. Zudem dient es als

---

[96] Die Verkaufsförderung ist im Komponente der kommunikationspolitischen Instrumente, womit der Absatz kurzfristig und unmittelbar stimuliert werden soll (Olbrich 2006, S. 208).

[97] Zum Beispiel durch den Verkauf von Produkten (*E-Commerce*) und die Schaltung von Werbung. Bei themenspezifischen Blogs kann das durchaus gelingen, da hier eine spezifische Zielgruppe mit speziellen Interessen angesprochen wird. Solche Angebote eröffnen für Social-Media-Commerce neue Möglichkeiten, die Kaufbereitschaften bei Kunden zu wecken. Allerdings verwenden die meisten Nutzer Social Media zur Unterhaltung und Information im Freundeskreis. Beispielsweise hat *F-Commerce* (FacebookShop-Integration) nur wenig Erfolg erbracht.

Controlling und zur Evaluation. Nachfolgend wird deshalb eine exemplarische Balanced Scorecard zur Social-Media-Erfolgsmessung mit Handlungsempfehlungen zur Umsetzung für eine fiktive Versicherung vorgestellt. Sie dient als Management-Werkzeug zur Strategie-Steuerung, -Messung, und -Implementierung (Fiege 2012). Die Balanced Scorecard ermöglicht verschiedenen Perspektiven und verfolgt eine ganzheitliche Betrachtungsweise. Das Grundkonzept der Balanced Scorecard erfasst vier Perspektiven (Kaplan und Norton 1997): 1) Finanzen, 2) Kunden, 3) Prozesse und 4) Entwicklung. In jeder Perspektive werden Ziele definiert und Kennzahlen abgeleitet. Zudem werden konkrete Vorgaben und Maßnahmen zum Erreichen erarbeitet. Alle vier Perspektiven sind untereinander mit Ursache-Wirkungsbeziehungen in Form von Kausalketten verknüpft. Mit einer Social-Media-Balanced-Scorecard können Unternehmen viele kurz- und langfristige Vorteile nutzen (Ray 2010). Der Ansatz liefert mehrere Vorteile, z. B.: Messung aller Unternehmensziele und Bündelung verschiedener Interessengruppen. Marketers, die versuchen, Ergebnisse in einer Perspektive zu messen und somit nur unvollständige Teilbereiche nutzen, sind nicht in der Lage, wirksame Entscheidungen über Social-Media-Marketing-Investitionen zu tätigen. Die Social-Media-Balanced-Scorecard ermöglicht, viele Vorteile im Management zu nutzen, wenn man die Metriken aus den f. vier Perspektiven auf die Social-Media-Erfolgsmessung anwendet. Zur kritischen Betrachtung der Social-Media-Balanced-Scorecard lassen sich folgende Argumente aufführen. Nichtmonetäre Kennzahlensyteme gibt es schon seit längerer Zeit im Marketing-Controlling. Das Neue an der Social-Media-Balanced-Scorecard ist die Ableitung der Kennzahlen aus den Kundenbedürfnissen und den Strategien zur Erfüllung. Kaplan und Norton argumentierten seinerzeit (1997), dass sich die vier Basisperspektiven für viele Unternehmen als nützlich und stabil erwiesen haben. Einen empirischen Beleg für die Nützlichkeit der Basisperspektiven legten sie jedoch nicht vor (Körnert 2003, S. 155). Zudem wird am Instrument der Balanced Scorecard bemängelt, dass sie primär ein Steuerungsinstrument zur Umsetzung sei, aber keine innovative Steuerung fördere.[98] Außerdem sind die Kundenbedürfnisse nicht homogen, sondern individuell, so dass eine differenzierte Betrachtungsweise erforderlich ist. Es gibt bei der Umsetzung oftmals Probleme, weil Ressourcen und Maßnahmen nicht definiert sind. Deshalb empfiehlt es sich, diese beiden Kategorien zu integrieren. Dann können die Scorecard-Ergebnisse mit einem Projektmanagement-Ansatz systematisch umgesetzt werden. Die Kommunikation ist zudem ein Prob-

---

[98] Die Zielmessung erfolgt in Folge immer im gleichen System. Es werden Zielvorgaben formuliert und deren Umsetzung anhand von Steuergrößen überprüft. Abweichungen von den Zielen können durch abweichende Kennzahlen erkannt werden, und der abweichende Bereich kann wieder neu gelenkt werden.

lem zur Implementierung der Social-Media-Balanced-Scorecard. Die Tab. 16 zeigt eine musterhafte Social-Media-Balanced-Scorecard für eine fiktive Versicherung.

Tab. 16: Musterhafte Social-Media-Balanced-Scorecard für Versicherungen, eigene Darstellung

Bereiche	Ziele	Kennzahlen	Vorgaben	Maßnahmen
1) Finanzen: Was wollen wir im Finanzbereich leisten?	Kostenreduktion zur Steigerung der Wettbewerbsfähigkeit	Website-Traffic: Anzahl Page Views, Klickraten und Leads	Steigerung Website Besuche durch Facebook, Twitter um 10 Prozent monatlich.	Online-Marketing Konzept zur Lead-Gewinnung
	Positive Umsatzentwicklung durch jüngere Neukunden	Hohe Reichweiten: Steigerung der Anzahl von Fans, Follower, Leads	Facebook-Reichweite: 10 Prozent Fan-Wachstum monatlich erhöhen	Konzept: Facebook-Marketing mit Content, Community-Aufbau
	Gewinn-Steigerung durch Online-Verträge	Leads: Conversion	Steigerung im Vertrieb um 20 Prozent durch Facebook	Facebook Werbekonzept: Texte, App
2) Kunden: Wie können wir die Bedürfnisse unserer Kunden erfüllen?	Einstellung zur Marke verbessern	Facebook: Fans, Youtube: Views,	Social-Media-Präsenzen Content-Konzept	Facebook- und Youtube Konzepte
	Service-Optimierung zur Erhöhung der Kundenzufriedenheit	Twitter: Tweets, Follower, Retweets, Facebook: Anzahl Fanposting, Antwortzeiten	Kosten-Reduktion für Kundenservice um 10 Prozent durch Social-Media-Marketing	Social-Media-Schulung für den Service: Prozesse, Werkzeuge
	Service Apps	Downloads, Bewertungen	App mit hoher Akzeptanz	Konzept: App-Entwicklung
3) Prozesse: Bei welchen Prozessen müssen wir Hervorragendes leisten?	Risiko-Management zur Früherkennung von Reputationskrisen (Shitstorm)	Monitoring: Erwähnungen, Beschwerden, Empfehlungen, positive / negative Tonalität	Durchführung Maßnahmen, um die neuen Chancen zu sichern	Konzept: Social-Media-Monitoring, Krisenplan
	Sicherheit: Aufklärung	Social-Media-Guidelines: Anzahl Schulungen	Jeder Stakeholder kann sie anwenden	Social-Media-Richtlinie, Schulung
	Krisen-Früherkennung	Social-Media-Policy: Mitarbeiter Unterschrift	Jeder Mitarbeiter hält sie ein	Arbeitsrechtsgültige Social-Media-Policy

4) Lernen: Wie bleiben wir flexibel und verbesserungsfähig im digitalen Zeitalter?	Aufbau digitaler Vermögenswerte:	Corporate Blog: Anzahl Beiträge,	Blogkonzept mit Redaktionsplan	Konzept: Reputationsmangement
	Employer Branding	Nutzung von Xing, Kununu,	50 Prozent mehr Online-Bewerbungen	Konzept: Employer Branding Blog
	Offene Unternehmenskultur, Transparenz	Anzahl E-Mails, Blog-/Forenbeiträge	50 Prozent weniger Mails, 50 Prozent mehr Blogbeiträge	Konzept: interne Kommunikation, Enterprise 2.0

Nachfolgend werden einige Beispiele der Social-Media-Balanced-Scorecard für Versicherungen erläutert. Im Bereich 1) Finanzen stellt sich die Frage: Was wollen wir im Finanzbereich leisten? Als strategische Ziele lassen sich dabei z. B. Kostenreduktion, Umsatzsicherung benennen[99]. Die Zielvorgabe kann sein, die Facebook-Reichweite zu erhöhen. Als Maßnahme ist ein Facebook-Marketingkonzept erforderlich mit Content-Produktion, Community-Aufbau, Facebook-Adwords. Im Bereich 2) Kunden wird die Dimension der Unternehmenskommunikation mit der Social-Media-Integration erweitert durch Nutzung von Facebook, Twitter, Youtube zur Service-Optimierung, Kundenkommunikation in Echtzeit. Im Bereich 3) der Prozesse lautet die Frage: Bei welchen Prozessen müssen wir Hervorragendes leisten? Als strategisches Ziel lässt sich das Risiko-Management[100] aufführen, um Social Media sicher zu nutzen. Als Kennzahlen im Monitoring lassen sich z. B. Sentiments, Beschwerden, Empfehlungen aufführen. Im Bereich 4) von Lernen stellt sich die Frage: Wie bleiben wir flexibel und verbesserungsfähig? Als strategisches Ziel erhöht Employer Branding die Arbeitgeber-Attraktivität. Als Maßnahme eignet sich ein Karriere-Blog mit der Kennzahl zur Erfolgsmessung, z. B. Leser-Anzahl.[101]

Fazit: Die Social-Media-Balanced-Scorecard ist ein Instrument für das strategiefokussierte Management. Sie bietet Klarheit und Struktur in der operativen Umsetzung. Als Management- und Controllingsystem ermöglicht sie das Formulieren, die Kommunikation und Implementierung der Social-Media-Strategie. Zum Gelingen sollte die Unternehmens- und die Kommunikatonsstrategie integriert sein. Das Top-Managements sollten es unterstüzen (DPRG/ICV 2011). Zur Implementierung einer Balanced Scorecard sind die Schritte

---

[99] Die positive Umsatzentwicklung kann durch jüngere Neukunden die Marktposition im demografischen Wandel sichern. Als Kennzahlen eignen sich dazu hohe Reichweiten in Social Media durch die Anzahl der Fans, Follower und Subscriber.

[100] Erforderliche Maßnahmen im Risiko-Management sind ein Social-Media-Krisenplan, Schulung der Social-Media-Manager, Monitoring zur Früherkennung von Reputationskrisen, verbindliche Social-Media-Policy und Social-Media-Guidelines sowie deren Kommunikation an alle MA im Unternehmen sowie Vertriebspartner und Vermittler.

[101] Weitere Kennzahlen sind die Anzahl der MA-Schulungen zur beruflichen Nutzung von Xing und Kununu sowie Kennzahlen für die FacebookKarriere-Fanpage wie Anzahl Fans, Beiträge, Kommentare und Sharings.

von der Vision über die Kommunikation sowie Feedback-Schleifen notwendig. Zur Einführung der Balanced Scorecard gibt es f. Handlungempfehlungen (Padberg 2010, S. 119):

- **Analyse und strategische Ziele**: Social-Media-Erfolgsmessung strategisch definieren;
- **Ursache-/ Wirkungsbeziehungen** der Erfolgsfaktoren analysieren;
- **Ziel-/Messgrößen**: KPIs, Metriken und Monitoring-Konzept bestimmen;
- **Prozesse und Verantwortliche**: Personen, Rollen, Aufgaben benennen;
- **Kontinuierlicher Einsatz für Arbeitspraxis**: Zielvereinbarungen, Reportings (ebd.).

Zur Antwort auf die erste Forschungsfrage: Wie sollen Versicherungen ihre Social-Media-Ergebnisse messen, um den Einsatz zielorientiert zu steuern? Ohne Erfolgsmessung läßt sich kein Erfolg im Social-Media-Marketing und kein Stellenwert im strategischen Marketing erzielen. Die Analyse zeigt vier Muster der o.g. Modelle zur Ergebnismessung:

- Versicherungen, die **Zielableitungen pro Social-Media-Netzwerk** mit begrenzten Aufwand durchführen wollen: Sie rufen die Statistiken pro Social-Media-Netzwerk ab und halten die Ressourcen gering. Sie verzichten jedoch auf eine ganzheitliche Betrachtung zur Evaluation, die nur auf Basis kombinierter Methoden erzielt werden kann.
- Steht die Definition und Auswahl von betriebswirtschaftlichen Kennzahlen für das Social-Media-Marketing zur Einführung eines **leistungsfähigen Management-Systems** im Fokus, so eignet sich das KPI-Modell von Köster (2012) als Basis zur Konzeption. Es erfordert jedoch eine individuelle Anpassung mit konkreten KPIs und eine Evaluation.
- Das Wirkungsstufenmodell zum **Social-Media-Controlling** vom DPRG/ ICV (2011) eignet sich zur Konzeption, Umsetzung und Controlling für große Unternehmen. Es bedarf aufwändiger Implementierung und muss bezüglich Ziele, Umfang und Prozessen konkreter Handlungsempfehlungen für die Praxis individuell gestaltet werden.
- Versicherungen mit einer **internationale Marken-Steuerung** sollten eine **Social-Media-Balanced-Scorecard** einsetzen. Sie steuern damit die Wirkungsgrade im Kommunikationsprozess. Allerdings ist dazu eine beständige Evaluation erforderlich. Standardisierte Verfahren zur Messung und Bewertung bezüglich Werte rund um Marken, Image, Reputation und Vertrauen sind erforderlich, um maßgeblich durch Kommunikation aufgebautes, immaterielles Kapital zu bewerten und zu bewahren (s.o.). [102]

Zur Überprüfung der ersten Hypothese: Wenn Versicherungen ihre Social-Media-Ergebnisse systematisch messen, dann können sie ihre Social-Media-Erfolge zielgerecht steuern. Die Hypothese wurde durch diverse Analysen geprüft und kann als bewiesen betrachtet werden, denn nur auf Basis definierter KPI-Werte lassen sich Social-Media-

---

[102] Mehr dazu: http://www.communicationcontrolling.de/wissen/wirkungsstufenevaluation.html (Abruf 08.08.2016)

Marketing-Ergebnisse erzielen. Wenn Versicherungen ihren Social-Media-Einsatz in einem Modell-Kennzahlensystem systematisch erfassen, dann können sie damit ihre Ergebnisse strategisch messen und die Ergebnisse optimieren. Ohne Ergebnismessung lassen sich keine Social-Media-Erfolge belegen. Nur durch eine professionelle Steuerung und Bewertung von Leistungen und Wirkungen kann das Wertschöpfungspotenzial von Social Media konsequent auf den Unternehmenserfolg ausgerichtet werden. Als Beitrag zur Wertschöpfung und als Legitimation von Social-Media-Marketing im Unternehmen ist das von zentraler Bedeutung. Ein Beispiel zeigt die Social-Media-Balanced-Scorecard für eine Versicherung, s.o.

Die Untersuchung zeigt, dass die Social-Media-Erfolgsmessung eine große Herausforderung für Versicherungen darstellt. Folgende Mängel und Probleme wurden erkannt:

- **Strategie**: Viele Versicherungen haben Social-Media-Marketing noch nicht als ein strategisches Instrument in der Marketing-Kommmunikation integriert.
- **Fehlende Messung**: Sie messen sie nicht die Input- und Outputströme im Social-Media-Marketing. Sie vernachlässigen die Zieldefinition und die Ergebnismessung.
- **Kennzahlen:** Es gibt nicht zu wenige, sondern zu viele Kennzahlen. Es fehlen einheitliche Messmethode mit definierten Kennzahlen.
- **Integration**: Es fehlt der ROI zum Social-Media-Marketing und der Stellenwert im Unternehmen ist gering. Die Unternehmensziele wurden nicht auf Social-Media-Marketing übertragen.
- **Nutzung**: Infolgedessen ist der Stand bezüglich Nutzungsintensität in der Versicherungswirtschaft und der Stellenwert im strategischen Marketing niedrig.

Um diese Probleme zu lösen können Versicherungen f. Handlungsempfehlungen nutzen:

- Jedes Unternehmen benötigt auf Basis der individuellen Unternehmensstrategie eine eigene Social-Media-Strategie mit Zieldefinition, Ergebnismessung und Kennzahlen.
- Auf Basis der Unternehmensstrategie sollte definiert werden, welche Kennzahlen aussagekräftig zur strategischen Zielerreichung sind, um den Aufwand der fortwährenden Messung und die Werkzeug-Investitionen[103] für die Evaluation zu rechtfertigen. In einem KPI-Modell müssen die Beziehungen (Ursache-Wirkung) vorab geklärt werden.
- Nur eine systematische Vorgehensweise zur strategischen Konzeption einer Social-Media-Erfolgsmessung stellt sicher, dass diese komplexen Anforderungen sicher erfüllt werden. Die Erfolgsmessung zur Social-Media-Auswertung sollte abteilungsübergreifend (Marketing, Unternehmenskommunikation, Vertrieb) systematisch etabliert werden.

---

[103] Für die Messung kann es wirtschaftlich lohnenswert sein, das Investition für BI- und Social-Media-Werkzeuge zu prüfen, um den Aufwand der fortwährenden manuellen Messung gering zu halten und die Fehlerquote zu minimieren. Nur so lässt sich der Aufwand für Social Media rechtfertigen und der Stellenwert im Marketing erhöhen.

- Alle Messungen, Reportings und Evaluation sollten auf die Kennzahlen der Unternehmensstrategie ausgerichtet sein. Die Steuerung und das Controlling der Dienstleister ist ebenfalls eine Aufgabe zur effektiven Gestaltung der Social-Media-Aktivitäten.
- Die Social-Media-Erfolgsmessung sollte als Standard im Unternehmen etabliert werden. Verständliche Reportings müssen regelmässig an die Verantwortlichen geliefert werden.

4.2 BI-Analysen: Beziehungen zwischen Beitragseinnahmen und Facebook Engagement

Die BI-Analysen erforschen die Wirkungszusammenhänge zwischen Brutto-Beitragseinnahmen und Facebook-Engagement der dreißig größten Versicherungen in der Annahme, dass Facebook das Kaufverhalten fördert und somit auch diese Finanzkennzahl (direkt, indirekt, teilweise) beinflusst. Zur Untersuchung werden f. Schritte vorgenommen:

1. **Analyse zur Auswahl geeigneter Kennzahlen**: die Kennzahlen (Beitragseinnahmen, Facebook-Engagement) werden auf Einflussfaktoren und Wechselwirkungen untersucht.
2. **Datenbeschaffung der Beitragseinnahmen der dreißig größten Versicherungen** (2012 - 2014): Über die Publikation zum Jahresabschluss (GuV) erfolgte die Datenbeschaffung.
3. **Recherche, welche Versicherungen im Zeitraum eine Facebook-Fanpage hatten**: Nur 60 Prozent haben eine Facebook-Fanpage im definierten Zeitraum betrieben.
4. **Datenbeschaffung zum Facebook-Engagement:** Geeignete Anbieter wurden recherchiert, kontaktiert und befragt, doch nur Fanpapagekarma konnte die Daten erheben.
5. **Auswahl des richtigen BI-Werkzeugs zur Datenbearbeitung**: Dazu wurden Werkzeuge getestet und QlikView wurde ausgewählt, weil es die Anforderungen erfüllt.
6. **Entwicklung von Daten-Design und Visualisierung**: Die Daten werden in einer relationellen Datenbank modelliert und QlikView wird für das Forschungsdesign eingerichtet.
7. **Durchführung der Untersuchung:** Die Auswertungen erfolgen jährlich und werden individuell analysiert, um Wirkungseffekte zu erkennen.
8. **Interpretation der BI-Analysen sowie Schlussfolgerungen:** Zum Abschluss werden die Ergebnisse im Gesamt-Überblick analysiert und interpretiert.
9. **Diskussion der Ergebnisse und Hinterfragen des Forschungsdesigns:** Mit wertschätzender Distanz wird das Forschungsdesign im Rückblick kritisch hinterfragt.
10. **Handlungsempfehlungen zur Optimierung der Kennzahl Facebook-Engagement (FBE)**: Die Dissertation gibt Praxistipps für Versicherungen zum Facebook-Marketing.

Die Kennzahl Brutto-Beitragseinnahmen (BBE) liefert ein finanziellen Ergebnis in einem definierten abgeschlossenen Zeitraum. Als Kennzahl zum wirtschaflichen Erfolg der Versicherungen wird der Wert Beitragseinnahmen brutto in der Dissertation gewählt, weil er eine zentrale Kennzahl für Umsatzerlöse und somit für finanziellen Erfolg in der Versicherungswirtschaft bildet, öffentlich zugänglich und vergleichbar ist. Die Kennzahl BBE wird von Versicherungen zum Jahresabschluss im Geschäftsbericht (GuV) publiziert. Die Differenz zwischen Brutto- und Nettobeiträge besteht in dem Beitrag, den der Erstversicherer für die Rückversicherung seiner Risiken entrichtet.[104] Zwei Erläuterungen dazu folgen: 1) In der Verbandsstatistik ist BBE das selbst abgeschlossene, direkte Versicherungsgeschäft, also ohne Abzug des in Rückdeckung gegebenen, passiven Geschäfts. 2) In den Jahresabschlüssen der Versicherungen ist BBE das selbst abgeschlossene, direkte Versicherungsgeschäft und dem in Rückdeckung übernommenen, indirekten Geschäft, d. h. ohne Abzug des in Rückdeckung gegebenen Versicherungsgeschäfts.[105] Welche Einflussfaktoren wirken auf die Kennzahl BBE ein? Die Kennzahl BBE zeigt vergangenheitsorientierte Daten an. Zwischen der Erstellung und der Veröffentlichung des Jahresabschlusses liegt ein größerer Zeitraum und die Daten aus Bilanz und GuV sind nur aggregiert. Somit können viele Faktoren wie Marketing- oder Vertriebsaktionen die Entwicklung des Wertes BBE beeinflussen.

Zur Begründung der Kennzahl Facebook-Engagement (FBE): Der Social-Media-Erfolg kann definiert werden durch die kanalspezifische Anzahl wie Fans, Follower, Retweets, Likes, Pins oder Views (wie bereits in Kapitel 1.7 erläutert). Es geht bei der Social-Media-Erfolgsmessung letztlich darum, neue Kunden zu finden, den Markenaufbau zu fördern und Umsätze durch Social-Media-Engagement zu erzielen (Kreutzer und Land, S. 163). Deshalb haben quantitative Kennzahlen (wie Fans und Follower) nur eine begrenzte Aussagekraft zum Social-Media-Erfolg. Relevant ist dagegen, ob es Unternehmen gelingt, die Nutzer zu motivieren, sich mit der Marke zu beschäftigen. "Engagement ist das Maß aller Dinge in den sozialen Medien. Content ist wichtig, Reach (i. S. der Reichweite) ist wertvoll, aber wenn die Empfänger der Botschaften nicht in der neuen sozialen Währung Engagement – d. h. mit Likes, Comments und Shares – zurückzahlen, haben wir nichts erreicht!" (ebd., S. 165). Facebook zählt zu den präferierten Social-Media-Kanälen von Versicherungen (V.E.R.S. 2012). Deshalb wurde das Facebook-Engagement als Kennzahl für die BI-Analysen gewählt. Als zeitlicher Rahmen werden der Zeitraum der Jahre von 2012 bis 2014 gewählt, weil es ein abgeschlossender Zeitraum ist und es dazu aktuelle, relevante, solide und valide Zahlen für beide Kennzahlen (BBE, FBE) gibt. Die Kennzahl FBE misst, wie stark die Fans mit der Facebook-Fanpage im Durchschnitt interagieren (s. Kapitel 1.7). Ein Beispiel: eine Fanpage hat 1.000 Fans. Am ersten Tag werden 10 Kommentare ge-

---

[104] Siehe: http://www.gdv.de/Glossar (Abruf 08.08.2016).
[105] Siehe: www.boersennews.de/lexikon/begriff/beitragseinnahmen/1063 (Abgerufen am 26.04.2016).

schrieben, am zweiten Tag kommen 500 Fans dazu und es werden 30 Kommentare geschrieben. Die Berechnungsformel lautet dann:

$$\frac{\frac{10\text{ Kommentare}}{1.000\text{ Fans}} + \frac{30\text{ Kommentare}}{1.500\text{ Fans}}}{2\text{ Tage}} = 0{,}015 = 1{,}5\text{ Prozent Engagementrate}$$

Der Engagementwert von 1,5 Prozent sagt aus, dass jeden Tag auf dieser Fanpage im Durchschnitt 0,015 Interaktionen pro Fan passieren. Das wäre ein guter Wert, denn nur die besten zehn Prozent der Facebook-Fanpages haben einen Engagementwert, der höher als 1,2 Prozent liegt. In der Finanzbranche liegen die Durchschnittwerte für Facebook-Engagement zwischen 0,2 Prozent bis 0,7 Prozent (Eyl 2013). Der Median ist also 0,45 Prozent. Um das Engagement einer Fanpage automatisch zu ermitteln, eignen sich Social-Media-Werkzeuge[106].

In welcher Beziehung steht die Kennzahl Beitragseinnahmen mit dem Facebook-Engagement? Die f. BI-Analyse stützt sich auf die Erkenntnisse der Studie, dass der Kennwert BBE in Wechselwirkung mit FBE steht. Auf der Basis des Allianz Fallbeispieles (Kapitel 4.3.4) wird von der Annnahme ausgegangen, dass Fans mit einem hohen Engagement auch eine verstärkte Kaufbereitschaft entwickeln, d.h. mehr Versicherungen kaufen und somit den Wert BBE erhöhen. Doch es gibt bislang (mit Ausnahme des o.g. Fallbeispiels) keine Beweise zum direkten Einfluss auf die Kaufentscheidungen der Kunden in der Versicherungswirtschaft (Synacapse 2013). Deshalb will diese Dissertation diesen Bereich durch eine entdeckende BI-Analyse untersuchen. In der Abb. 3 werden die größten dreißig Versicherungen (2012 – 2014) der BRD aufgezeigt, sortiert nach Größe BBE.

---

[106] Die FB-Daten wurden mit *Fanpagekarma* im Sep. 2015 erhoben, eine Anwendung für Social-Media-Monitoring, Analyse und Benchmarking. Die Untersuchung wurde mit einer Business Lizenz für 150 Euro monatlich eigenständig erstellt.

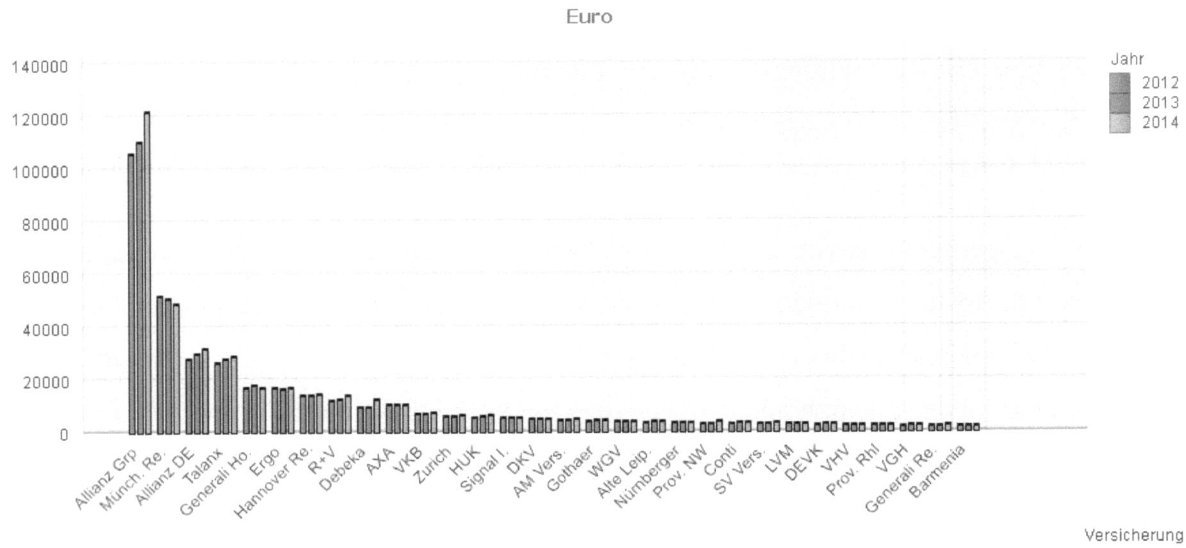

Abb. 3: Bruttobeitragseinnahmen der größten dreißig Versicherungen in BRD (2012 bis 2014)

Datenquelle: F.A.Z.-Archiv: Die hundert größten Unternehmen (2012, 2013, 2014), Datenbearbeitung: QlikView (die Grafik liegt in der Anlage vergrößert vor)

Die Liste der größten dreißig Versicherungen in BRD bezüglich Beitragseinnahmen führen die Allianz, Münchener-Rück. und die Talanx an. Es folgen: Ergo, Generali und Hannover Rück. (Die Abkürzungen sind in der Anlage erläutert). Im nächsten Schritt wird überprüft, welche der größten dreißig deutschen Versicherungen eine Facebook-Fanpage haben, denn das ist die Vorraussetzung zur Analyse-Teilnahme. Die Tab. 17 zeigt die dreißig größten Versicherungen in BRD tabellarisch sortiert nach dem Indikator Facebook-Fanpage (2012-2014).

Tab. 17: Größte dreißig Versicherungen in BRD bezüglich Facebook-Fanpages (2012-2014)

Versicherungen mit Facebook-Fanpage	Versicherungen ohne Facebook-Fanpage
Allianz DE	AM Versicherungen
Alte Leipziger	Allianz Group
Barmenia	Axa
DEVK	Continentale
Ergo	Debeka
Generali Hold.	DKV
Gothaer	Generali Re
Huk (ab 2013)	Hannover Rück
Münchener Rück	LVersicherungsmarketing
Nürnberger (ab 2013)	Talanx

Provinzial NW Provinzial Rhl R+V Signal Iduna (ab 2013) SV Vers. VKB WGV Zurich (ab 2014)	VGH VHV

Die Untersuchung der dreißig größten Versicherungen in BRD bezüglich Facebook-Fanpage zeigt f. Ergebnis: 1) in den Jahren 2012 bis 2014 hatten 18 der dreißig größten Versicherungen in BRD eine Fanpage und 2) die restlichen zwölf Versicherungen hatten im definierten Zeitraum keine Fanpage. Die Tatsache, dass nur 60 Prozent der größten dreißig d. Versicherungen eine Facebook-Fanpage im definierten Zeitraum betrieben haben, zeigt, dass die Versicherungsbranche konservativ und zurückhaltend im Social-Media-Marketing ist. Es ist erstaunlich, dass große Versicherungen hohe Invesitionen in das klassische Marketing investieren, aber Facebook-Marketing dabei vernachlässigen. Es lässt die Schlussfolgerung zu, dass Facebook einen geringen Stellenwert im Versicherungsmarketing hat. Das kann als rückständig bewertet werden, denn in anderen Branchen hat sich Facebook-Marketing bereits als Standard etabliert. Ohne aktive Facebook-Fanpage steigt das Risiko, dass Kommentare ein negatives Image bewirken. Unternehmen können bei Facebook Nutzer-Kommentare nur beantworten, wenn sie als aktive Fanpage-Betreiber registriert sind. Das Problem ist, dass Facebook eine Fanpage zur Marke einrichtet mit Basisdaten aus dem Wikipedia Eintrag und damit eine Kommunikation zur Marke online stattfindet.[107] Sie kann durch negative Tonalität geprägt sein, wie der Eintrag von (Daniel Kubowski 2014) für Cosmos Direkt zeigt.[108] Negative Beiträge in sozialen Netzwerken, die jahrelang unkommentiert online sind, schädigen das Markenbild. Sie verleiten Internet-Nutzer zu der Annahme, dass das Markenbild nicht online gepflegt wird. Beschwerden wirken negativ auf das Markenbild.[109] Deshalb sollte im Interesse der ganzheitlichen Markenpflege eine Fanpage professionell

[107] Wenn die Marke keine Facebook-Fanpageeingerichtet hat, entsteht dort automatisch eine Platzhalter-Page für die Versicherung, um das Markenrecht zu sichern. Die Platzhalter-Page verweist auf die Wikipedia-Seite als Interimslösung.

[108] Kommentar auf FB: „Die Cosmos Versicherung glänzt durch bürokratisierte Inkompetenz und Desinteresse am Kunden. Anfragen werden mit sinnfreien Textblöcken und leeren Versprechen beantwortet. Versuchen Sie mal schnell und unbürokratisch Ihren verstorbenen Hund aus der Hundehaftpflicht zu nehmen und einen neuen Hund darin festzuschreiben. Die Cosmos Versicherung wird alles tun um sie wochenlang auf Trapp zu halten und immer neue Aufgaben für Sie zu finden die es zu lösen gilt...Note 6!“ (Daniel Kubowski 2014). Der Beitrag steht online - ohne Kommentar von Cosmos Direkt und wirkt negativ auf das digitale Marken-Image.

[109] Ein Beispiel zeigt auch die inoffizielle HDI-Fagebook-Fanpge, wo negative Bewertungen und Beschwerden seit Jahren unkommentiert stehen: www.facebook.com/pages/Hdi-Versicherung/195691860574060?fref=ts (Stand 14.10.2015).

eingerichtet werden, mit aktuellen Inhalten versorgt und Kommentare sollten beantwortet werden.

Die Auswahl des richtigen BI-Werkzeugs: Die ersten Versuche zur Datenanalyse im Rahmen dieser Dissertation im Jahr 2014 sind gescheitert, weil die Excel-Auswertung mit Korrelationsanalysen unzureichende Ergebnisse geliefert hat. Die Methode war zu unflexibel für die Aufgabenstellung dynamische Wirkungszusammenhänge zu erkennen. Zudem war die Datenbeschaffung unbefriedigend, denn der Untersuchungszeitverlauf war mit einem Jahr als Datenbasis zu knapp gewählt. Die Ergebnisse waren unzureichend, um neue Erkenntnisse abzuleiten. Deshalb wurde im September 2015 ein neuer Versuch mit Daten in einem Zeitverlauf von drei Jahren gewählt. Die Daten wurden in einer relationellen Datenbank[110] modelliert und mit einem BI-Tool für das Forschungsdesign gestaltet, siehe Kap. 3.2. Mit der BI-Analyse wird der Zusammenhang zwischen der Entwicklung von Versicherungen bezüglich der Beitragseinnahmen und dem Facebook-Engagement untersucht. Dazu sind die Jahresabschlusswerte der Versicherungen sowie deren Social-Media-Ergebnisse notwendig. Die Datenbeschaffung des Wertes BBE erfolgte aus der FAZ-Publikation (2013, 2014, 2015) und die Daten wurden stichprobenartig überprüft[111].

Zur Datenbeschaffung: Die Beschaffung der FBE-Daten war ein Problem. Viele Monitoring-Anwendungen nutzen zur Social-Media-Datenabfrage API-Schnittstellen[112]. Die automatisierte Daten-Abfrage ist der manuellen Erfassung vorzuziehen, um die die Gütekritieren für empirische Untersuchungen (Objektivität, Reliabilität, Validität) zu sichern. Für die BI-Analysen war ein Monitoring-Werkzeug erforderlich, das über API-Schnittstellen große Datenmengen (Big Data) verarbeiten kann und historische FBE-Daten analysieren kann. Relevante Monitoring-Anbieter (Radian6, Fanpagekarma, Brandwatch) wurden 2014 telefonisch kontaktiert mit der Frage: „Kann Ihr Monitoring-Werkzeug die Social-Media-Daten der definierten Versicherungen im dreijährigen Zeitverlauf (2012-2014) liefern?“ Die Tab. 18 zeigt das Ergebnis der Monitoring-Anbieter bezüglich der Anforderungen.

Tab. 18: Test-Ergebnis der Monitoring-Werkzeuge zur Datenbeschaffung

Produkte	**Ergebnis**	**Erläuterung**
Radian 6 (von Salesforce) (www.marketingcloud.com)	Negativ	Die Daten werden in Echtzeit ab Start der Messung erhoben. Es gibt keine Möglichkeit zur

[110] Eine relationale Datenbank beruht auf einem tabellenbasierten Datenbankmodell und ist ein etablierter Standard für Datenverwaltung. Das Datenbankmanagementsystem wird RDBMS (Relational Database Management System) bezeichnet. Zur Daten-Abfrage wird überwiegend die Datenbanksprache SQL(Structured Query Language) eingesetzt.

[111] Der GDV-Verband stellt diese Daten nicht zur Verfügung (Telefonat und Mails im April 2014).

[113] Die API (Application Programming Interface) ist eine Anwendungsprogrammierschnittstelle, die von einem Programm zur Anbindung an das System zur Verfügung gestellt wird.

Brandwatch (www.brandwatch.com/de)	Negativ	nachträglichen Datenabfrage.
Fanpagekarma (www.fanpagekarma.com)	Positiv	Datenabfrage sind nachträglich möglich aufgrund von Datenspeicherung auf eigene Server.

Das Ergebnis zeigt, dass es nur mit dem Monitoring-Anbieter Fanpapagekarma möglich war, die Daten für die Dissertation zu erheben. Nach diesen Erfahrungen läßt sich sagen, dass die Social-Media-Analyse eine große Herausforderung für die wissenschaftliche Forschung darstellt und die Auswahl eines geeigneten Monitoring-Werkzeugs ein Problem ist. Zur Interpretation der BI-Analysen werden pro Jahr Schlussfolgerungen gezogen: Die erste BI-Analyse zeigt die Beziehungen zwischen BBE versus FBE (2012), siehe Abb. 4.

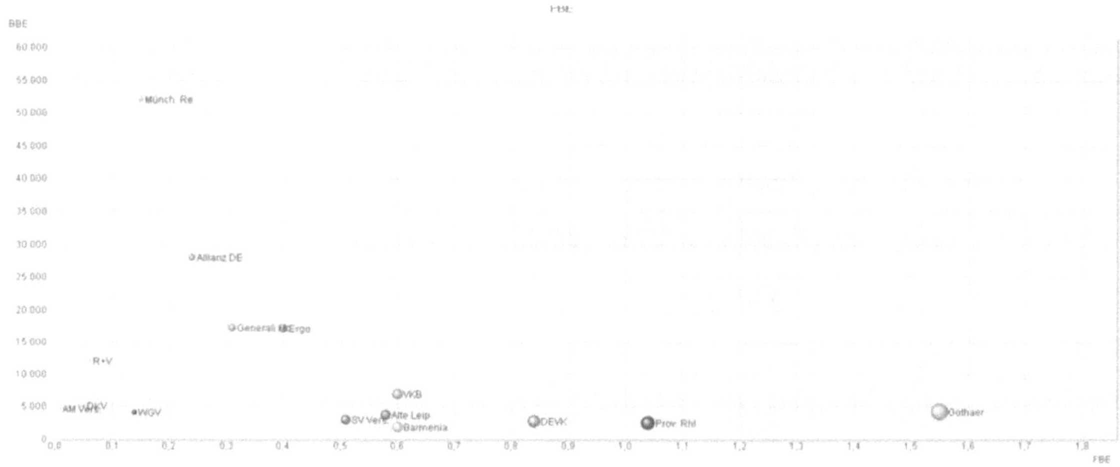

Abb. 4: BI-Analyse: Versicherungen-Beitragseinnahmen versus Facebook-Engagement im Jahr 2012

- **Y-Achse: BBE (Brutto-Beitragseinnahmen in Euro)**
- **X-Achse: FBE (Facebook-Engagement in Prozent)**
- **z-Achse: FBE Visualisierung als Größe der Firmenblase**

Daten: BBE: F.A.Z.-Archiv: "Die hundert größten Unternehmen" (2013), FBE: eigene Recherche mit Fanpagekarma, BI-Datenbearbeitung mit QlikView, die Grafik liegt in der Anlage vergrößert vor

Der Großteil der Versicherungen befindet sich im unteren linken Bereich. Das ist der Anfängerbereich, der nur ein geringes Engagement erzielt. In der y-Achse der Einnahmen hat die Münchener Re. die höchsten BBE (51.969 Mio. Euro) und 0,15% FBE erzielt. Es folgen mit großem Abstand die Allianz DE (27.941 Mio. Euro, 0,24% FBE) und die Generali Hold. (17.231 Mio. Euro, 0,31% FBE). Bezogen auf die x-Achse fällt auf, dass die meisten Versicherungen ein niedriges FBE haben. Die Gothaer zeigt den höchsten FBE-Wert (1,55 Prozent). Es folgen mit Abstand Prov. Rhl (1,03% FBE) und DEVK (0,84% FBE). Der Großteil der Versicherungen hat in 2012 kaum FBE erzielt. Das zeigt, dass 2012 noch viele Versicherungen in der Facebook-Startphase sind und erste Erfahrungen mit Facebook-Marketing sammeln. Es folgt die zweite BI-Analyse (Jahr 2013), siehe Abb. 5.

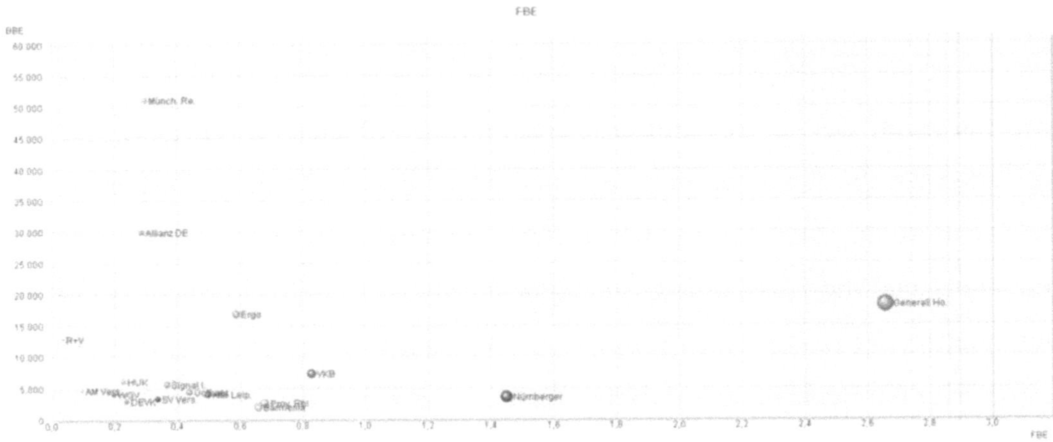

Abb. 5: BI-Analyse: Versicherungen-Beitragseinnahmen versus Facebook-Engagement im Jahr 2013

- **Y-Achse: BBE (Brutto-Beitragseinnahmen in Euro)**
- **X-Achse: FBE (Facebook-Engagement in Prozent)**
- **z-Achse: FBE Visualisierung als Größe der Firmenblase**

Daten: BBE: F.A.Z.-Archiv: "Die hundert größten Unternehmen" (2014), FBE: eigene Recherche mit Fanpagekarma, BI-Datenbearbeitung mit QlikView, die Grafik liegt in der Anlage vergrößert vor

Die Münich. Re hat die höchsten Beitragseinnahmen (51.060 Mio. Euro) und 0,3% FBE erzielt. Mit deutlichem Abstand folgen die Allianz DE (29.851 Mio. Euro, 0,29% FBE) und die Generali Holding (18.052 Mio., 2,66% FBE): Sie ist zugleich Spitzenreiter im Facebook-Engagement. Danach folgen im FBE die Nürnberger (1,43 % FBE, 3.472 Mio. Euro) und VKB (0,83 % FBE, 7.153 Mio. Euro). Auch in 2013 sind die meisten Versicherungen noch im Facebook-Anfänger-Quandranten (links unten), denn sie haben nur geringes FBE erzielt. Es folgt die dritte BI-Analyse für das Jahr 2014, siehe Abb. 6.

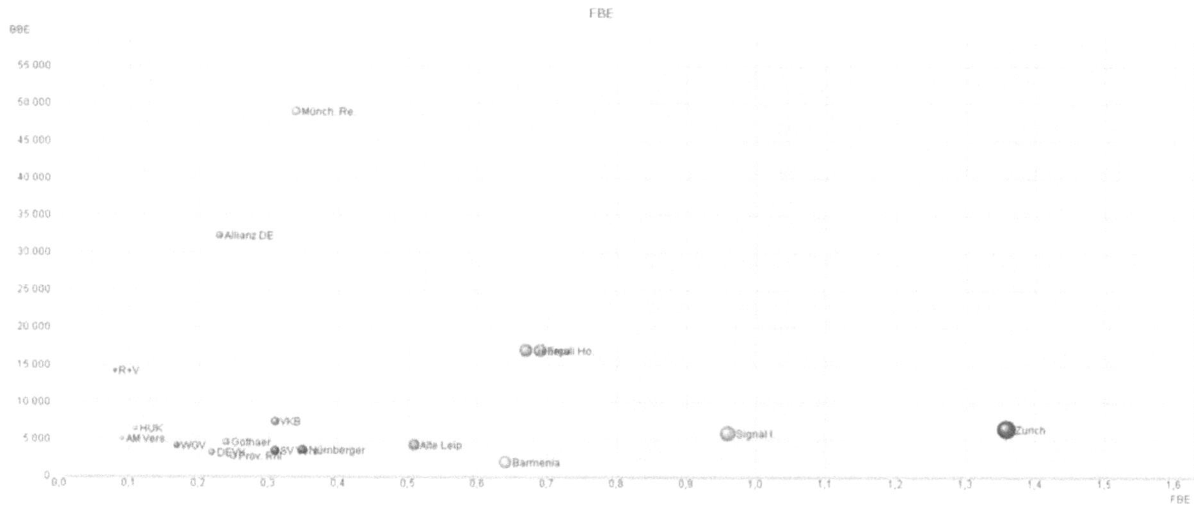

Abb. 6: BI-Analyse: Versicherungen-Beitragseinnahmen versus Facebook-Engagement im Jahr 2014

- **Y-Achse: BBE (Brutto-Beitragseinnahmen in Euro)**
- **X-Achse: FBE (Facebook-Engagement in Prozent)**
- **z-Achse: FBE Visualisierung als Größe der Firmenblase**

Daten: BBE: F.A.Z.-Archiv: "Die hundert größten Unternehmen" (2015), FBE: eigene Recherche mit Fanpagekarma, BI-Datenbearbeitung mit QlikView, die Grafik liegt in der Anlage vergrößert vor

In 2014 hat die Münch. Re den höchsten BBE-Wert erzielt (48.848 Mio. Euro / 0,34% FBE). Es folgt die Allianz DE (32.104 Mio. Euro / 0,23% FBE) und Ergo (16.866 Mio. Euro / 0,4% FBE). Spitzenreiter im Facebook-Engagement ist die Zurich (1,36 % FBE / 6.284 Mio. Euro BBE). Es folgen Signal Iduna (0,96 % FBE / 5.687 Mio. Euro BBE) und die Generali Holding (0,67 % FBE / 16.841 Mio. Euro BBE).

Zusammenfassung der BI-Analysen: In der Tab. 19 sind die drei erfolgreichsten Versicherungen pro Jahr markiert bezüglich: BBE (in Mill. Euro) und FBE (in %).

Tab. 19: BI-Analyse mit Datenmodell: FBE versus BBE (2012 bis 2014), eigene Darstellung. Das Datenmodell liegt in der Anlage vor.

	BBE			FBE		
Versicherungen	**BBE 2012**	**BBE 2013**	**BBE 2014**	**FBE 2012**	**FBE 2013**	**FBE 2014**
Allianz DE	27.941	29.851	32.104	0,24%	0,29%	0,23
Alte Leipziger	3.686	3.889	4.160	0,58%	0,5%	0,51
Barmenia	1.822	1.832	1.825	0,6%	0,66%	0,64%
DEVK	2.617	2.865	3.122	0,84%	0,24%	0,24%
Ergo	17.091	16.770	16.866	0,4%	0,4%	0,4%
Generali Hold.	17.231	18.052	16.841	0,31%	2,66%	0,67%
Gothaer	4.181	4.273	4.511	1,55%	0,44%	0,24%

HUK	5.576	5.991	6.321	0,0%	0,23%	0,11%
Münchener Rück	51.969	51.060	48.848	0,15%	0,3%	0,34%
Nürnberger	3.493	3.472	3.421	0,01%	1,45%	0,35%
Provinzial NW	2.991	3.191	3.921	0,66%	0,38%	0,39%
Provinzial Rhl	2.430	2.529	2.628	1,03%	0,68%	0,25%
R+V	11.875	12.753	14.040	0,06%	0,04%	0,08%
Signal Iduna	5.512	5.565	5.687	0,0%	0,37%	0,96%
SV Vers.	2.934	3.229	3.323	0,51%	0,34%	0,31%
VKB	6.855	7.153	7.267	0,6%	0,83%	0,37%
WGV	3.975	3.941	4.033	0,14%	0,2%	0,17%
Zurich	6.177	5.886	6.284	0,0%	0,0%	1,36%

Die Werte BBE und FBE (2012 bis 2014) zeigen kein erkennbares Beziehungsmuster auf. Die Generali Holding vereint zwar beide Erfolgsfaktoren im Jahr 2013: Sie zählt in diesem Jahr zugleich zu den besten drei Versicherungen in Bezug auf BBE und FBE. Doch das ist kein weiterführendes Muster für die folgenden Jahre.

Zur zweiten Hypothese: Die Hypothese: Social-Media-Marketing verbessert die Beitragseinnahmen von Versicherungen, wenn sie zielgerichtete Strategien einsetzen wurde auf Basis einer empirischen BI-Datenanalyse im Zeitverlauf drei Jahren von den dreißig größten Versicherungen in BRD untersucht. Keine eindeutige Wirkungszusammenhänge sind erkennbar, infolgedessen kann die Hypothese nicht als bewiesen betrachtet werden.

Zur zweiten Forschungsfrage: Wie sind die Wirkungszusammenhänge zwischen den Beitragseinnahmen von deutschen Versicherungen und deren Facebook-Ergebnissen? Die Ergebnisse der BI-Analysen zeigen, dass es keine Wirkungszusammenhänge zwischen den Beitragseinnahmen der größten 30 Versicherungen in BRD und deren Facebook-Engagement von 2012 bis 2014 gab. Es gibt Abgrenzungsprobleme in der Wirkung der Social-Media-Marketing von anderen Marketing-Aktionen. Ein weiteres Problem ist, dass die Untersuchungsperiode wahrscheinlich zu kurz ist. Möglicherweise ist der Zeitpunkt zu früh und Wechselwirkungen sind langfristig deutlicher erkennbar, denn Social-Media-Marketing ist noch eine recht junge Marketing-Maßnahme. Die Wirkungsfolgen benötigen wahrscheinlich mehr Zeit. Erschwerend ist, dass Social-Media-Wirkungsmechanismen oftmals zeitlich verzögert auftreten (Carry-Over-Effekte, s.o.).

Zur Diskussion der Ergebnisse: Da die Hypothese nicht bestätigt wurde, stellt sich die Frage: War es sinnvoll diese Forschungsfrage zu stellen? Ja, die Frage ist relevant, denn es geht im Social-Media-Marketing nicht nur darum hohe Fanzahlen zu erzielen, sondern um die Frage, was der einzelne Fan tatsächlich für einen Wert für die Marke mitbringt. Studien aus anderen Branchen belegen, dass eine erhöhte Facebook-Engagementrate sich positiv auf die Kaufbereitschft auswirkt. Zur Erhebung des Wertes eines Facebook-Fan ermittelte die Studie "Der Wert eines Facebook-Fans 2013" von der Marketing-Agentur (Synacapse 2013) Antworten auf f. Fragen[113]: 1) Wieviel gibt ein Fan für die Marke im Schnitt aus? 2) Wie loyal ist er der Marke gegenüber? 3) Empfiehlt er die Marke weiter und bringt neue Fans, die die Reichweite erhöhen? Durchschnittlich beträgt der Wert eines Facebook-Fans 2013 für eine Marke 174,14 US Dollar. Die 20 Marken weisen markante Unterschiede auf, z. B. da Kunden in verschiedenen Branchen unterschiedlich viel Geld für ein Produkt ausgeben[114]. Das Problem ist, dass die Zahlen in der Aussagekraft nur nutzbar sind in Bezug auf die untersuchten Branchen. Was bedeuten diese Durchschnittswerte für Versicherungen? In der Studie fehlen Versicherungen und somit branchenrelevante Benchmarks. Zudem ist die Anzahl der 2.000 befragten Fans nur ein kleiner Querschnitt der Gesamtzahl und schmälert die Aussagekraft. Dennoch zeigt die Studie einen Trend an, dass Facebook zum relevanten Kanal zur Beeinflussung von Kaufentscheidungen geworden ist, denn:

- Fans (88%) kaufen eher als Nicht-Fans (60%);
- Fans (91%) unterstützen die Marke und zeigen mehr Engagement;
- 39% der Fans nutzen ihn zu Informationszwecken für Produkte und 14% der Nicht-Fans;
- Fans (85%) sind eher bereit die Marke ihren Freunden weiter zu empfehlen (ebd.).[115]

Auf Basis der Ergebnisse zum Fallbespiel der Allianz (siehe Kap. 4.3) ist es denkbar, dass eine ähnliche Untersuchung relevante Ergebnisse in der Versicherungsbranche erzielen könnte. Denn mit Facebook-Marketing erzielt die Allianz schon jetzt Erfolge: Sie gewinnt jüngerere Zielkunden, Vertriebsförderung und Umsatzsteigerung. Die Vorausetzungen zum Erfolg sind: Strategie, Konzept und Investionen für technische Infrastruktur, Vertriebsschulung und Content-Marketing. Deshalb wird die Vermutung aufgestellt, dass es 1) in einem längeren Zeitverlauf, 2) einer Trennung von Marketing- und Social-Media-Marketing-Ergebnissen und 3) mit professionellem Facebook-Marketing möglich wäre, die Hypothese zu unterstützen. Folgende Erkenntnisse können zusammengefasst werden: Social-Media-Marketing fördert indirekt den Versicherungsvertrieb. Versicherer können damit potentielle Kunden gewinnen, wenn sie die Nutzer-Bedürfnisse in Social Media (Beziehung, Unterhaltung, Selbstverwirklichung, Anerkennung, Lernen) (Universal McCann 2014) erfüllen.

Handlungsempfehlungen zur Optimierung der Kennzahl Facebook-Engagement: Über die Forschungsfrage hinausgehend stellt sich die Frage: „Wie schaffen Versicherungen es, den Wert für das Facebook-Engagement zu erhöhen?“ Einige Experten

---

[113] Insgesamt wurden 2.000 Nutzer befragt, die als Fans Marken wie Zara, H&M und Adidas auf Facebookgeliked haben. Die Studie vergleicht Fans mit Nicht-Fans, basierend auf sechs Faktoren: die Bereitschaft das Produkt zu kaufen, Brand-Loyalität, Bereitschaft zur Weiterempfehlung der Marke, Media Nutzen, Kosten pro Fan und Brand-Affinität.

[114] An erster Stelle steht BMW mit einem Fan-Wert von 1.613,13 US Dollar, der zweite ist Walmart mit 834,76 US Dollar.

[115] Mehr dazu: http://blog.xeit.ch/2013/04/studie-zum-wert-eines-facebook-fans/ (Abruf 08.08.2016).

gehen davon aus, dass ein hohes Engagement mit Content-Marketing zusammenhängt, denn Internet-Nutzer liken, kommentieren und teilen verstärkt, wenn sie relevante, aktuelle Inhalte mit Mehrwert erhalten (Weinberg et al. op. 2011; Zarrella 2011, S. 163–173). Versicherungen müssen demzufolge bei Facebook den Nutzern relevanten Inhalt (Content) zur Verfügung stellen, wenn sie hohe Kennzahlen im Engagement erzielen wollen. Der Inhalt ist relevant, wenn er qualitativ hochwertige Texte/Informationen liefert, die für die Zielgruppe nützlich, interessant und unterhaltsam sind, z.B. Lösungsansätze liefern oder Sachverhalte erklären (Eck und Eichmeier 2014). Die größte Zielgruppe (ab 18 Jahre) auf Facebook ist männlich (52 Prozent), im Alter von 25 bis 34 Jahre (31 Prozent)[116]. Die Facebook-Beiträge der Allianz zeigen überdurchschnittliches Engagement durch f. Content-Ausrichtung:

- Unterhaltung (wie Fußball), Anreize (wie Gewinnspiele);
- Emotional-persönliche Anteile (Fotos von Menschen);
- Bedürfnis nach Erlebnissen (Teilnahme am Fußballspiel);
- Lernen (wie Fahrsicherheitstraining).

Die Allianz ist Anteilhaber und Sponsor der Allianz-Arena[117] und nutzt diesen Alleinstellungsfaktor im Facebook-Marketing intensiv, d. h. sie verlost kostenfreie Eintrittskarten zu Fussballspielen bei Facebook und gewinnt damit die einzigartige Möglichkeit die Vorreiter-Rolle der Branche einzunehmen. Der Bedarf an Unterhaltungswert (statt Produktwerbung) in der Nutzer-Erwartung wird damit erfüllt. Content-Marketing ist also eine entscheidende Kompetenz, wenn es darum geht, mit wenig Aufwand große Social-Media-Erfolge zu erzielen. Dabei geht es z. B. um sinnliche Stimulantien (Bild-/Video), interaktive Aktionen (Umfrage) und weitere Anreize (Gewinnspiele). Zudem setzt die Allianz gezielte Maßnahmen im Social-Media-Marketing zur Vertriebsunterstützung (Facebook für Versicherungsvermittler) und für den Online-Service ein (Eck und Eichmeier 2014).

4.3 Analyse von Fallbeispielen aus der Versicherungswirtschaft

Der Cognitive Response Ansatz liefert Hinweise, die auch zur Gestaltung von Konzepten der Marktkommunikation dienen (Raab et al. 2009, S. 365–370). In High Involvement-Bedingungen können Unternehmen über positive Assoziationen langfristig stabile Beeinflussungserfolge erzielen. Im Bereich von Low Involvement kommt es darauf an, möglichst ständig in ausreichend hoher Frequenz mit den Informationen bei den Zielgruppen präsent zu sein, um nicht in Vergessenheit zu geraten. Der Vorteil des geringen Involvements ist eine relativ geringe Bereitschaft von Konsumenten, sich kritisch mit den

---

[116] Siehe FacebookInsights: www.facebook.com/ads/audience_insights/ (Abruf am 19.10.2015)

[117] Mit dem Einstieg des Versicherers Allianz als Anteilseigner neben dem FC Bayern, adidas und Audi an der FC Bayern München AG sichert sich der Münchner Konzern die Namensrechte an der Arena bis ins Jahr 2041.

Aussagen auseinanderzusetzen, denn die Werbung unterläuft die gedankliche Kontrolle der Empfänger (Kroeber-Riel und Weinberg 1999, S. 329). Ein dauerhafter, intensiver Kommunikationsdruck ist somit ein bedeutsamer Erfolgsfaktor im Low Involvement Bereich und erfordert daher relativ hohe Kommunikationsbudgets. Dabei versprechen Bildbotschaften einen größeren Beeinflussungserfolg als argumentative Gestaltung in der Marktkommunikation, denn sie lösen auch freie Assoziationen in Ergänzung zur Botschaft aus. Wenn keine Motivation zur Verarbeitung vorliegt sind komplexe Argumentationsketten bedeutungslos. Das führt dazu, dass bei Low Involvement die emotionale Alleinstellung von Marken von größerer Bedeutung ist, als die Kommunikation komplexer Themen. Eine Konzeption muss in den vielen unterschiedlichen Maßnahmen aufeinander abgestimmt werden, um eine Botschaft zu einer intensiverer Gesamtwirkung mit vielen Assoziationen zu entfalten (Raab et al. 2009, S. 368). Die integrierte Kommunikation erfährt somit eine kommunikationspsychologische Untermauerung (Bruhn, 1995) wie auch die Bildkommunikation (Kroeber-Riel 1993), denn Bilder werden in Social Media leichter wahrgenommen als Texte. Allerdings haben Bilder den Nachteil, dass die Interpretation nicht immer präzise vorhergesagt werden kann.[118]

Abschliessend sei erläutert, dass die Annahme „Am wichtigsten ist es, dass man über uns spricht“ (Raab et al. 2009, S. 367) falsch ist. So gesehen wäre auch ein Shitstorm ein Nutzen für die Marke, weil es Aufmerksamkeit auf die Marke lenkt. Es kommt jedoch sehr wohl darauf an, dass die gedankliche Verbindungen mit der Marke positiv ausfällt (ebd.). Auch Untersuchungen von (Petty und Cacioppo 1986, S. 131–133) zeigen, wie sich relative Häufigkeit positiver und negativer nach mehrmaliger Wiederholung von Botschaften verändert. Schlussfolgend muss es das Ziel sein, eine negative Wahrnehmung der Marke zu vermeiden und eine positive Wahrnehmung in Social Media zu erzeugen, um positive Wirkungseffekte (z. B. Empfehlungen) zu erzielen. In der methodischen Herangehensweise werden öffentlich zugängliche Stichproben mit Erhebungseinheiten ausgewählt. Diese willkürliche Auswahl der Stichproben führt jedoch nicht zu repräsentativen Stichproben. Sie wird primär in der explorativen Phase für Forschungsvorhaben eingesetzt.

Da sich der Social-Media-Einsatz in der Versicherungsbranche erst in den letzten Jahren etabliert hat mangelt es noch an Praxisbeispielen (Hilker und Raake 2010). Insofern sind die Ergebnisse zur Untersuchung der Fallbeispiele zwar nicht repräsentativ, sie können jedoch als mőgliche Tendenzen gedeutet werden. In der ergänzenden, schriftlichen Befragung wurde eine E-Mail als Instrument gewählt. Der Vorteil besteht darin, dass es wenig Organisation

[118] Intensive Bilder können intensive Assoziationen auslösen, die sowohl positve als auch negative Wirkungsergebnisse bewirken können. Das zu untersuchen kann Aufgabe der Werbewirkungsforschung sein.

erfordert und relativ einfach durchführbar ist. Durch die räumliche und zeitliche Ungebundenheit der E-Mail-Befragung ist auch die Befragung von verantwortlichen Personen im Unternehmen zu politischen Themen möglich. Da es sich um eine Anfrage zu den Folgen einer Reputationskrise mit sensiblen Angaben von monetären Auswirkungen handelt, ist die reflektierte schriftliche Antwort einer mündlichen Abfrage vorzuziehen. Denn die Antworten erfordern eine Abfrage von betriebswirtschaftlichen Ergebnisse (Beitragseinnahmen, Vertragskündigungen), was Zeit für interne Abstimmungen und Freigaben erfordert. Zur Dokumentation wurden die Original-E-Mails in der Anlage dokumentiert. Die Beobachtung und Analyse, die im Bereich der negativen und positiven Fallbeispiele eingesetzt werden, ermöglicht die Beobachtung von Reaktionen auf Personen und Stimuli. Es ist damit möglich Rückschlüsse auf relevante Sachverhalte von Krisen im Social-Media-Umfeld zu ziehen. Zur Ergänzung, Unterstützung und Beweisführung der persönlichen Beobachtung und Interpretation werden Analyse-Daten von technischen Anwendungen zum Social-Media-Monitoring verwendet (s.o.). Damit lassen sich die Verhaltensweisen der Social-Media-Nutzer online messen, systematisch dokumentieren und analysieren. Die Fallbeispiele sind auf Basis öffentlich zugänglicher Informationen (z. B. Facebook, Twitter) und Publikationen in den Medien recherchiert, erfasst und mit Social-Media-Monitoring analysiert worden. Die Tab. 20 gibt einen Überblick über die Merkmale der Fallbeispiele. In der f. Untersuchung werden positive und negative Fallbeispiele wie folgt unterschieden.

Tab. 20: Merkmale der negativen und positiven Social-Media-Marketing-Fallbeispiele, eigene Darstellung

Fallbeispiele	**Negative Fallbeispiele**	**Positive Fallbeispiele**
Merkmale	Fallbeispiele mit negativen Wirkungsfolgen wie Shitstorm	Fallbeispiele mit positiven Wirkungsergebnissen
Auswahl	Ergo: Reputationkrise 2011 Debeka: Reputationkrise 2013	Allianz als Branchen-Vorreiter (Neuland 2014) mit Facebook-Verkaufsförderung für Versicherungsvermittler sowie R+V mit Google Plus
Erhoffter Erkenntnisgewinn	Handlungsempfehlungen für Krisen-Management: Früherkennung und Risiko-Minimierung	Handlungsempfehlungen für virales Social-Media-Marketing und Mitmach-Aktionen

Als Ergebnis der Analyse werden Handlungsempfehlungen für die Social-Media-Marketing-Strategie-Entwicklung gegeben. Die Fallbeispiele werden mit drei Leitfragen analysiert:

- Welche Wirkungseffekte und Auswirkungen haben negative und positive Fallbeispiele?
- Welche Konsequenzen und Implikationen haben sie für eine Social-Media-Strategie?
- Welche Handlungsempfehlungen gibt es zur proaktiven Krisenprävention?

Netzwerk-Effekte in Social Media können aufgrund dynamischer Strömungspotenziale spontane und schwer vorhersehbare Wirkungspotenziale entwickeln. Sei es im positiven Sinne, wenn im viralen Marketing durch Mund-zu-Mund-Propaganda das Empfehlungsmarketing gefördert wird. Oder sei es im negativen Sinne, wenn beim Shitstorm der Tipping Point (Gladwell 2002) überschritten wird und im Sekundentakt Kritik, Beleidungen und Schmähkritik gleichzeitig online erfolgen. Diese Wirkungsmechanismen sind weiter zu erforschen, denn sie bewirken je nach Ausrichtung viele positive oder zerstörische Wirkungen. In den f. Fallbeispielen werden die Krisen von Ergo und Debeka untersucht, um Erkenntnisse zum Vorgehen im Krisen-Management zur Früherkennung und Risiko-Minimierung zu gewinnen. Dies sichert im Risiko-Management die Social Media Gefahren ab.

4.3.1 Negatives Fallbeispiel: Ergo (Incentive-Reise 2011)

- Das Krisen-Ereignis: Ergo[119] war 2011 mit einer Incentive-Reise und falsch berechneten Riester-Verträgen und fehlerhaften Lebensversicherungen in die Schlagzeilen geraten. Im Mai 2011 wurde durch eine Publikation im Handelsblatt bekannt, dass die HMI (eine Vertriebsorganisation der Ergo) 2007 die hundert besten Vertriebsmitarbeiter und hohe Manager als Incentive zu einer Sex-Reise nach Budapest eingeladen hatte (Iwersen 2011a).[120] Der Zeitpunkt der Veröffentlichungen traf mit der Marketing-Kampagne zusammen: „Versichern heißt verstehen“[121]. Damit wollte sich Ergo als transparente und einfach verständliche Versicherung positionieren[122]. Die Marketing-Kampagne war 2010 gestartet und war laut Marktforschungsunternehmen Nielsen mit rund 80 Mio. Euro bis 2011 budgetiert (Bialek et al.). Die Kommunikationsziele der Kampagne war es, Transparenz und Vertrauen zu bewirken, um eine Positionierung für Ergo bezüglich Klartext zu erzielen. Doch im Krisenverlauf machte der Versicherer eher das Gegenteil: Er klärte erst spät die Krise auf (Schmitt 2011). Die Ergo-Krise wurde intensiv in den Medien diskutiert. Renommierte Wirtschaftsmedien wie das Handelsblatt berichteten über den Vorfall. Auch im Fernsehen war die Ergo-Krise

---

119 Die Ergo ist ein internationaler Versicherungskonzern und ist in 30 Ländern vertreten. Ergo gehört zur Münchener Rückversicherung und beschäftigt circa 46.000 MA und hat etwa 40 Mio. Kunden. Im Jahr 2013 betrugen die Einnahmen 18 Mrd. Euro (ERGO 2013). Damit zählt Ergo zu den größten Versicherungen in D..

120 Für das Event wurden Hostessen und Prostituierte engagiert und mit Armbändchen für unterschiedliche Dienstleistungen gekennzeichnet. Die Veröffentlichungen im *Handelsblatt* auf Basis von investigativem Journalismus in Verbindung mit einem *Whistleblower* stießen auf große Resonanz in den Medien (Iwersen 2011a).

121 Dazu gibt es eine Beschreibung online:http://www.ergo.com/de/Unternehmen/Overview/Verstehen

122 Die Plakate zeigten z. B. Kunden-Statements wie: „Ich will versichert werden Nicht verunsichert.“

ein beliebtes Thema: TV-Entertainer verspotteten Ergo (ebd.). Die Ergo-Krise wird in der Chronik zusammengefasst, siehe Anlage.

- Die Maßnahmen von Ergo: Die Compliance[123] sollte die Reputationskrise der Ergo retten (Handelsblatt/dpa 25.08.2011). Für Bonusreisen gelten seitdem strenge Regeln. Zudem hat Ergo eine Hotline für anonyme Hinweise für Whistleblowster auf Fehlverhalten geschaltet. Doch damit ging es lediglich um Schadensbegrenzung, denn das Vertrauen von 40 Mio. Kunden und das Image standen auf dem Spiel. Überraschend ist, dass Ergo trotz 80 Mio. Marketing-Budget keine Investitionen in Social-Media-Marketing und kein Reputationsmanagement getätigt hat.

- Die Konsequenzen für Ergo: Die Skandale um die Sex-Party und falsch berechneten Riester-Verträgen haben das Ergo-Image deutlich beschädigt. Knapp jeder vierte Deutsche will sich nur ungern von Versicherungsvermittler beraten lassen. Grund dafür ist mangelndes Vertrauen: 60 Prozent der Ergo-Ablehner befürchten, dass die Versicherungsvermittler sie falsch beraten (Röder 2011). Die Krise hat sich negativ auf das Ergo-Image ausgewirkt. Sogar die Bundesregierung befasste sich damit. Die Informationspolitik sei inakzeptabel und habe weitreichende Auswirkungen[124]. Der Ergo Vorstandschef Oletzky bezieht Stellung zu den negativen Stimmen in den Medien[125]. Auch seine Reputation hat unter der Krise gelitten. Das Manager-Magazin stufte ihn auf den letzten Platz der 100 wichtigsten Konzernchefs in BRD ab (Manager Magazin 2013). Dazu hatte die Ergo auch noch Kommunikationspannen. Ein Fehler in der LV-Berechnung wurde zunächst dementiert und Stunden später wurde eingeräumt, dass Ergo den Kunden tatsächlich eine erhebliche Summe nachzahlen muss (Die Welt 09.06.11).[126] Ähnliches passiert in der Budapester Affäre[127]. Mit dieser Salami-Taktik als Kommunikationstrategie hat Ergo im Krisenverlauf an Glaubwürdigkeit in der Öffentlichkeit verloren[128]. Auch in Social Media wurde die Ergo Krise diskutiert. Die

---

[123] Der Begriff Compliance stammt aus der betriebswirtschaftlichen Fachsprache und meint die Einhaltung von Gesetzen, Richtlinien und freiwilligen Kodizes in Unternehmen zur Vermeidung von Regelverstößen.

[124] Verbraucherschutzministerin Ilse Aigner (CSU) hat das Krisenmanagement und die Informationspolitik der Ergo scharf kritisiert. "Es ist wirklich an der Zeit, dass der Konzern zu den zahlreichen Vorwürfen detailliert Stellung nimmt. Hier steht mittlerweile auch die Glaubwürdigkeit einer ganzen Branche auf dem Spiel", sagte Aigner Schmitt und Drost 2011.

[125] Oletzky schreibt in einem internen Brief. „Sie haben es in den Medien verfolgen können, die negative Berichterstattung über Ergo reißt nicht ab. Man könnte fast ein wenig den Eindruck gewinnen, dass es ein Sport geworden ist, nach Fehlern der Ergo zu suchen“ (Handelsblatt/dpa 21.06.2011).

[126] Mehr: www.freizeitcafe.info/ergo-versicherung-wird-uber-social-media-durch-den-kakao-gezogen/ (Abruf 08.08.2016).

[127] Ergo bekannte, dass die Kosten für die Sexreise in Höhe von 83.000 Euro als Betriebsausgabe geltend gemacht wurden. Tatsächlich hatte die Reise 333.039,90 Euro gekostet und es wurde diskutiert, ob die Zuordnung als Betriebsausgabe zulässig sei (FAZ 2011).

[128] Der Ergo-Chef räumte Fehler ein: „Unter einem solchen Druck passieren leider auch solche Fehler, die eigentlich nicht passieren dürften. Die Folge ist, dass durch das nicht vollständig korrekte Dementi zu Beginn unsere Glaubwürdigkeit weiter gelitten hat“ (Handelsblatt 2011).

Abb. 7 zeigt den Krisen-Verlauf im Social-Media-Monitoring (Hilker 2012, S 208).

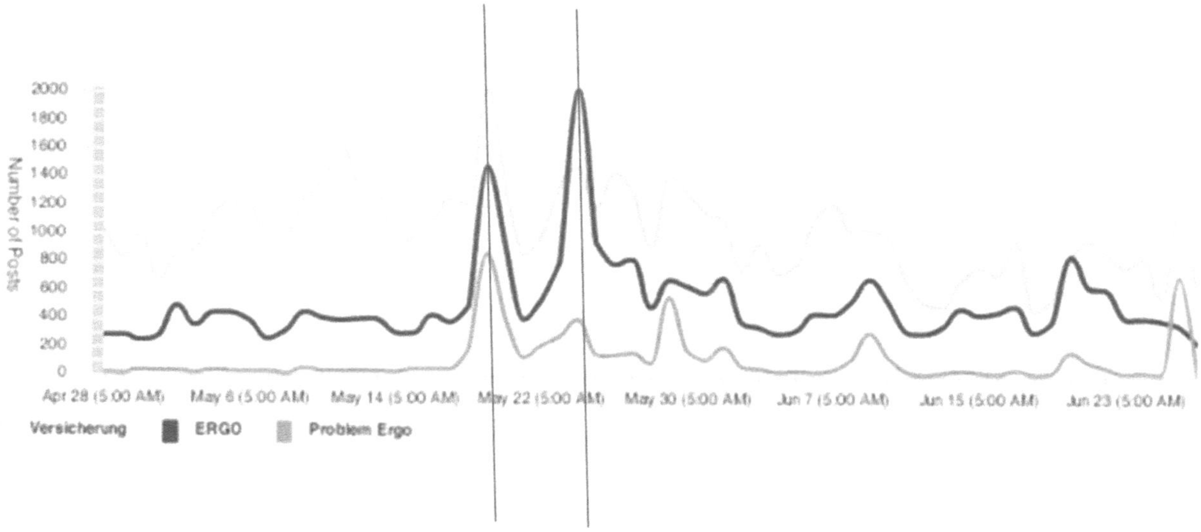

Abb. 7: Online-Reputationskrise der Ergo (Incentive-Reise 2011) (Hilker 2012, S. 208)

Am Spitzentag der Krise (22.05.2011) wurden etwa 2.000 Postings über Ergo online ermittelt. Auf Youtube tauchte eine Persiflage des Ergo-Werbespots auf[129], das hohe Zugriffszahlen erzielt hat: 20.760 Aufrufe hat es auf YouTube bereits erzielt[130]. Krisen nutzen Youtube-Nutzer als Steilvorlage, um ihren Unmut freien Lauf zu lassen. Dieses Phänomen ist ein Beispiel dafür, wie sich die Machtverhältnisse durch Social Media zugunsten des Kunden verschoben haben. Der Tonfall entgleitet dabei in den banalen, ordinären oder beleidigenden Sprachgebraucht. Besonders auf Twitter grassiert der Ergo-Spott. Dabei reicht die Tonalitiät von Spott über Aggression zu Vulgarität. Die f. Tweets veranschaulichen den Spott. 1) @BleibGesund: Ergo "Klartext statt Klauseln" Hamburg-Mannheimer organisierte ihren besten Vertretern Sex-Party in Ungarn. 2) @amokleben: Bekommt man als guter Kunde bei der Ergo eigentlich auch Einladungen zu solchen Koks & Nutten-Parties? 3) @HerrMerlin: Hoffentlich hat sich die HMI gegen Imageschäden versichern lassen."

- **Auswertung des Fallbeispieles:** Der Ergo Krisenfall verdeutlicht den hohen Stellenwert der Online-Reputation. Deshalb ist das Monitoring wichtig, um potenzielle Krisen-früh zu erkennen (Kiefer 2014). Die Folgen sind langfristig online archiviert und kaum mit juristischer Hilfe zu beseitigen, denn aufgrund der Vorratsdatenspeicherung[131] vergisst das Internet nichts: Es archiviert alle Daten. Besonders interaktive Social-Media-Diskussionen, die durch Liken, Kommentare und Teilen gekennzeichnet sind, werden hoch im Google-Ranking platziert und folglich in den Suchanfragen ganz weit oben ausgeliefert. So werden

---

[129] Im Original-Werbefilm sagt der Protagonist: "Sollten wir uns nicht mal anfangen, uns auf Augenhöhe zu treffen?" In der Parodie heißt es zynisch: "Sollten wir uns nicht mal anfangen, uns auf Lendenhöhe zu treffen?"

[130] Der Youtube Video ist online abrufbar: www.youtube.com/watch?v=Aawm5Fn4-CQ (22.04.2015).

[131] Vorratsdatenspeicherung speichert personenbezogenr Daten für öffentliche Stellen, ohne dass sie aktuell benötigt werden.

Krisen digital archiviert und wirken lange online nach. Reputationskrisen bewirkten also langfristige Schäden[132]. Die Abb. 8 zeigt die Ergo-Krise als Wirkungskette.

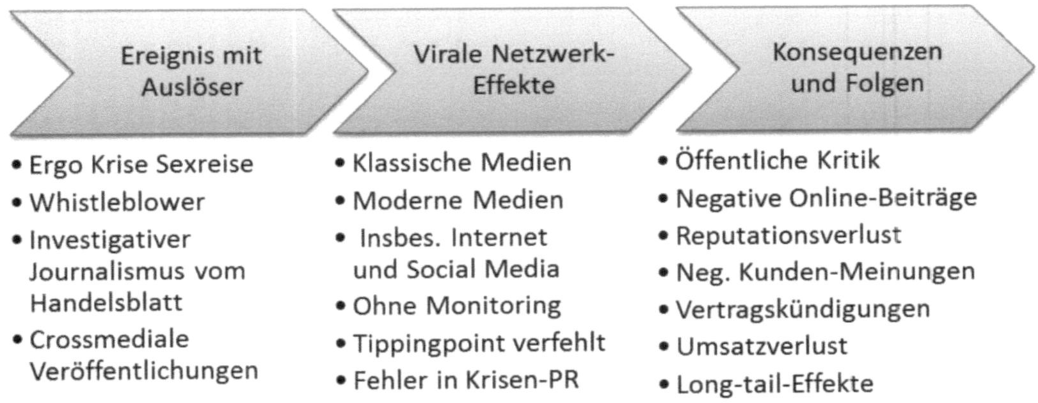

Abb. 8: Ergo-Krise als Wirkungskette mit Netzwerk-Effekten, eigene Darstellung

Die Wirkungskette zeigt das ursächliche Ereignis der Ergo-Krise mit dem Auslöser (Whistleblower), das eine Kette von Ereignissen in einer dynamischen Abfolge nach sich zieht. Virale Effekte über Print- und Online-Medien folgen. Jede Wirkung wird wieder selbst zur Ursache eines neuen Ereignisses. Die Wirkungskette definiert im Ergebnis einen Richtungspunkt mit dem Reputationsverlust am Ende. Hintergründe liefert ein persönliches Gesprächs mit E-Mail-Befragung mit Dr. Alexander Becker, Kommunikationschef von Ergo. Ihmzfolge hat Ergo wenig monetäre Auswirkungen bezüglich der Krise 2011 erfahren. Becker: „Harte quantitative Aussagen haben wir nicht feststellen können. Bei allen genannten Größen gab es keine auffälligen Entwicklungen. Die härteste Zahl sind etwa 1.000 Vertragskündigungen, die 2011 bei uns eingingen und explizit Bezug auf das Thema ‚Incentive-Reise Budapest' nahmen. Bei knapp 20 Mio. Kunden in D. ist das aber keine wirklich aussagekräftige Zahl." (Mail von Becker 2015, siehe Anlage). Die Werte für Markensympathie der Ergo haben ihm zufolge in den Jahren 2011/12 gelitten, haben sich aber inzwischen wieder deutlich erholt[133].

Laut Becker hat Ergo 2011 einen Verhaltenskodex mit Compliance und Leitlinien zu Incentive-Reisen erarbeitet. Becker meint, dass es in Krisen um das Versprechen und konsequente Einlösen von Aufklärung gehe. „In dem Maße, in dem Vorwürfe zutreffen, müssen die notwendigen Konsequenzen gezogen werden, die solche oder ähnliche Vorgänge künftig verhindern" (ebd.). Handlungsempfehlungen auf Basis der Ergo-Krise für andere Versicherungen seien nur begrenzt möglich, da jede Krise individuell zu lösen sei. Die Social-Media-Strategien der Ergo beziehen sich zumeist auf die Markenführung. Den Ergo-Leitsatz: „Ver-

---

[132] Aktuell (vier Jahre nach der Ergo Krise) zeigt die Google Suche nach der Eingabe der Stichworte "Ergo Sex" immer noch 1,5 Mio. Ergebnisse (Google-Abfrage 22.04.2015). Das zeigt, wie lange Reputationsschäden online abrufbar sind.
[133] Vergleichswerte im Netpromotor-Score liegen nicht vor, weil die Ergo ihn 2011 noch nicht erhoben hat.

sichern heißt verstehen“ möchte die Ergo laut Becker auch in Social Media transportieren: „Alle unsere Kanäle sind darauf ausgerichtet, Versichern heißt verstehen erlebbar und unser Unternehmen persönlicher zu machen. Außerdem unterstützen wir unsere Vermittler auf Facebook mit Leitfäden und Content. Ihre persönlichen Kundenbeziehungen können sie so auch in Social Media professionell pflegen“ (ebd.). Doch die Ergo kämpft seit Jahren gegen Vertrauens- und Umsatzverlust: Der Vertragsbestand der Ergo Lebensversicherung ist 2014 um 1,5 Prozent zurückgegangen (202.400 Verträge).[134] In der Folge werden in nächsten vier Jahren 2.400 Arbeitsplätze im Vertrieb abgebaut. Damit verliert circa jeder siebte der 14.300 Ergo-Mitarbeiter den Job.[135] Der Verdi-Funktionär Frank Fassin kritisiert, dass der Budapest-Skandal bis heute nachwirkt und alle Mitarbeiter darunter leiden müssen: "Die Affäre hat vor allem die Ergo, aber insgesamt die gesamte Versicherungswirtschaft geschädigt.“ Er bemängelt die intransparente Aufarbeitung des Skandals durch den damaligen Vorstand.[136]

4.3.2 Negatives Fallbeispiel: Debeka (Beamten-Affäre 2013)

- **Das Krisen-Ereignis:** Das Handelsblatt[137] hat über die Debeka-Krise[138] erstmalig am 31.10.2013 geschrieben: „Unerlaubte Wettbewerbsvorteile. Debeka-Mitarbeiter bestachen jahrelang Beamte. Der Versicherungsbranche droht ein Korruptionsskandal. Wie das Handelsblatt aus Unternehmenskreisen erfuhr, haben Mitarbeiter der Debeka im großen Stil Adressen von Beamten gekauft“ (Iwersen 2011b)[139]. Laut Handelsblatt unterhielt die Debeka ein bundesweites Netzwerk von Beamten, die bei der Vermittlung von Debeka-Produkten gegen Bezahlung geholfen haben, indem sie Kollegen-Kontakte weiter gegeben haben (Schmitt und Demircan 2014). So sollen mehr als 100 Mio. Euro von der Debeka an Beamte geflossen sein[140]. Zudem habe es Sonderprämien für besondere Erfolge gegeben[141]. Die Debeka dementierte alle Vorwürfe umgehend uverwies auf die Ermittlungen bei der Debeka[142]. Die Debeka ermittelte selbst und beauftragte dazu die Wirtschaftsprüfungsgesellschaft KPMG. Die Krisen-Berichte sorgten für hohe Aufmerksamkeit in der Öffentlichkeit und in

---

[134] Siehe: versicherungsbote.de/id/4826649/Lebensversicherung-Ergo-Generali-Axa-2014-Bestandsverluste/ (Abruf. 22.05.2016).

[135] Siehe: www.manager-magazin.de/unternehmen/artikel/radikalkur-bei-ergo-mehr-als-2000-jobs-fallen-weg-a-1095366.html (Abruf 17.07.2016).

[136] Quelle: 12.07.2016, Quelle: ZDF/Frontal21: www.zdf.de/frontal-21/ergo-skandal-kein-prozess-keine-aufarbeitung-44360108.html (Abruf 17.07.2016).

[137] Das Handelsblatt war das erste Medium, das über die Debeka-Krise berichtet hat und gilt als Aufklärer der Krise.

[138] Laut Debeka betrugen im Jahr 2013 die Beitragseinnahmen der Debeka Gruppe 9,61 Mrd. Euro, die Debeka Gruppe beschäftigt 16.905 Angestellte (Debeka 2013).

[139] Der Spiegel schreibt: „Datenaffäre: Debeka soll Provisionen an mehr als 10.000 Beamte zahlen“ (Spiegel online 2015).

[140] Unter Berufung auf Debeka-Unterlagen berichtete das Handelsblatt, das System existiere bei der Debeka seit Jahren. Der Tipp, dass z. B. es einen noch nicht versicherten neuen MA gäbe, würde 50 Euro bringen, die KV-Vermittlung mindestens 150 Euro und eine Debeka LV brächte mehr als 600 Euro.

[141] Der Debeka-Vorstand lade schriftlich einmal im Jahr zu einer Incentive-Reise ein. Dabei erhielten "alle Teilnehmer ein Geldpräsent in Höhe von 200 Euro netto überreicht" (Schmitt und Demircan 2014).

[142] Anfang November hatten sich nach dem ersten Bericht über die Bestechung von Beamten durch Debeka-MA der Landesbeauftragte für Datenschutz Rheinpfalz-Pfalz und die Staatsanwaltschaft Koblenz eingeschaltet.

den Medien. Crossmedial verbreiteten sich die Krisen-Nachrichten schnell online. Die Berichterstattung basiert auch auf den Hinweisen von Handelsblatt-Lesern. Anonym konnten Informationen übermittelt werden[143]. Damit baut das Handelsblatt ein Perpetuum Mobile in der Debeka-Krise, das heißt: die Krisenkommunikation speist sich selbst (Forthmann 2013/2014). Zum Krisen-Überblick wird die Chronik zur Debeka-Krise in der Anlage aufgeführt, siehe Anlage.

- **Die Maßnahmen von Debeka:** Die Debeka hat dazu Informationen online bereit gestellt (Debeka 2011/2012), die allerdings weder in der Google-Suche mit „Debeka-Krise" (25.04.2015), noch über die Website-Suche auffindbar sind. Sie wurden nicht über Social Media geteilt, weil Debeka dort keine Präsenzen hat (siehe Mail, Anlage). Die Sichtbarkeit der Maßnahmen ist jedoch relevant, denn für erfolgreiche Krisenkommunikation online muss nicht nur der Inhalt der Botschaft überzeugende Argumente liefern, sondern auch die digitale Sichtbarkeit der Botschaft und die Erreichbarkeit der Stakeholder muss gesichert sein. Wenn diese Faktoren sind nicht erfüllt werden, sind die Maßnahmen wirkungslos.
- **Die Konsequenzen für Debeka**: Die Krise wurde in Social Media intensiv diskutiert, insbesondere auf Facebook, Twitter und in Blogs. Die Abb. 9 zeigt den Zeitverlauf und den Höhepunkt der Debeka-Krise im Social-Media-Monitoring mit dem Werkzeug Brandwatch.

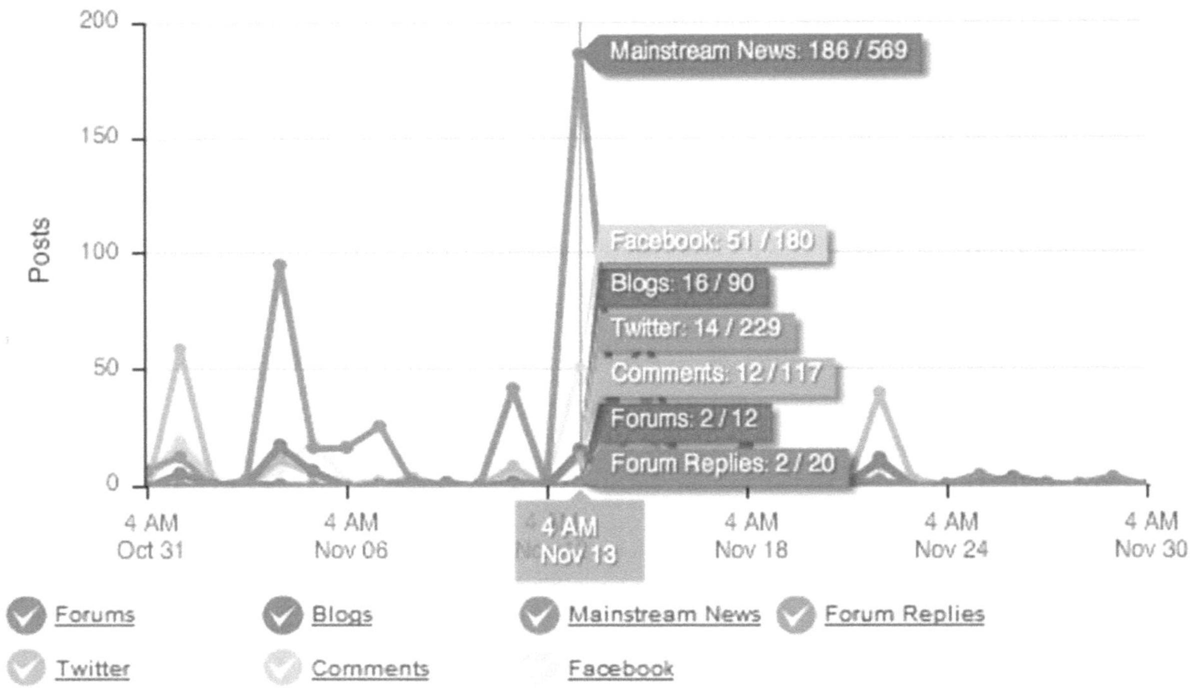

Abb. 9: Zeitverlauf der Debeka-Krise (Beamten-Affäre 2013), AMC / Hilker Consulting (2014)

---

[143] Unter handelsblatt-recherche.com steht ein anonymer Briefkasten zur für Tippgeber Verfügung.

5.291 Postings werden am 13.11.2014 über die Debeka-Krise geschrieben. 1.217 Postings enthalten den Begriff Debeka. Der Höhepunkt wurde vermutlich durch die Publikationen vom Handelsblatt am 13.11.2014 ausgelöst:

- Provision für Tipps: Mehr als 10.000 Beamte helfen Debeka (Schmitt et al. 2013);
- Datenkrise: Grüne fordern Rücktritt des Debeka-Vorstands (Schmitt und Neuerer 2013).

Die 1.217 Postings zum Keyword Debeka am 13.11.2013 unterteilen sich in:

- 569 Mainstreaming News (größten Online-Medien wie: Handelsblatt, FAZ, Focus);
- 229 Tweets auf Twitter und 180 Facebook-Postings;
- 90 Blogbeiträge und 117 Kommentare;
- 12 Forenbeiträge und 20 Forenantworten.

Bei der Debeka-Krise handelt es sich eher um eine PR- als um eine Social-Media-Krise, denn die Treiber sind klassische Nachrichten-Medien wie Handelsblatt[144]. Die meisten Diskussionen (70 Prozent) zur Debeka-Krise in Social Media finden über Twitter statt mit einem schroffen bis ausfallenden Tonfall. Der Online-Beitrag mit dem größten Engagement ist der Spiegel-Online Beitrag: „Datenaffäre - Debeka soll Provisionen an mehr als 10.000 Beamte zahlen“ (Spiegel-Online 2015) mit 122 Kommentaren und 231 Empfehlungen.

- Die Auswertung des Debeka Fallbeispiels: Bei Debeka wurde die Rechtmäßigkeit des Vertriebsmodells durch den Staatsanwalt juristisch angegriffen. Es wäre vermutlich besser gewesen, alle Vorfälle beim Eintritt der Krise frühzeitig von unabhängiger Seite untersuchen zu lassen. Debeka hätte diese Chancen zur Schadensbegrenzung aktiv nutzen können und nicht erst als Reaktion auf den öffentlichen Druck. Die Krisenberichterstattung nährte sich selbst. Proaktive Aktionen müssen rechtzeitig kommen – vor Medien-Veröffentlichungen. Reputationsmanagement hätte die Debeka-Krise vermutlich nicht verhindert, es hätte aber geholfen, die öffentlichen Vorwürfe durch gezielte Strategien zu entkräften[145]. Doch wenn renommierte Medien (wie das Handelsblatt) berichten ist die Dynamik der Krise nur noch schwer zu durchbrechen, denn dann nährt sich die Krisenberichterstattung selbst und der Verlauf über die Wirkungskette (Tipping point) erfolgt. Im Endeffekt können dann nur noch juristische Geschütze oder handfeste Konsequenzen im Topmanagement mit externer Kommunikation zum Einsatz kommen, um Vertrauen, Reputation und Glaubwürdigkeit zu retten. Wie schon bei der Ergo-Krise wurde die Debeka-Krise nicht nur über klassische Medien verbreitet, sondern hat eine Eigendynamik in Social Media entwickelt. Durch Longtail-Effekte werden die Daten über Krisen dauerhaft online archiviert. Deshalb ist es für Versi-

---

[144] Medien mit investegativem Journalismus (wie *Handelsblatt)* geniessen in der Wirtschaft eine hohe Glaubwürdigkeit.

[145] Ein Topmanagement, das tatenlos den Ereignissen zusieht und möglicherweise sogar selbst tief in den Skandal verwickelt ist, ist laut Experten für die Reputation der Debeka zum Debakel geworden (Forthmann 2013/2014).

cherungen empfehlenswert, sich auf Krisen mit Social-Media-Monitoring professionell vorzubereiten. Die Debeka reagierte – ähnlich wie Ergo – auf Medien-Beiträge, statt zu agieren und frühzeitig eigene Themen zu setzen. Aus medienwissenschaftlicher Sicht muss die Eskalation eines Krisenthemas verhindert werden, denn nur Top-Themen werden mit hoher Priorität von den Redaktionen verfolgt. Zur Prophylaxe sollte es einen Krisenplan mit einem Frühwarnsystem (Monitoring) geben, um Krisen frühzeitig zu erkennen und die Schäden zu reduzieren. Gezielte Vorbereitungen sollten getroffen sein, um auf Krisen vorbereitet zu sein. Stakeholder-Analysen helfen, Verbündete zu finden. Ziel sollte immer sein, Glaubwürdigkeit für die eigene Situation zu schaffen. Handlungsempfehlungen zur proaktiven Krisenprävention zum Online-Reputationsmanagement sind:

1. Monitoring mit einem Social-Media-Werkzeug sowie Richtlinien wie Compliance;
2. Schützen/Verteidigen durch Antworten bei negativen Beiträgen online;
3. Reputationsmangement mit strategischem Content-Marketing, z. B. mit Corporate Blog.

Zusammenfassung der negativen Fallbeispiele: Die Untersuchung der negativen Fallbeispielen von Versicherungen im Social-Media-Marketing (Ergo, Debeka) zeigt, dass Social Media starke Wirkungserfolge mit exponentiellem Wirkungen haben kann. Zwar haben bislang die Krisen in der Versicherungsbranche keine monetären Auswirkungen bewirkt. Trotzdem ist nicht auszuschliessen, dass dies möglich ist. Die beiden Praxisbeispiele zeigen, dass Versicherungen nach einer Reputationskrise große Probleme haben, das Vertrauen zurückzugewinnen. Problematisch ist, wenn ein Unternehmen ohne Social-Media-Marketing-Strategie zudem Fehler durch Aktionsmus macht, wie die Beispiele von Ergo und Debeka zeigen. Social Media sind vernetzte Systeme, in dem sich Informationen in kurzer Zeit exponentiell ausbreiten und schnell Tausende von Kontakten erreichen können und Google archiviert die Schäden online. Deshalb ist ein Risiko-Management in der Social-Media-Strategie-Entwicklung unbedingt erforderlich mit proaktiven wirksamen Maßnahmen. Die Analyse zeigt, dass es nach Reputationskrisen digitale Spuren im Internet gibt, die sogar nach einem längeren Zeitabstand zur Krise bei Suchanfragen immer noch hoch im Ranking erscheinen. Durch Social-Media-Wirkungsweisen entstehen bei Krisen heute unvorhersehbare und unberechenbare Netzwerk-Effekte. Vor Social Media haben die Print-/TV-Medien Beiträge zu Krisen publiziert. Heute mit Social Media werden Nutzer zu Sendern und teilen die Botschaften mit ihren Netzwerken. Zu den monetären Auswirkungen lässt sich nur eine auf den Krisenfall von Ergo begrenzte Antwort geben, dass es dort nur marginale Auswirkungen auf die GuV gab. Der Fall Debeka liegt noch nicht lange genug zurück, um eine Aussage dazu treffen zu können. Dies lässt die Schlussfolgerung zu, dass es Auswirkungen auf die GuV geben kann. **Es folgen die Handlungsempfehlungen zur proaktiven Krisen-Prävention in Bezug auf die negativen Fallbeispiele.**

1. **Interne Probleme lösen statt externe Eskalation:** Bei Ergo gab es vermutlich interne Konflikte, die extern eskaliert sind[146]. Social Media können zur politischen Bühne für interne Konflikte genutzt werden. Deshalb sind Konflikte unbedingt intern zu klären.
2. **Aufbau einer eigenen Community in Social Media:** Wenn loyale Kunden und zufriedene Mitarbeiter auf den Social-Media-Kanälen aktiv sind, kann man vermutlich davon ausgehen, dass sie bei einer Krise (Shitstorm) das eigene Unternehmen verteidigen[147].
3. **Menschen statt Marken:** CEO Oletzky hat sich erst spät in den Konflikt eingeschaltet[148]. Die Unterscheidung zwischen Unternehmen und Menschen erscheint vielen Menschen in Social Media nicht plausibel. Die Sympathien sind für Menschen stärker als für Marken. Das sollten Versicherungen gezielt nutzen, indem sie eine starke Marke mit einem vertrauenswürdigen TOP-Manager online präsentieren.
4. **Führungsstärke statt Aktionismus:** Eine große Community in Social Media erzielen Unternehmenslenker durch Überzeugungskraft mit Authentizität und Charisma.[149]
5. **Klartext statt Verschleierung**: Statt Ignorieren und Verzögern sind Werte wie Aufklärung und Glaubwürdigkeit notwendig sowie Offenheit und Ehrlichkeit.[150]
6. **Professionelle Kommunikation statt Improvisieren**: Statt Salami-Taktik hilft in der Krise zur Glaubwürdigkeit eine ehrliche Kommunikation.[151]
7. **Gestalten statt Laissez-faire:** Ergo und Debeka haben keine erkennbare Social-Media-Strategie. Empfehlenswert sind ausreichende Budgets für Online-Marketing mit Social-Media- Strategie, qualifizierte Mitarbeiter und Social-Media-Monitoring.
8. **Sicherheit mit Social-Media-Guideline[152] und Compliance**: Ethisches Handeln schafft Glaubwürdigkeit und fördert Vertrauen. Ohne Vertrauen gelingen kein Geschäfte.

---

[146] Es gab Vermutungen, dass einige unzufriedene HMI MA die Budapester Sex-Skandale der Presse zugeführt haben, weil die Ergo deren Forderungen zur Abfindung nicht zahlen wolle (Schmitt und Demircan 2014).

[147] Bei Social-Media-Vorreiter Starbucks gibt es auch Beschwerden oder Kritik und zumeist von den Fans untereinander gelöst werden. Als Starbucks Kritiker eine Gegenkampagne via Twitter machten, reagiert Starbucks gelassen. Zudem nutzt Starbucks Monitoring als ein wirksames Mittel zur Früherkennung von Krisen und um auf Beschwerden zu reagieren.

[148] Mit den Anzeigen, die in vielen überregionalen Tageszeitungen am 29. Juni 2011 erschienen sind, entschuldigte sich Ergo für die Fehler und versprach intensiv an der Aufklärung aller Vorwürfe zu arbeiten: „Wenn Menschen Fehler machen, entschuldigen sie sich. Wenn Unternehmen Fehler machen, unternehmen sie etwas dagegen. Darum tun wir beides." Kritisiert wurde im Netz, dass Oletzky die Anzeige hätte persönlich unterschreiben sollen.

[149] Der Vorstandschef Oletzky schreibt laut Handelsblatt in einem internen Brief. „Sie haben es in den Medien verfolgen können, die negative Berichterstattung über Ergo reißt nicht ab. Man könnte fast ein wenig den Eindruck gewinnen, dass es ein Sport geworden ist, nach Fehlern der Ergo zu suchen."

[150] Ergo hätte das Versprechen nach Klartext einlösen können, so wie es die Ergo-Werbung versprach. Ein adäquates CEO-Autreten wäre dazu: Als gutes Vorbild voran gehen, Klartext durch offene und glaubwürdige Kommunikatin mit persönliche Note, das wirkt glaubwürdig und charismatisch, auch in Krisenzeiten.

[151] Bei Debeka und Ergo wurden einige Fehler wurden zunächst dementiert und dann zurückgenommen, die fehlerhaften Riesterrenten bei Ergo (Die Welt 09.06.11). Mit dieser Salami-Taktik hat Ergo massiv an Glaubwürdigkeit verloren.

[152] Das Vertrauen in die MA ist mit einer Guideline leichter möglich. wenn die MA in Social Media aktiv sind. Das steigert die Loyalität zur Marke. Das wäre auch ein guter Anstz für die externe Kundenkommunikation.

9. **Mitarbeiter mitmachen lassen:** Bei vielen Versicherungen sind Social Media für Mitarbeiter gesperrt. Die Offenheit dafür fehlt ebenso wie das Vertrauen in die Mitarbeiter.
10. **Digitales Marketing:** Viele Unternehmen verlagern ihre Marketing-Budgets von Print auf Online-Medien, um eine zeitgemäße digitale Markenführung zu erreichen.

Medienbeziehungen sollten proaktiv aufgebaut werden, auch zu Bloggern und Influencern. Empfehlenswert ist es vorab Glaubwürdigkeit zu erwerben. Eine Empfehlung der Vorgehenweise zum Online-Reputationsmanagement als Krisenprävention zeigt die Abb. 10.

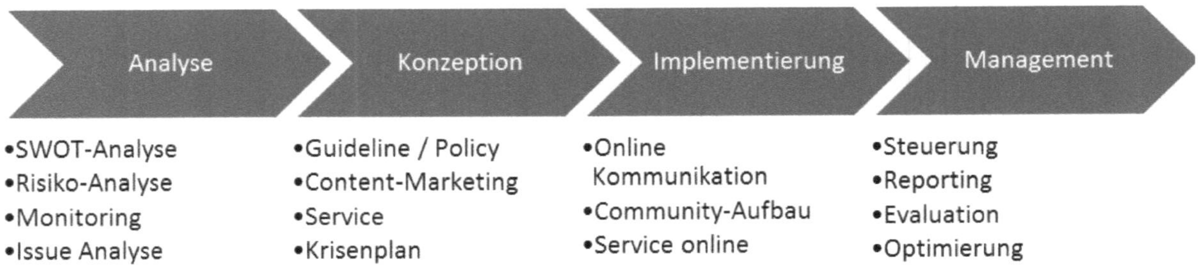

Abb. 10: Online-Reputationsmanagement zur Krisenprävention für Versicherungen, eigene Darstellung

Fazit der Analyse: Die beiden Fallstudien zeigen, dass Versicherungen durch Social-Media-Marketing negative Wirkungsfolgen erhalten können. Social-Media-Effekte können sich negativ auf die Reputation auswirken. Die Folgen der Reputationskrise wurden durch Netzwerkeffekte verstärkt. Die Reputationskrise zerstört Vertrauen, Glaubwürdigkeit und Investitionen. Deshalb ist das Repuationsmanagement unabdingbar.

4.3.3 Positives Fallbeispiel: R+V (Google Plus Kampagne)

Die R+V AG[153] (Raiffeisen- und Volksbanken) hat 14.505 Mitarbeiter und in 2012 einen Umsatz in Höhe von 12,75 Mrd. Euro erzielt (R + V 2013). Die R+V nutzt seit 2009 Social-Media-Marketing, um transparente, offene und persönliche Dialoge zu ermöglichen.[154] Dort publiziert R+V Informationen über das Unternehmen, Finanzthemen und Verbrauchertipps. Die Website hat einen Newsroom und Blog, um interaktive Online-Dialoge zu fördern.

- R+V Social-Media-Marketing: (www.ruv.de/de/socialmedia):

- **R+V-Unternehmensblog**: Das Blog (www.ruv-blog.de) liefert fast täglich Beiträge, z. B.: „Wie sieht die Zukunft der Energieversorgung aus?“ (13.02.2015).

---

[153] Sie ist an den Erstversicherungsgesellschaften des R+V Konzerns beteiligt und gehört zur Finanzgruppe des Bundesverbands der Deutschen Volksbanken und Raiffeisenbanken.. Zugleich ist sie der zentrale Rückversicherer der Erstversicherungsgesellschaften der R+V und eigenständig am internationalen Rückversicherungsmarkt tätig.

[154] Dabei ähnelt der Grundgedanke von R+V als Genossenschaftsbewegung zum Austausch zwischen Menschen, um gemeinsame Ziele zu erreichen und Verantwortung zu übernehmen, auch den Maximen von Social Media. Mitglieder in Online-Communities messen ähnlichen Werte eine Bedeutung zu.

- **Twitter**: Die R+V teilt auf Twitter (www.twitter.com/ruv_de) aktuelle Informationen über Finanzthemen, Nachrichten und Ereignissen, Einblicken hinter die Kulissen.
- **Facebook**: R+V hat eine Facebook-Fanpage (www.facebook.com/ruv.de), um den Dialog online zum Community-Aufbau zu fördern. Über den Austausch auf der Pinnwand hinaus gibt es Apps zur Information, z. B. eine Karriere-Seite mit Stellenangeboten.
- **Google Plus**: R+V richtet sich an Finanz-Interessierte und kommuniziert Finanztipps.

R+V Social-Media-Kampagne: Die Social-Media-Kampagne wurde auf Google Plus gestartet und wird als Best Practice von Google verwendet (Google 2013). Neben einer relevanten inhaltlichen Idee spielen auch weitere Faktoren eine Rolle, um eine erfolgreiche Social-Media-Kampagne zu gestalten.[155] Diese Google Plus Aktion brachte R+V in zehn Tagen 1.650 Follower (ebd.). R+V verfolgte damit das Ziel, den Nutzern Beiträge zu den Themen Finanzen sowie die Marke R+V näher zu bringen. Die Nutzer sollten in einen stärkeren Dialog eintreten und dafür eine Community mit interaktiven Aktionen aufbauen. Für die Aktion: Teddys suchen ein Zuhause (www.google.de/+ruv) hat R+V folgendes Versprechen abgegeben: Für jeden, der R+V auf Google Plus zwischen dem 10. bis zum 20.12.2012 in seine Kreise aufnahm, spendet die R+V einen Teddybären mit dem Namen des Spenders und liefert die Kuscheltiere an karitative Institutionen[156]. R−V war von der Resonanz überwältigt. Dem ersten Beitrag gaben 368 Personen ein +1.304 Nutzer teilten den Beitrag mit der Start-Ankündigung. Am Ende der Aktion folgten R+V mehr als 1.800 Menschen. Die positive Entwicklung hat sich auch nach der Kampagne fortgesetzt (ebd.). Heute hat R+V auf Google Plus 4.255 Follower und 4.011.969 Aufrufe (abgerufen am 16.02.2015). Neben dem Anwachsen der Follower-Zahl stieg die Dialogbereitschaft der Nutzer. Das R+V Social-Media-Team postete 346 Fotos zur Kampagne und zeigte, was mit den Teddybären geschah und regte Nutzer-Kommentare an. Die schickten Fotos, die auf Google Plus gepostet wurden und von anderen Followern kommentiert wurden. Die Community-Mitglieder gaben der R+V viele positive Rückmeldungen, auch bezüglich der offenen Kommunikation. Auch intern wurde die Kampagne verfolgt, die R+V Mitarbeiterzeitung und der Unternehmensblog berichteten darüber. Über Social Media wurden die Beiträge geteilt. Viel Feedback kam auch von den Kindern, die die Teddys in Empfang genommen haben (Söhnchen 2013). Die R + V erhielt viele Danke-Schreiben von den Kindern. In Folge hat die R+V die Weihnachtskampagne weiter entwickelt mit f. Themen: Zeit verschenken (2013) und Hilfi statt Selfi (2014). Die Social-Media-Kommunikation nimmt für die R+V an Bedeutung weiter zu. Das Fallbeispiel mit der Kampagne von R+V zeigt, dass Google Plus Versicherungen innovative Möglichkeiten zum interaktiven Online-Dialog und Ausbau der Reichweite bietet.

---

[155] Siehe: pr-blogger.de/2013/05/02/erfolgsfaktoren-einer-google-kampagne/ (Abruf 08.08.2016).
[156] Die Hashtags (#bär, #bären, #teddys, #weihnachten) machten die R+V-Aktion leicht online auffindbar.

- Auswertung des R+V Fallbeispiels: Die Fanzahlen konnten in zehn Tagen um 1.033,3 Prozent gesteigert werden (Google 2013). Zudem wirkt sich die Google Plus Kampagne positiv auf deren Suchergebnisse im Ranking bei Google aus (ebd.). Das Fallbeispiel zeigt, dass Medienkompetenz erforderlich ist, damit alle Möglichkeiten zur Erfolgswirkung im Netzwerk optimal ausgeschöpft werden. Die wesentlichen Erfolgsfaktoren für diese Aktion waren die Personalisierung, das Community-Management und die konsequente Nutzung der Mechanismen des Netzwerks Google Plus (Kreise, Taggen, Hashtags). Folgende Aspekte können als Erfolgsfaktoren zur R+V Kampagne auf Google Plus gelten:

- **Social-Media-Verständnis**: Die Kampagne basiert auf Google Plus Kenntnisse, das wird von der Community und vom Netzwerk mit Interaktion und Reichweite belohnt;
- **Klare Idee** mit verständlicher Botschaft, einfache Teilnahme-Bedingungen, kostenfrei;
- **Personalisierung**: Durch die Bären-Beschriftung und Fotos wurden die Nutzer aktiv eingebunden und hatten visuelle Beweise zur Bären-Spende;
- **Motivation**: Die Idee, Kindern etwas Gutes zu tun, bewegte nicht nur die R+V, sondern spornte auch die Menschen in der Mitmach-Aktion an;
- **Community-Management**: Aktives Management durch interaktive Dialoge;
- **Zeitpunkt:** Die Vorweihnachtszeit ist ein geeigneter Zeitpunkt für soziale Aktionen.

Als Kritik kann man einbringen, dass CSR-Aktionen immer gut funktionieren. Eine besondere Herausforderung ist also, auch außerhalb von sozialen Themen wirksame Ideen zu entwickeln, die sich positiv auf die Markenführung auswirken. Dafür müssen die Kernideen allerdings auch mit dem Kern-Nutzen von Versicherungen verbunden sein und das ist eine große Herausforderung. Denn damit sind die Marketers in der Ideenfindung wieder an Versicherungsthemen gebunden wie: Sicherheit und Altersvorsorge. Es muss sich also um Themen handeln, die im Low-Interest-Bereich in der Versicherungsbranche stattfinden. Wichtig ist jedoch für den Erfolg auch die Wirkungsweisen von crossmedialen Kampagnen-Management zu kennen und das Handwerkszeug zum Community-Aufbau zu beherrschen.

4.3.4 Positives Fallbeispiel: Allianz (Kunden-Service, Facebook-Marketing)

Die Allianz SE ist nach Umsatz und Marktkapitalisierung der weltweitgrößte Versicherungskonzern und in etwa 70 Ländern vertreten. Der wichtigste und größte Markt ist D., wo die Allianz 1890 ihre Geschäftstätigkeit aufgenommen hat. Mit rund 20 Mio. Kunden, 8.600 Vertretern und knapp 30.000 Mitarbeiter hat die Allianz D. AG im Jahr 2013 einen Umsatz von rund 30 Milliarden Euro erwirtschaftet (Allianz 2013).

- Allianz Social-Media-Aktivitäten: Die Allianz setzt Social Media schon seit 2009 ein, um Kaufentscheidungsprozesse strategisch zu fördern. Die Nutzung ist intensiv in Bezug auf

Anzahl der Plattformen, Beitragsfrequenz und Response. Die Allianz wird deshalb in einigen Studien als Vorreiter der Versicherungswirtschaft in Bezug auf Social-Media-Marketing beschrieben (AMC / Hilker Consulting 2014; V.E.R.S. 2012). Bei der Allianz D. gestalten die Bereiche Unternehmenskommunikation, Personalwesen, Marketing und Wissensmanagement das Social-Media-Marketing. Das gemeinsame Kriterium zur Zielerreichung ist, dass jede Maßnahme eine nachweisbare Wirkung auf den Informations- und Kaufentscheidungsprozess haben muss und dabei im Kosten-/Leistungsverhältnis zu anderen Maßnahmen steht (Walter und Eck 2011).[157] Im Social-Media-Marketing bei der Allianz zeigt sich f. Gewichtung: 1) Monitoring, Dialog und Krisenkommunikation, 2) Image-Aufbau, Networking und Trendscouting, 3) klassische Unternehmenskommunikation (ebd.).

- **Allianz Social-Media-Marketing:** Mit Social Media will die Allianz neue Möglichkeiten nutzen, sich online auszutauschen. Vorwiegend an Journalisten und Blogger wendet sich der Twitter-Account der Allianz D. AG (twitter.com/allianz_de).[158] Die Allianz D. betreibt eine Facebook-Fanpage (www.facebook.com/allianzdeutschland) mit 345.756 Fans (abgerufen am 14.02.2015). Der Service Level liegt bei 79 Prozent und die Antwortzeit bei 1,1 Stunden. Durchschnittlich werden 0,6 Postings pro Tag geteilt (Zeitraum 15.01.2015-15.02.2015). Unterhaltung steht dabei im Vordergrund sowie die Kernkompetenzen Sicherheit und Unternehmensthemen. Der Fokus der Allianz-Fanpage liegt auf Schadenprävention (Ratgeber wie: Eigentum schützen, Recht bekommen, Gesund bleiben). Zudem gibt es die Fanpage des Kundenmagazins 1890 (www.facebook.com/1890Allianz). Dort werden die Magazin-Inhalte mit Links ergänzt und diskutiert. Somit nutzt die Allianz in der Social-Media-Strategie gezielte Ansprachen für spezifische Zielgruppen. Die Social-Media-Kanäle der Allianz werden vom Marktmanagement gesteuert. So ist z. B. ein zentrales Monitoring etabliert, um es als Frühwarnsystem für Krisen und Beschwerden zu nutzen. Zudem hat die Allianz Governance- und Compliance-Regeln für den Konzern eingeführt. Die Allianz versteht ihr Social-Media-Engagement als lernendes System. Dabei werden u. a. Communities für den Lernprozess gepflegt, um einen beständigen Austausch zur Entwicklung der Social-Media-Strategie mit allen Beteiligten zu sichern (AMC / Hilker Consulting 2014).

Allianz Kunden-Service: Service-Anwendungen online spielen zum interaktiven Kunden-Dialog bei der Allianz eine große Rolle. Die Ausrichtung ist entstanden auf Basis

---

[157] Siehe: http://de.slideshare.net/alexanderrossmann/report-deutsch-roiallianz (Abruf 08.08.2016).

[158] Videos präsentiert der Allianz YouTube Kanal (www.youtube.com/Nutzer/AllianzD.) und die Videoplattform Safety-First.tv. (www.safetyfirst.tv/). Die Karriere-Websites geben Bewerbern Einblicke in die Arbeitswelt der Allianz. Die Allianz Karriere-Teams (www.facebook.com/AllianzKarriere) bietet Möglichkeiten zum Dialog. Jüngere Berufseinsteiger können zudem beim Azubi A-Team auf Facebook(www.facebook.com/AllianzATeamAzubis) einen Einblick in den Alltag gewinnen. Bewerber finden Karrieretipps im einkarrieretipp Blog (einkarrieretipp.wordpress.com). Zudem ist die Allianz noch mit weiteren Profilen in Social Media aktiv, z. B. Special-Interest-Themen wie Sport, CSR.

der Studienergebnisse „Kundenservice im Social Media“ (Allianz 2014) und untermauert das neue Service-Konzept der Allianz. Mit Allianz-hilft (www.forum.allianz.de) will die Allianz Servicegeschwindigkeit in Echtzeit zeigen. Internet-Nutzer erhalten dort Antworten zu Fragen und können Erfahrungen austauschen. Alle Beiträge sind öffentlich sichtbar, so dass andere Leser mit ähnlichen Anliegen von den gesammelten Informationen profitieren. Sie bieten schnelle Hilfe bei Problemen (Support) und beantworten grundsätzliche Fragen (Service). Im Schadenfall zeigt eine Online-Anwendung in Echtzeit den Antwortstatus und Reaktionszeit Notfall-Hilfe (Kundenservice). Wenn Allianz-Experten Beiträge im Forum schreiben, geben sie sich mit Namen und Bild zu erkennen. Die Reaktionsgeschwindigkeit des Teams und der Bearbeitungsstatus der Kundenanfragen sind auf der Startseite in Echtzeit ersichtlich.[159] Die Reaktionszeit beträgt aktuell 7 Min. in der Servicezeit.[160] Mehr als 4,3 Mrd. Euro Auszahlungen hat die Allianz an Kunden im Jahr in D. geleistet und mehr als 2,4 Mio. Schäden reguliert die Allianz in D. jährlich (online abgerufen am 24.04.2015).

Service-Communities sind für Unternehmen eine effiziente Form zur Zusammenarbeit mit Kunden im Social-Media-Zeitalter. Durch Service-Communities verlagert sich die Wertschöpfung vom Call Center eines Unternehmens in den Verantwortungsbereich der Kunden. Der Kundenservice kann davon profitieren, weil damit der Kundenservice offener, transparenter und dynamischer wird (Simmet 2013). Neben Service-Apps via Smartphone oder Tablet spielen Service- oder Support-Communities mit dem Prinzip Kunden-helfen-Kunden eine immer wichtigere Rolle für den Kundenservice. Gerade die jüngere Generation (Digital Natives) googelt Serviceproblemen zunächst online. Der Omni-Channel-Service (Telefon, E-Mail, Brief) wird damit durch einen Many-to-Many Dialog-Kanal ergänzt.

Allianz Facebook-Marketing: Aus vertrieblicher Sicht liegt der Schwerpunkt bei Facebook nicht auf der Corporate Fanpage, sondern in der Vermittler-Unterstützung zur Verkaufsförderung. Die Allianz fokussiert sich in Social Media auf den langfristiger Beziehungsaufbau und Wachstum durch positive Kundenempfehlungen (Rossmann 2013, S. 29). Folglich setzte die Agenturstrategie auf soziale Netzwerke und integriert die neuen Möglichkeiten in das Geschäftsmodell. Dazu erhalten die Allianz-Versicherungsvermittler seit 2012 eine Lösung durch die Facebook-Anwendungsbox mit Inhalten und zur Vernetzung mit Interessenten im lokalen Umfeld, um Communities vor Ort aufzubauen (ebd., S. 31–33).

---

[159] Die Transparenz der Plattform veränderte die Bandbreite der Themen.“Allianz hilft” ist als FB-App. mobile Webseite für Tablet-/Desktop-PC sowie auf Twitter verfügbar. Damit ist sie für alle Kunden erreichbar, unabhängig von Gerät und sozialen Netzwerken. Auf der Website gibt es eine Anzeige zum aktuellen Antwortstatus mit Reaktionszeiten.

[160] Die Servicezeiten des „Allianz hilft“ Teams sind von Montag bis Freitag von 8 bis 22 Uhr, Samstag von 8 bis 16 Uhr.

Die Facebook-Anwendungsbox für Allianz Vertreter[161] soll strategische Ziele unterstützen. Sie besteht aus einer IT-Lösung zur Facebook-Seite mit rechtlich abgesicherten Vorlagen zur Facebook-Gestaltung[162]. Die Allianz stellt darin redaktionelle Inhalte zur Verfügung mit Link zur Vertreter-Homepage. Die Versicherungsvermittler tauschen ihre Facebook-Erfahrungen online in einer Facebook-Gruppe aus. Voraussetzung zur Nutzung ist das Absolvieren eines Online-Trainings[163]. Weitere Services stehen online zur Verfügung[164], siehe Abb. 11 zum Modell: Facebook-Anwendungsbox für Allianz-Versicherungsvermittler.

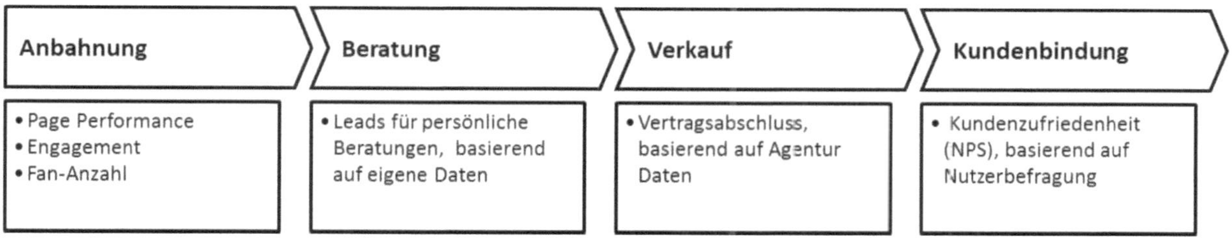

Abb. 11: Facebook-Anwendungsbox für Allianz Vertreter; eigene Grafik in Anlehnung an Rossmann (2013, S. 31)

Die Allianz hat die KPIs entlang der Verkaufsprozesse definiert. So strukturiert sich der Verkaufsprozess in vier Phasen: 1) Anbahnung, 2) Beratung, 3) Verkauf und 4) Kundenbindung (Rossmann 2013). Die Erfolgsmessung basiert auf den Statistiken der Facebook-Fanpages, Websites, Umfragen sowie interne Daten (Leads, Abschlüsse). Die Auswirkungen auf Verkauf und Kundenbindung werden durch Befragungen erhoben. Als relevante KPIs gelten bei der Allianz die Post Engagement-Rate[165], der Verkaufserfolg und der NPS.

- Die Auswertung des Allianz Fallbeispieles: Neben dem Nutzer-Engagement ist der Verkaufserfolg von wesentlicher Bedeutung. Er definiert sich nach Anzahl der Abschlüsse nach einem Facebook-Kontakt. Damit liegt ein KPI für die Social-Media-Conversion in der Anbahnungsphase bei Facebook bis zum persönlichen Abschluss vor. Für die Allianz ist in Bezug auf Kundenbindung und Word-of-Mouth der NPS relevant. In Hinblick auf die Kundenbindung und zur Erzeugung positiver Word-of-Mouth Effekte ist ein positiver NPS anzustreben. Das Allianz-Beispiel ist ein erfolgreiches Anwendungsbeispiel. Etwa 2.500 von 8.400 Versicherungsvermittler nutzen die Anwendung (Mai 2015). Besonders erfolgreich sind 29 Prozent der in Facebook aktiven Versicherungsvermittler in Bezug auf Abschluss

[161] Es geht darum, bereits vorhandene Netzwerk-Kontakte der Agenturen durch die FB-Nutzung zu strukturieren und zu erweitern, um eine vertriebsfördernde Wirkung zu erzielen. Zudem sollen die FB-Präsenzen der lokalen Vermittler durch die Anwendungbox mit regulatorischen und markenspezifischen Anforderungen in Einklang gebracht werden.

[162] Dies umfasst beispielsweise das automatisierte Einstellen des jeweiligen Impressums, Kunden-Service-Anwendungen mit individuellen Inhalten der Vertreter sowie ein definiertes Tab für Videos aus dem Allianz YouTube Kanal.

[163] Dies umfasst Online-Schulungen mit interaktiven Tests zur Evaluation der Social-Media-Kenntnisse der Vertreter.

[164] Dabei geht es um FacebookAds und Sponsored Stories zur spezifischen Ansprache relevanter Zielgruppen. Bedeutsame Vertriebserfolge wurden auf diese Weise beispielsweise in den Nischengruppen der Golfer und Pferdebesitzer erzielt.

[165] Post Engagement bezieht sich auf das durchschnittlich durch einen Post erzielte Nutzer-Engagement. Damit verfügt die Allianz über einen standardisierten vergleichbaren Index zur Messung des erzeugten Nutzer-Engagements pro Post.

von Verträgen (Conversion/Rentabilität) über Facebook-Kontakte. Diese haben demzufolge laut Messung (01/2015) im letzten Quartal mehr als zehn Verträge über Facebook-Kontakten generiert. Die gesamte Fan-Anzahl der Allianz-Versicherungsvermittler auf Facebook beträgt ca. 245.000 Fans. Die Reichweite der lokalen Fanpages ca. 590.000 pro Woche. Die Vertriebserfolge der Allianz-Versicherungsvermittler mit Facebook-Fanpages sind wirksam und effizient bezüglich Abschlussraten und NPS. Insgesamt 55 Prozent der Allianz-Agenturen haben Vertragsabschlüsse und rund ein Drittel sogar mehr als zehn Verträge pro Quartal aus Facebook-Kontakten gewonnen. Zwei Drittel davon sind Neu- und Mehrgeschäft. Social Media wird von den Kunden als Service-Kanal genutzt (Chat oder Facebook-Nachricht).

Die Allianz sieht die Zukunftstrends für Versicherungen in Social Media in Social Selling, Social Customer Care, Social CRM. Sie baut die Aktivitäten aus, indem Social Media entlang des gesamten Kunden-Lebenszyklus in jeder Phase a) vom Kunden nachgefragt und b) wirtschaftlich einsetzbar wird. Ziel ist die Steigerung der Marketing-Effizienz in Kampagnen: der Anstieg liegt bis zu 70 Prozent in Reichweite / Interaktion bei gleichen Investitionen (siehe Allianz-Mail, Anlage). Durch die Anwendungsbox und die Regeln (Compliance, Branding) wird ein einheitliches Erscheinungsbild umgesetzt. Positive Effekte erzielt die Allianz auch für Glaubwürdigkeit und Vertrauen. Das sind Werte, die nach der Finanzkrise massiv an Bedeutung gewonnen haben. Die Allianz-Aktivitäten wirken sich positiv auf den NPS-Score aus: Im Jahr 2013 lag der NPS-Wert der Allianz bei 8.166 und die Ergo lag bei -15.[167] Damit hat die Allianz einen hohen Wettbewerbsvorteil durch Vertrauensaufbau erzielt.

Zur dritten Hypothese: „Wenn Versicherungen Social-Media-Marketing nutzen, dann fördert es positive Effekte, wie Verbesserung der Online-Reputation“. Die Fallbeispiele von Allianz und R+V bestätigen, dass Social-Media-Marketing gutes Potenzial liefern kann, um positive Effekte wie Förderung von Vertrieb und Online-Reputation. Das Allianz Fallbeispiel zeigt, dass es mit Social-Media-Marketing möglich ist, strategische Effekte in der Kundenbeziehung (Anbahnung, Verkauf, Bindung, Empfehlung) zu erzielen. Da diese Hypothese nur durch begrenzte Anzahl der empirischen Praxis-Beispiele bestätigt werden kann, kann die Aussagen nicht als endgültig bewiesen, sondern nur als bewährt in Bezug auf die Fallbeispiele betrachtet werden. Zur dritten Forschungsfrage: Wie können Versicherungen Social-Media-Strategien entwickeln, implementieren und kontrollieren, die negative Folgen meiden und positive Auswirkungen erzielen? Die Handlungsempfehlungen zur Ana-

---

[166] Der NPS kann online im Benchmarking abgerufen werden: www.npsbenchmarks.com/allianz.
[167] Siehe: www.ergo.de/de/ERGO/Verstehen/Kundenbericht/Kennzahlen-Kunden (Abruf 24.04.2015).

lyse der Wirkungseffekte der negativen Fallbeispiele (Ergo, Debeka) sind auf Seite 110. Es folgen die Handlungsempfehlungen der positiven Fallbeispiele:

- Versicherungen sollten Social Media systematisch in Unternehmensbereiche wie Unternehmenskommunikation, Personalwesen, Marketing einbinden (wie Allianz). Sie gewinnen damit einen interaktiven Dialog und fördern die Kunden-Beziehungen und präsentieren damit positive Geschehnisse zur Marke online. Das fördert die Online-Reputation und die positive Marken-Wahrnehmung, z.B. durch die Google-Suche.
- Versicherungen sollten Service-Communities online aufbauen wie Allianz, um damit ihre Position am Markt strategisch zu stärken und Wettbewerbsvorteile zu gewinnen. Der Kundenservice online wird durch interaktive Dialoge in Echtzeit schneller, kostengünstiger und partizipativer. Das fördert beschleunigt die Effizienz der Prozesse und erhöht die Kundenzufriedenheit. Diese Werte sind messbar durch KPIs (NPS). Langfristig reduziert es Callcenter Kosten und baut eine stetig wachsende Basis für Wissensmanagement auf.
- Der Community-Aufbau sollte durch Content-Marketing unterstützt werden. Mit relevanten, interessanten und aktuellem Content lassen sich z. B. Finanztipps, Lernimpulse vermitteln. Wenn Versicherungen diese Bedürfnisse erfüllen, erzielen sie hohe Engagement, denn Untersuchungen zeigen, dass Content-Marketing wirksame Effekte auf Fanzuwachs, Interaktion und Engagement erzielt (Eck und Eichmeier 2014, S. 44).
- Social Media können die Reputation der Marke stärken, wenn die Botschaften durch virale Kampagnen verbreitet werden und Aufmerksamkeit erzielen, wie das Beispiel R+V zeigt. Damit wird Vertrauen aufgebaut. Zudem kann das Image der Marke durch Social-Media-Marketing verjüngert werden (Heymann-Reder 2011, S. 86).
- Versicherungen sollten Facebook-Marketing strategisch einsetzen, um die Unternehmensziele zu unterstützen und die Prozesse entlang der Verkaufsprozesse definieren.

Handlungsempfehlungen für Facebook-Marketing: Die Ergebnisse beweisen, dass nur eine strategische Herangehensweise relevante Erfolge bewirkt. Versicherungen sollten f. Handlungsempfehlungen im Social-Media-Marketing berücksichtigen: Wirksamer Content, der eine hohe Interaktion (Likes, Sharing, Kommentare) erzielt, erfüllt f. Nutzer-Bedürfnisse: 1) Hilfe und Rat zur Selbstverwirklichung durch Tipps: Sparen, Anlage, Finanzierung, 2) Lernen durch Zugang zu aktuellen Neuigkeiten über Produkte und Entwicklungen, 3) Persönliche Antwort und Tempo bei Problemen. Versicherungen sollten Facebook-Marketing strategisch einsetzen, um die strategischen Unternehmensziele systematisch, effizient und sicher zu erreichen, indem Sie f. berücksichtigen:

1. **Integration:** Social Media sollten Bestandteile in der integrierten Kommunikation sein, um die Unternehmens- und Kommunikationssziele strategisch über alle Maßnahmen effizient zu erreichen und Synergien zu erzielen.
2. **Stakeholder-Analysen:** sollten um neue Methoden wie Social-Media-Marketing erweitert werden, um mit Maßnahmen wie Influencer Marketing zeitgemäß zu arbeiten.
3. **Social-Media-Strategie**: Versicherungen sollten im Social-Media-Marketing Ziele, Zielgruppen, kundenrelevante Themen (Agenda Setting) und Kanalauswahl definieren, um Verzettlung zu vermeiden. Alle Mitarbeiter sollten Kenntnisse über die Social-Media-Marketing-Strategie des Unternehmens haben. Zur Risiko-Vermeidung sollten alle Mitarbeiter eine Policy mit Compliance ergänzend zum Arbeitsvertrag mit Unterschrift bestätigen.
4. **Erfolgsmessung**: Kennzahlen und Maßnahmen sollten vor dem Start definiert werden.
5. **Monitoring:** Versicherungen sollten einsetzen, um ein Frühwarnsystem für Krisen zu haben. Man kann damit auch erkennen, wo Handlungsbedarf erforderlich sind,
6. **Schulungen:** Die Marketing-Mitarbeiter sollten im Social-Media-Marketing fundiert geschult werden, auch für rechtliche Problematiken wie Copyright Verletzung.
7. **Content-Marketing:** Versicherungen sollten eine Content-Strategie entwickeln, um regelmässig neue Inhalte zur Markenbildung online zu publizieren und über die Social-Media-Kanäle zu teilen und dabei die Anliegen der Zielkunden bedienen.
8. **Crossmedia Kampagnen**: Versicherungen sollten Aktionspläne erstellen, um das Involvement und Enagement der Internet-Nutzer regelmässig durch Kampagnen zu aktivieren.
9. **Service**: Versicherungen sollten online Service-Portale einsetzen, um die Kundenzufriedenheit zu fördern und innovative Impulse zum Branding online zu signalisieren.
10. **Online-Reputation:** Versicherungen sollten ein Online-Reputationsmanagement einsetzen, um eine positive Wahrnehmung zur Meinungbildung zu gestalten.

Zur Social-Media-Integratation in die Wertschöpfungskette

Einige Unternehmensbereiche profitieren insbesondere durch den Social-Media-Einsatz, vor allem in den folgenden Funktionsbereichen (Hilker 2010, S. 25–26): 1) Kommunikation und Support: Der Nutzen im Social-Media-Einsatz ist für Unternehmen, mit Social Content hohe Reichweiten zu erzeugen und Dialog und Kunden-Support zu bieten. 2) nternehmenskultur und Personal: Ein Social-Media-Engagement kann das Mitarbeiter-Involvement und das Employer-Branding fördern. 3) Marketing und Vertrieb: Mit Social Media kann die Markenführung gefördert und Marktforschung betrieben werden, um mit Social Commerce den Umsatz zu steigern (ebd.). Versicherungen können mit Social-Media-Marketing ihre Wertschöpfungskette optimieren in den Bereichen: Produktentwicklung, Leistungs- und Schadenmanagement, Marketing und Vertrieb, siehe Abb. 12.

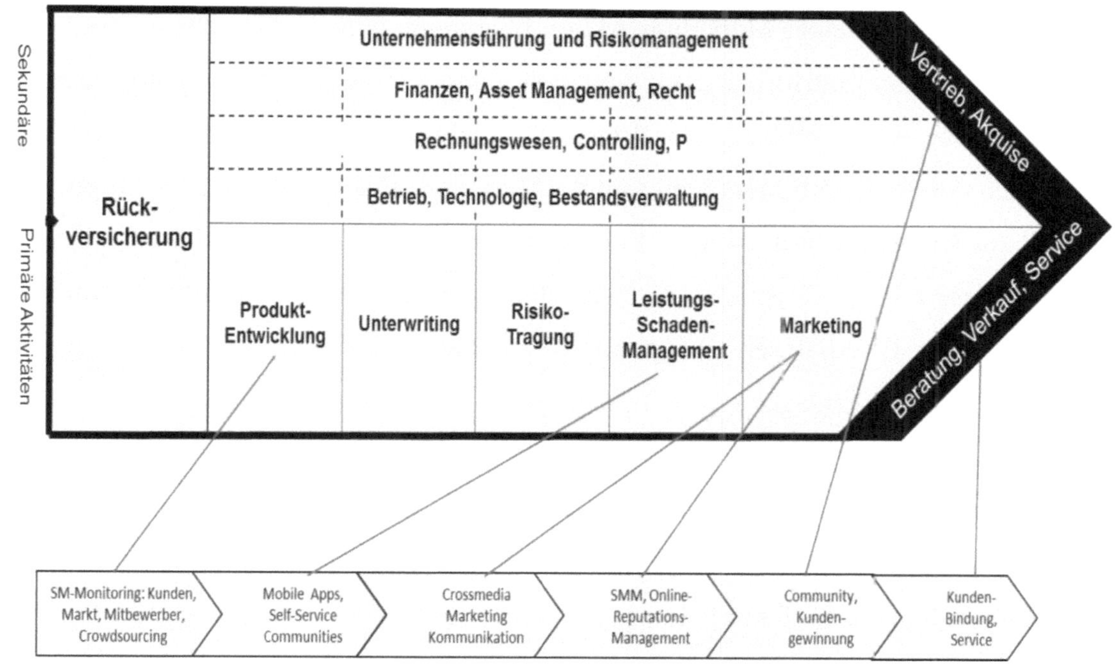

Abb. 12: Versicherungen Wertschöpfungskette mit Social-Media-Marketing-Integration, eigene Darstellung

4.4 Zusammenfassung der wichtigsten Schlussfolgerungen

Um das Hauptziel zu erreichen untersucht die Dissertation, wie d. Versicherungen ihre Unternehmensziele mit Social-Media-Marketing erreichen können. Dazu werden Strategien, Methoden und Praxisbeispiele analysiert und Handlungsempfehlungen gegeben. Die Dissertation zeigt, dass Social-Media-Marketing die Unternehmensziele fördern kann, insbesondere im Bereich Reputation und Kundenbeziehungen. Deutlich wird, dass es für wirksames Social-Media-Marketing nicht ausreicht, eine strategische Herangehensweise zu etablieren, sondern auch eine sorgfältige Ergebnismessung, operatives Management mit Know-how von qualifzierten Mitarbeiter und spezielle IT-Werkzeuge (Social-Media-Monitoring, Social-Media-Analysen) erforderlich sind, um die Wertschöpfung strategisch zu fördern.

Zum Erreichen des ersten Forschungszziels der Forschung wurden Begriffe, Kennzahlen und Modelle zur Social-Media-Marketing-Ergebnismessung recherchiert, analysiert und bewertet, um Handlungsempfehlungen für eine systematische Steuerung zu entwickeln. Im Forschungsdesign wurden Ansätze entwickelt, um die Wertschöpfungsprozesse von Input (Facebook-Marketing) und Output (Brutto-Beitragseinnahmen) zu erfassen. Erschwerend für dieses Ziel zur Erfolgsmessung ist die zeitverzögerte Wirkung (Diffusionseffekt). Nach der Implementierung von Social-Media-Marketing benötigt es eine gewisse Anlaufzeit, bis ein Unternehmen Erfolge erzielt, z. B. eine Online-Community aufgebaut hat. Erst dann erreichen die Botschaften hohe Reichweiten mit Engagement und Online-Reputation. In der Werbewirkungsforschung sind Forscher grundsätzlich mit der Frage konfrontiert, ob das Ergebnis einer Marketing-Aktion überhaupt zeitnah erfassbar ist, weil die Wirkung erst viel später eintritt und auch dann erst gemessen werden sollte (Carry-Over-Effekte). Zudem gibt es das Problem der Wirkungsbeziehung, wenn z. B. mehrere Abteilungen Kampagnen online durchführen, weil sich die Wirkungseffekte überlagern, s. Kapitel 4.1.

Zum Erreichen des zweiten Forschungszziels wurden die Beziehungen zum Social-Media-Einsatz in der Versicherungswirtschaft analysiert, um relevante Wirkungsmuster zu ermitteln. Die BI-Analysen erfolgten mit den Daten der dreißig größten Versicherungen bezüglich Facebook-Engagement und Beitragseinnahmen brutto im Zeitaum von 2012 bis 2014. Das Forschungsziel wurde nicht erreicht, weil die Hypothese nicht bestätigt wurde, siehe Kapitel 4.2. Ergänzend dazu wurden die Zusammenhänge zum Facebook-Engagement beleuchtet. Als wesenstlicher Erfolgsfaktor wurde das Content-Marketing erkannt. Da es die Nutzer-Erwartungen (wie Unterhaltung, Lernen) erfüllt, ist es eine strategische Maßnahme, um mit wenig Aufwand relevante Ergebnisse in Bezug auf Engagement (Likes, Teilen, Kommentare) zu erzielen, siehe Kap. 4.3.4.

Zum Erreichen des dritten Forschungsziels erfolgte eine Untersuchung des Social-Media-Einsatzes von Versicherungen in der Praxis, um Handlungsempfehlungen zu entwickeln für das Online-Reputationsmanagement. Die Analyse der negativen und positiven Fallbeispielen zeigte Wirkungsweisen (Ursache/Wirkungen) in sozialen Netzwerken auf. Relevante Social-Media-Prinzipien aus der empirischen Untersuchung zeigen, wie Netzwerk-Effekte mit exponentiellem Wachstum für positive (wie Verkaufsförderung, Empfehlungen) und negative Folgen (wie Shitstorm) auslösen. Die Analyse der negativen Fallbeispiele (Ergo, Debeka) zeigen, dass es bei einer Reputationskrise problematisch ist, wenn es an Fürsprechern online mangelt. Ein digitaler Reputationsschaden hinterlässt langfristige Einträge in den Suchmaschinen. Allerdings gehen die Reputationsschäden nicht automatisch mit sofortigen monetären Einbussen (Vertragsstornierung, Kündigung, Umsatzeinbussen) einher, siehe Fall Ergo (Kapitel 4.3.1). Vermutlich wäre die Reputationskrise mit einem Reputationsmanagement milder verlaufen. Das dritte Forschungsziel wurde erreicht, weil die dritte Hypothese bestätigt wurde. Um eine positive Marken-Wahrnehmung zu erzielen, ist eine Stakeholder-Analyse erforderlich, um den Bedarf der Zielkunden zu erfüllen. Den Community-Aufbau kann ein Content-Marketing unterstützen, in dem Kunden-Anliegen thematisiert werden. Das Allianz-Fallbeispiel zeigt außerdem, dass es mit Social-Media-Marketing möglich ist, Effekte in der Vertriebsförderung zu erzielen. Wirkungsrelevante Effekte der Fallbeispiele sind (siehe Kapitel 4.3.4.):

1. **Positive Social-Media-Marketing-Effekte** zeigt das Fallbeispiel R+V auf Google Plus zur Online-Reputation und zum erfolgreichen Community-Aufbau;

2. **Veränderungen in der Wertschöpfung** mit Kostenreduktion (weniger Anrufe im Call Center) und Qualitätssteigerung (NPS) zeigt die Service-Community Allianz-hilft;
3. **Definition zentraler KPIs** entlang der Beratungs- und Verkaufsprozesse (Anbahnung, Beratung, Verkauf, Kundenbindung) mit messbarer Anzahl von Leads und Abschlüsse sowie positive Auswirkungen auf Neukundengewinnung, Verkauf und Kundenbindung.

Die Dissertation hat f. Forschungsergebnisse im Bereich Social-Media-Marketing erarbeitet:

- Die umfassende SWOT-Analyse zum Social-Media-Marketing für Versicherungen zeigt große Potenziale auf sowie die detaillierte Chancen-Risiko-Analyse, siehe Kapitel 1.6.
- Eine Social-Media-Balanced-Scorecard für eine Versicherungen wurde vorgestellt als geeignete Maßnahme zur strategischen Social-Media-Erfolgsmessung, siehe Kapitel 4.1.
- Das umfangreiche Glossar mit 122 Social-Media-Fachtermini bietet eine Definitionsgrundlage zur Untersuchung der Forschungsfragen der Dissertation und weitere Arbeiten, s. Anlage.

Bestätigt wurden in der Dissertation f. Forschungsergebnisse:

- die Zielsetzungen in den Social-Media-Marketing-Strategien: Branding, Employer Branding und Akquise, insbesondere für jüngere Zielkunden (Hettler 2010);
- eingeschränkte Einsatzbereiche, mangelnde Nutzungsintensität, fehlende Ziele, unzureichende Erfolgsmessung in der Versicherungswirtschaft im Branchen-Vergleich (Neuland 2014; Tata Consultancy 2013);
- der geringe Stellenwert von Social-Media-Marketing in der Versicherungswirtschaft, mit den Merkmalen: mangelnde Social-Media-Integration in das Versicherungsmarketing, fehlende Social-Media-Strategie und die unzreichende Ergebnissmessung mit ausgewählten KPIs (V.E.R.S. 2012);
- die Wirksamkeit der Social-Media-Erfolgsmessung zum Erreichen von Unternehmenszielen und Möglichkeiten der quantativen Social-Media-Ergebnismessung der der Versicherungen (Rossmann 2013);
- der wirksame Einsatz von Content-Marketing für strategische Ziele im Versicherungsmarketing wie Branding (AMC 2014; AMC / As im Ärmel 2014; Eck und Eichmeier 2014).

Widerlegt wurden in der Dissertation f. Forschungsergebnisse:

- Facebook eigne sich nur für Ziele wie (Employer) Branding, Kundenbeziehungsmanagement und Commmunity-Aufbau (V.E.R.S. 2012). Wie das Allianz-Fallbeispiel zeigt, eignet sich Facebook auch zur Verkaufsförderung, die Kundenzufriedenheit wird messbar gesteigert (NPS) und die Beitragseinnahmen durch Online-Abschlüsse gefördert (s. Kapitel 4.3.4).
- Die Bewertung eines Shitstorms: viele Unternehmenslenker fürchten die Reputationsschäden mit finanziellen Folgen und verweigern deshalb Social-Media-Marketing. Differenziert betrachtet ist ein Shitstorm zwar ein gravierender Reputationsschaden, er geht aber nicht immer sofort mit finanziellen Einbussen einher, wie das Ergo-Fallbeispiel zeigt (Kap. 3.2).

Die Erkenntnisse der Dissertation gehen über bisherige Publikationen hinaus. Bisherige Beiträge fokussieren zumeist einzelne Aspekte, z.B. die Integration in die Marketing-Kommunikation (Bruhn und Hadwich 2013a; Bruhn et al. 2014, 2014, 2014). Es gibt nur wenige wissenschaftliche Beiträge wie von Rossmann (2013), die Theorie und Praxis miteinander verbinden und konkrete Handlungsempfehlungen geben.

Die Dissertation hat f. Forschungsansätze weiter vertieft:

- Kotler (2015:665) konzentriert sich auf Chancen und Risiken im Social-Media-Marketing. Die Dissertation hat eine umfassende Analyse in Bezug auf fünf Risikotypen (Operativ, Rechtlich, IT, Reputation, Finanzen) für Versicherungen erstellt (Hilker und Zajko), s. Kapitel 1.6.
- Kaplan und Norton (1997) haben die Balanced Scorecard definiert, die in der Dissertation als Social-Media-Balanced-Scorecard für eine fiktive Versicherung erstellt wurde, s. Kap 4.1.
- Die Analyse der Social-Media-Nutzung in der empirischen Untersuchung der dreißig größten deutschen Versicherungen mit einer BI-Analyse über einen Zeitraum von drei Jahren geht deutlich über bisherige Social-Media-Arbeiten in der Versicherungswirtschaft hinaus (z. B. V.E.R.S. 2012).

Der Beitrag der Forschungsergebnisse für die wissenschaftliche Forschung ist im Marketing-Management (Kommunikationspolitik) anzusiedeln. Zum Social-Media-Marketing in der Versicherungswirtschaft gibt es bislang wenig wissenschaftliche Arbeiten. Die Social-Media-Forschung ist noch unzureichend etabliert, denn es fehlt an Forschungsrichtlinien, um die Güte der Ergebnisse fundiert vergleichend zu beurteilen. Deshalb sind mehr mehr Relevanzstudien zur realistischen Erwartungshaltung erforderlich. Dafür benötigt man Kompetenzen im Social-Media-Kontext, um die Qualitätsanforderungen bezüglich Repräsentativität, Objektivität, Reliabilität und Validität mit einem entsprechenden Forschungsdesign zu sichern.

Als wissenschaftliche Erkenntnisse der Dissertation läßt sich f. zusammenfassen.

- **Vier Herangehensweisen zum Social-Media-Marketing-Controlling** (S.81): 1) isolierte Messung von Kennzahlen pro Social-Media-Netzwerk, 2) individuelles KPI-System mit kombinierten Kennzahlen, 3) Wirkungsstufenmodell zum Social-Media- Controlling, 4) eine Social-Media- Scorecard mit differenzierten Perspektiven.
- **Social-Media-Ergebnismessung:** Eine Social-Media-Balanced Scorecard für eine fiktive Versicherungen wurde entwickelt zur strategischen Social-Media-Erfolgsmessung für die Bereiche: für Finanzen, Kunden, Prozesse, Lernen, s. Kapitel 4.1.
- **Die Analyse der negativen Fallbeispiele** (Ergo, Debeka) ermöglicht ein neues Verständnis, wie sich Reputationkrisen mit exponentiellem Wachstum in Social Media schnell verbreiten können: Die negativen Folgen werden im digitalen Gedächtnis der Suchmaschinen (wie Google) lange gespeichert und erscheinen weit oben im Ranking bei Suchanfragen.
- **Die Shitstorm-Analyse zeigt,** dass Reputationsschäden schwerwiegende Folgen haben können. Deshalb sollten vor dem Start eine Chancen- /Risiko-Analyse (s. Kapitel 1.6), Social Media-Monitoring, Reputationsmanagement (s. Kapitel 1.8) durchgeführt werden.
- **Die positiven Fallbeispiele** zeigen, dass Service-Communities den Kundenservice durch interaktive Dialoge in Echtzeit schneller, kostengünstiger und partizipativer gestaltet. Das fördert beschleunigt die Prozess-Effizienz und erhöht die Kundenzufriedenheit. Langfristig reduziert es Callcenter Kosten und baut eine stetig wachsende Basis für das Wissensmanagement auf. Zudem wirkt sich Content Marketing mit Mitmach-Aktionen positiv auf Nutzer-Engagement und Community-Aufbau aus. Strategisches Facebook-Marketing fördert den Umsatz durch Kontaktpunkte entlang der Verkaufsprozesse.

Der Beitrag der Dissertation f. die Wirtschaftspraxis: Social-Media-Marketing fördert die Kundenkommunikation durch Interaktion, Tempo und Nähe. Das ist für Versicherungen wichtig, denn sie haben durch viele Maßnahmen zur Kostenreduktion die Kunden-Nähe verloren. Das kann im digitalen Zeitalter fatale Folgen haben, denn der Mitbewerber ist nur ein Mausklick entfernt. Infolgedessen ist das Kunden-Verlust-Risiko groß und das Social-Media-Marketing strategisch besonders wichtig. Versicherungen müssen lernen, Social Media gezielt in ihre strategische Marketing-Kommunikation zu integrieren und damit die Wertschöpfungsketten abteilungsübergreifend im Unternehmen zu fördern, um auch in Zukunft im internationalen Wettbewerb im Kontext der digitalen Business Transformation am Markt zu bestehen.

Glossar

Agenda-Setting: Ein Prozess, nach dem Medien durch Themenauswahl das Wissen und Denken der Öffentlichkeit strukturieren und kognitive Meinungsprozesse auch in Social Media gestalten.

Agenda-Building (engl.; d.: erbauen, schaffen): Kommunikative Prozesse zwischen Unternehmen und Medien, wobei Themen der Medienberichterstattung durch Presse- und Medienarbeit beeinflusst werden.

Ambassador: ein Markenbotschafter, das heißt ein Fan einer Marke, der positive Mundpropaganda für ein Unternehmen, ein Produkt oder eine Dienstleistung macht.

Barcamp: ein offener Workshop, dessen Inhalte und Ablauf von den Teilnehmern selbst entwickelt und im weiteren Verlauf gestaltet werden. Barcamps dienen zur Diskussion und können teilweise bereits am Ende der Veranstaltung konkrete Ergebnisse vorweisen.

Best-Practice: der bewährte beste Lösungsansatz beziehungsweise die effektivste und erfolgversprechendste Vorgehensweise zur Umsetzung/ Durchführung einer bestimmten Aufgabe im Unternehmen. Ermittelt wird ein Best-Practice mit Hilfe eines Benchmarkings.

Bewertungsportale: Internetforen, die kommerziell betrieben werden und kostenlose Bewertungsgemeinschaften für Produkte zur Verfügung stellen. Die Inhalte sind größtenteils von den Nutzern der Websites eingegeben worden. Ciao.de oder Dooyoo.de sind Bespiele für solche Bewertungsportale.

BI (Business Intelligence) ist ein unternehmensspezifischer, IT-basierter Ansatz zur betrieblichen Entscheidungsunterstützung. Business Intelligence (BI) ist ein Oberbegriff, der die Anwendungen, Infrastruktur, Werkzeuge und bewährte Methoden, die den Zugriff auf und Analyse von Informationen zu ermöglichen, zu verbessern und Entscheidungen und die Leistung zu optimieren umfasst.

Blog (Webblog): Wortverbindung aus World Wide Web und Log für Logbuch, meist abgekürzt als Blog, ist ein Tagebuch, das auf einer Webseite geführt und somit öffentlich einsehbar ist. Es besteht aus einer chronologisch sortierten Liste von Artikeln. Blogs zählen zu den ältesten Form der Vernetzung im Internet.

Branded Content (engl.; d. sinngemäß: unverwechselbar geprägter Inhalt): Content, um Marken Unterhaltungswert zu verleihen und diese emotional aufzuladen, um das Image in gezielte Unterhaltungsformate umzusetzen, die die potenziellen Käufer interessieren, z. B. als Filme, Events, digitale Angebote.

Branding (engl.; d.: Markenbildung): Professionelle Kreation einer Marke. Branding stammt ursprünglich aus der Rinderzucht und meint das Einbrennen von Kennzeichen in die Haut von Herdentieren. Im Marketing bezeichnet es die Verknüpfung von Produkten, Dienstleistungen, Personen mit einer Marke, die durch Werbemaßnahmen bekannt gemacht wird, wie durch Logos und Slogans mit hohem Wiedererkennungswert.

Change Communication: Kommunikation von Veränderungen im Rahmen eines Change Managements. Bei Wandlungsprozessen unterstützen kommunikative Prozesse die Verarbeitung: oft negativ konnotierte Veränderungen sollen durch Kommunikation abgeschwächt und am besten neutral oder positiv besetzt werden. Unter Berücksichtigung psychosozialer Bedingungen und Emotionen werden Fakten und klassische W-Fragen über die Veränderung zielgruppengerecht – meist in direkter Kommunikation – erläutert. Change Communication lässt sich durch eine bestimmte Dramaturgie und Folge von Instrumenten in verschiedene Phasen unterteilen wie z. B. Unfreezing, Changing, Refreezing. Je nach Typ der Veränderung unterscheiden sich diese Methoden, zentrale Instrumente sind dabei aber: interne Kommunikation, HR-Kommunikation und Führungskräftekommunikation.

Chat: Echtzeitkommunikation zwischen Personen im Internet.

Ciao: Eines der führenden Preisvergleichsportale in D. und Europa. Die Produktinformationen werden dabei von den Mitgliedern erstellt und online zur Verfügung gestellt.

Circles: Kreise bieten die Möglichkeit bei Google Plus, Freundeskreise online abzubilden.

Community (engl. für Gemeinschaft in einem weiten Sinne) bezeichnet eine Menschengruppe mit Zusammengehörigkeitsgefühl, z. B.: Netzcommunitys, Wissenschaftsgemeinden oder Online-Communitys. Bei einer Online-Community (Netzgemeinschaft) treffen sich Menschen im Internet und tauschen sich online aus. Eine kommerzielle Online-Community wird von einem Unternehmen betrieben. Die Gemeinschaft nutzt dabei zur Kommunikation die Infrastruktur des Unternehmens. Auch die Moderation wird meist von dem Unternehmen übernommen. Eine besondere Form einer kommerziellen Online-Community ist das Kundenforum, wo Kunden über die Produkte und Dienstleistungen diskutieren.

Connectivity heißt, dass man sich überall automatisch einloggt, weil die Schnittstellen zwischen den sozialen Netzwerken die Login-Daten zwischen den geschlossenen Communitys direkt weitergeben.

Content-Management-System: (CMS, Inhaltsverwaltungssystem), ist ein Anwendungsprogramm, das die gemeinschaftliche Erstellung und Bearbeitung des Inhalts von Text- und Multimedia-Dokumenten ermöglicht und organisiert. Ein Autor kann ein solches System auch ohne Programmier- oder HTML-Kenntnisse bedienen. Der darzustellende Informationsgehalt wird in diesem Zusammenhang als Content (Inhalt) bezeichnet.

Content-Marketing ist ein Ansatz, wobei nicht wie in der klassischen Werbung, die positive Darstellung des eigenen Unternehmens/ der eigenen Produkte im Mittelpunkt steht, sondern mit Hilfe von nützlichen Informationen, brauchbarem Wissen oder unterhaltsamen Inhalten versucht wird, die Zielgruppe zu erreichen.

Conversion: Mit ihrer Hilfe wird die Effektivität gemessen, mit der ein adressierter Personenkreis dazu bewegt wird, gewünschte Aktionen durchzuführen. Das so genannte Conversion-Tracking gibt Aufschluss über den Erfolg von Maßnahmen, die direkten Einfluss auf den erzielten Umsatz haben. Eine wichtige Kenngröße ist in diesem Zusammenhang die order conversion rate, die das Verhältnis von Bestellungen zu Besuchern einer Website ausdrückt.

Corporate Governance: Prinzipien der verantwortungsbewussten Unternehmensführung und Unternehmenskontrolle im Hinblick auf Qualitätssicherung und Mechanismen zur organisatorischen und strukturellen Steuerung von Unternehmensprozessen, die zur Transparenz börsennotierter Unternehmen beitragen soll.

Corporate Social Responsibility (CSR) (engl.; d.: soziale Organisationsverantwortung): Konzept der Bereitschaft wirtschaftlicher Organisationen, freiwillig gesellschaftliche Verantwortung zu übernehmen, z. B. durch Engagement für das Allgemeinwohl. CSR wird im Rahmen des Managements für die kommunikative Wertschöpfung genutzt. Wesentlich ist ein ganzheitliches CSR-Konzept, das von den Organisationszielen über Innovationskommunikation und Zukunftsforschung bis zu umweltpolitischen Aspekten reicht. Dabei gibt es spezifische Instrumente wie CSR-Publikationen und Nachhaltigkeitsberichte.

Customer-Experience-Management (CEM): will positive Kundenerfahrungen zum Bindungsaufbau zwischen Konsument und Unternehmen erzielen. Ziel ist es, loyale Kunden als begeisterte Marken-Botschafter zu entwickeln („satisfied - loyal - advocate"). CEM will die Kaufbereitschaft, den Umsatz oder die Nutzungsintensität erhöhen und Effekte wie Mundpropaganda und Empfehlungen fördern.

Customer Journey: die Zyklen, die ein Kunde bis zum Produktkauf durchläuft Dazu zählen die direkten Interaktionspunkte zwischen Kunden und Unternehmen (Anzeige, Werbespot, Webseite usw.) und auch die indirekten Kontaktpunkte, an denen die Meinung Dritter über eine Marke, ein Produkt oder eine Serviceleistung eingeholt wird (z. B. Blog).

Customer Relationship Management (CRM, d. Kundenbeziehungsmanagement): die systematische Ausrichtung einer Organisation auf die gezielte Gestaltung der Kundenbeziehungen. In vielen Branchen (wie Dienstleistungsbereich) sind die Kundenbeziehungen langfristig ausgerichtet. Mit CRM werden sie gepflegt, was sich maßgeblich auf den Unternehmenserfolg auswirken soll.

Crowdsourcing: Der Begriff setzt sich zusammen aus Crowd (d. Menschenmenge) und aus dem Begriff Outsourcing (d. Auslagerung) und bezeichnet die Auslagerung von Aufgaben an eine Menschenmenge, häufig eine Gruppe freiwilliger Nutzer im Internet. Durch diese interaktive Form der Wertschöpfung nutzt das Unternehmen die vielfältigen Kompetenzen und Ideen des Kollektivs mit Hilfe des Web 2.0.

Double-Opt-in: Opt-in ist ein Verfahren, bei dem der Endverbraucher Werbekontaktaufnahmen vorher explizit bestätigen muss. Beim „Double Opt-in" genannten Opt-in-Verfahren muss der Eintrag der Abonnentenliste in einem zweiten Schritt bestätigt werden. Meist wird hierzu eine E-Mail mit Bitte um Bestätigung an die Mailadresse gesendet.

Employer Branding: ist eine strategische Maßnahme, um eine Organisation als attraktiver Arbeitgeber zu entwickeln und sich positiv am Markt zu positionieren. Die Ziele sind: Steigerung der Effizienz in der Personal-Rekrutierung und höhere Bewerber-Qualität. Qualifizierte engagierte Mitarbeiter sollen durch eine Identifikation langfristig gebunden werden, um die Leistungsbereitschaft und das Commitment zu erhöhen. Das kann Krankenstände und Bürodiebstähle reduzieren.[168]

Engagement bei Facebook: Der Wert gibt an, wie oft ein Fan mit Beiträgen der Fanpage durchschnittlich interagiert. Die tägliche Engagementrate ergibt sich aus der Summe aller Likes, Kommentare und Shares und wird geteilt durch die Fananzahl dieses Tages. Betrachtet man einen längeren Zeitraum, wird aus den täglichen Engagementraten der Durchschnittswert gezogen.

Evaluation (auch Evaluierung): Erhebung und Bewertung des Erfolgs von Prozessen, Projekten, Organisationsformen etc., durch Sammlung und Analyse empirischer Daten. Dabei wird zwischen verschiedenen E.-Methoden unterschieden: Die Bandbreite reicht von einer der PR als Gesamtes über den Nutzen zur Wertschöpfung des Unternehmens bis hin zur Analyse des Erfolgs einzelner PR-Maßnahmen.

---

[168] Siehe: Employer Branding in Social Media von Hilker, Claudia Hilker in Marketing-Börse, online: www.marketing-boerse.de/Fachartikel/details/Employer-Branding-in-Social-Media/33125 (Abruf 07.08.2016)

Facebook: ist ein mehrsprachiges, werbefinanziertes Social Media Netzwerk. Im Netzwerk können die Mitglieder Texte, Videos und Fotos austauschen. Organisationen können ebenfalls Seiten (Fanpages) anlegen.

Flashmob (engl.; sinngemäß übertragen: blitzschnelle Bewegung): Zusammenkunft von Menschen auf (halb)öffentlichen Plätzen, die meist per Mobiltelefon oder Online-Medien organisiert ist. Sie sind Folge und Ausdruck der virtuellen Gesellschaft (virtual community, Online-Community), die mit Hilfe von Mobiltelefonen und Internet kollektive Aktionen organisiert. Die PR kann F. relevanter Stakeholder beobachten. Aktives Reputationsmanagement kann eigene Strategien mit einbeziehen, z. B. im Guerilla-Marketing.

Flickr: Teils kommerzielle Web-2.0-Anwendung, die die grundlegende Technologie und kostenlosen Speicherplatz für Fotos zur Verfügung stellt. Alles andere kommt von den Nutzern selbst. Digitale Bilder mit kurzen Kommentaren können auf die Webseite geladen und anderen Nutzern zur Verfügung gestellt werden. Wurde 2005 von Yahoo übernommen.

Folksonomy: Kofferwort aus engl. folk und taxonomy, gemeinschaftliches Indexieren von Webinhalten. Es entstehen so Sammlungen von Schlagwörtern.

Follower: Als Follower wird ein Nutzer (beispielsweise bei Twitter) bezeichnet, der regelmäßig die Nachrichten (Tweets) anderer Nutzer empfängt. Follower kommt von to follow (engl.) für jemandem folgen.

Foursquare: Ein standortbezogenes soziales Netzwerk, das über Software für Mobiltelefone und Smartphones funktioniert. Der Dienst nutzt dabei die GPS-Funktion der Geräte, um den aktuellen Standort der Benutzer zu finden. Benutzer können dann an den Standorten „einchecken“, wahlweise per Foursquare-Webseite, mit SMS oder mit mobilen Phone-Apps. Für jeden Check-in erhält der Benutzer Punkte und auch Abzeichen (Badges). Laut Wikipedia hat Foursquare 7 Mio. Mitglieder.

Google Plus: ist ein Social Media Netzwerk des amerikanischen Unternehmens Google. Es unterscheidet sich von den anderen sozialen Netzwerken, indem es eine Erweiterung der unternehmenseigenen Produkte bildet.

Gatekeeper (engl.; d.: Pförtner, Torwächter): Personen, die aufgrund ihres Einflusses darüber entscheiden, welche Nachrichten z. B. über die Medien in der Öffentlichkeit erscheinen. Der Ausdruck wird besonders im Hinblick auf Journalisten genutzt.

Generation Y: Soziologisch beschreibt die Generation Y die Generation, die zwischen 1980 und 1995 geboren wurde. Charakteristisch für diese Gruppierung ist das Hinterfragen Althergebrachtes. Sie genießen im Vergleich eine sehr gute Ausbildung und gelten als technikaffin. In der Regel sind sie mit dem Internet und der mobilen Kommunikation aufgewachsen, weshalb sie auch als Digital Native bezeichnet werden.

Hangouts: Videokonferenzen mit bis zu zehn Teilnehmenden. Das gibt es bei Skype und Google Plus.

Hashtag: ein Schlüsselwort, unter dem Beiträge zusammengefasst werden können. Zumeist wird dabei vor den Sammelbegriff ein # gesetzt, beispielsweise #VA2011. Jede Person, die sich für VA 2011 interessiert, wird so informiert, sollte jemand etwas über #VA2011 posten.

HR-Kommunikation: Disziplin des Marketings und der Public Relations. Leistungen der Organisation als Arbeitgeber stehen hierbei im Vordergrund. Zum einen ist das Ziel, die höchstmögliche Attraktivität bei (potenziellen) Mitarbeitern zu erzielen, zum anderen, die Organisationsentwicklung kommunikativ zu unterstützen; dabei wirken die Methoden des Employer Brandings auch über Social Media nach außen und die Verfahrensansätze des Employee Brandings nach innen.

Influencer: Personen, die einen wesentlichen Einfluss im Internet genießen und deren Meinungen oft unreflektiert übernommen werden. So können sie deutlich zum (Miss-)Erfolg eines Produktes oder einer Idee beitragen.

Innovationskommunikation: PR-Bereich, der Innovationen, Neuerungen und Erfindungen kommunikativ unterstützt und in der Kommunikation durch geeignete Führungskommunikation mit den Mitarbeitern sowie durch externe Kontakte und Kommunikation umsetzt, wo zuerst kommunikative Brücken gebaut werden können für den zukünftigen Erfolg der Organisation, nämlich für (potenzielle) Innovationen.

Integrierte Kommunikation: Ziel ist es, mit Hilfe einer fokussierten Nutzung aller Kommunikationsinstrumente einer Organisation ein nach außen und innen konsistentes Gesamterscheinungsbild zu erschaffen. Dazu sollten alle Organisationsbereiche wie PR, Marketing, Unternehmensführung u. a. nach einem koordinierten Gesamtplan handeln, an welchem Teilziele, Kommunikationsinstrumente und -maßnahmen ausgerichtet werden und an dem Arbeitsprozesse und Arbeitsergebnisse beurteilt werden können.

Internet der Dinge (Internet of Things): Im Internet der Dinge stehen nicht mehr personengesteuerte Computer im Fokus, sondern die Konzentration liegt eher auf einzelnen Objekte (Dingen), die kleine Computer integriert haben. Dadurch werden diese scheinbar immer intelligenter und können untereinander, über eine internetartige Struktur, Informationen austauschen. Ziel ist es die reale Welt mit der Online-Welt zu vernetzen, z. B. ein Kühlschrank der Lebensmittel selbstständig nachkauft.

Internetforum: Virtueller Platz zum Austausch und zur Archivierung von Gedanken, Meinungen und Erfahrungen. Die Kommunikation findet dabei zeitversetzt statt.

Issue-Management: Frühe Erkennung und systematische Beobachtung von relevanten Themen für die Organisation und deren Identifikation, Analyse, Priorisierung und Auswertung nach potenziellen Chancen oder Gefahren für die Organisation oder das Unternehmen, was ebenfalls als Präventionsmaßnahme gegen Krisen geeignet ist. Die rechtzeitige Entwicklung von strategischen Gegenmaßnahmen ist wichtig für das Gelingen. Darüber hinaus bietet es die Chance, das gegebene Potenzial und bestehende Trends auf einen möglichen Nutzen für das Unternehmen hin zu prüfen, wobei I. mit Innovations- und Krisenkommunikation koordiniert werden sollte. Siehe auch Krise, Krisen-PR.

KPI (Key Performance Indicators; d.: Erfolgsindikatoren): Maßzahlen, die für ein Projekt oder einen Prozess festgesetzt werden und die die Bedingungen für spätere Messungen bieten. Siehe auch Evaluation.

Krise: Unvorhergesehene und/oder negativ-problematische Situationen, die bis zur Existenzbedrohung reichen können und die Organisationen oder auch Personen betreffen. K. können verschiedener Art sein und besitzen eine bestimmte Verlaufsstruktur mit Auslösern, Anlaufphase, Höhepunkt und Auslaufphase. Krisenmanagement und Krisenkommunikation beteiligen sich aktiv an der Bewältigung von K. z. B. durch K.-Pläne, K.-Übungen und normative Regelungen für die Organisation. Weiterhin werden je nach Charakteristika der K. Typen unterschieden, wie z. B. exogene oder endogene K.

Krisen-PR: Im Rahmen einer Krise genutzte Spezialtechnik der Public Relations, welche das kommunikative Problem, welches für das Unternehmen im Lauf der Krise entstanden ist, bearbeitet. Dabei fungiert Krisen-PR als Detektor zur Erfassung potenziell gefährlicher Abläufe und umfasst die Analyse, Planung, Umsetzung und Kontrolle des Krisenprozesses. Die Einrichtung eines Frühwarnsystems mit Issues Management sensibilisiert, unterstützt das Entdecken von Krisenherden und potenziellen Themen und ermöglicht im besten Fall eine verlängerte Vorlaufzeit, um Strategien zu entwickeln sowie Gegenmaßnahmen einzuleiten. Über den Erfolg der Krisenbewältigung entscheidet im Wesentlichen die Krisenprävention. Wichtige Methoden hierbei sind der Krisenstab, das Krisenhandbuch oder das Krisentelefon. Außerdem sollten wichtige und notwendige Krisen-PR-Strategien (Ausprägung von Vertrauensfaktoren, Dialog, offensiv und aktiv, defensiv) für die Krise vorbereitet werden, vgl. Möhrle (2007), Bentele/Janke (2008).

Like: In sozialen Netzwerken haben Nutzer die Möglichkeit mit einem Like (engl. to like, d. gefallen) auszudrücken, dass etwas ihnen gefällt oder sie es unterstützen möchten. Häufig ist dies durch das Symbol eines Daumen hoch-Buttons gekennzeichnet (z. B. bei Facebook oder Youtube).

LinkedIn ist ein Business Netzwerk für Anliegen wie: Personalsuche, Branding und Akquise. Während Xing im deutschsprachigen Raum stark genutzt wird, ist LinkedIn ein internationes Netzwerk.

Location based marketing bezeichnet eine Marketingmethode, die den Aufenthaltsort des Zielgruppenträgers in den Mittelpunkt stellt. Dabei orientiert sich L. an den Gewohnheiten und Verhaltensweisen, die am Ort des potenziellen Kunden vermutet werden.

Longtail (engl. „langer Schwanz“) beschreibt nach der Theorie von Chris Anderson eher selten genutzte Suchbegriffe über die Nutzer von Suchmaschinen (z. B. Google) zu einer Website gelangen. Der Longtail Effekt beschreibt, dass im Vergleich zu sehr populären Suchbegriffen die wenig genutzten Begriffe in ihrer Masse weitaus mehr Besucher auf die Website führen. Die Bezeichnung „Longtail“ leitet sich aus der graphischen Umsetzung dieser Theorie ab.

Low und High Interest: Ein Low-Interest-Produkt ist ein Konsumgut, für das der Verbraucher eher weniger Interesse aufbringt, z. B. Versicherungen. Im Gegensatz dazu werden Konsumgüter, denen der Verbraucher ein eher hohes Interesse entgegenbringt als High-Interest-Produkte bezeichnet, dazu gehören z. B. Produkte der Automobil- oder Tourismusbranche.

Low-/High-Involvement: t die Ich-Beteiligung einer Person, das gedankliche Engagement und die damit verbundene Aktivierung, mit der sich jemand einer Sache oder Aktivität, z. B. einem Kauf, zuwendet. Je nachdem, wie involviert ein Käufer ist, sucht er aktiv Informationen zum geplanten Kauf und beschäftigt sich mehr (High-Involvement) oder weniger (Low-Involvement) intensiv mit der Informationsverarbeitung.

Mashup (engl. „Verknüpfung“)**:** Die Erstellung neuer Inhalte durch die (Re-)Kombination bereits bestehender Inhalte. So werden diese Inhalte wie Text, Daten, Bilder, Töne, Videos collageartig neu kombiniert.

Metablogs: Sammlung von Beiträgen aus anderen > Blogs

Metatags: verborgene HTML-Elemente, die Informationen über das betreffende Dokument enthalten. Gute gewählte Metatags helfen demensprechend, dass eine Website aufgrund eines Suchbegriffs mit einer Suchmaschine besser gefunden werden (SEO).

Micro-Blogging: eine Form des Bloggens, bei der die Benutzer kurze, SMS-ähnliche Textnachrichten veröffentlichen können. Die Länge dieser Nachrichten beträgt meist weniger als 200 Zeichen. Die einzelnen Mitteilungen sind entweder privat oder öffentlich zugänglich und werden wie in einem Blog chronologisch dargestellt. Der bekannteste Mikroblogging-Dienst ist Twitter.

Mister Wong: Der Dienst ermöglicht es Benutzern, persönliche Lesezeichen (bei Microsoft Favoriten genannt) anzulegen und mit Schlagwörtern (Tags) zu versehen. Die Lesezeichen eines Benutzers sind in der Regel öffentlich, können aber auch als privat gekennzeichnet werden.

Monitoring: zielgerichtete Beobachtung und Analyse der Internet-Kommunikation mit dem Ziel herauszufinden was verschiedene Anspruchsgruppen thematisch beschäftigt, wie die eigenen Online-Maßnahmen ankommen und was die aktuellen Bedürfnisse und Trends sind.

Multimediale Inhalte: (Internet-)Inhalte, die optisch und akustisch durch beispielsweise Video, Audio und Animation angereichert werden.

Newsroom: Um die Arbeitseffizienz zu erhöhen, teilen sich alle Ressorts in Zeitungen, Fernseh- sowie Rundfunkstationen einen großen Raum.

NPS (Net Promoter Score): Eine Kennzahl, die in einigen Branchen mit dem Unternehmenserfolg korreliert. Die Methode NPS wurde von Satmetrix Systems, Inc., Bain & Company und Fred Reichheld entwickelt. Der NPS wird ermittelt, indem einer repräsentativen Gruppe von Kunden die Frage gestellt wird: „Wie wahrscheinlich ist es, dass Sie Unternehmen/Marke X einem Freund weiter empfehlen?“ Die Antworten werdenauf einer Skala von 0 (unwahrscheinlich) bis 10 (äußerst wahrscheinlich) gemessen. Promotoren sind Kunden, die mit 9 oder 10 antworten. Detraktoren sind Kunden, die mit 0 bis 6 antworten. Die Werte dazwischen gelten als Indifferente. Der NPS-Score wird nach der Formel berechnet: NPS = Promotoren(Prozent) – Detraktoren (Prozent). Der Wertebereich des NPS liegt damit zwischen plus 100 Prozent und minus 100 Prozent. Ziel im Marketing ist es, die Ursachen für die schlechte Bewertung der Kritiker zu erkennen und zu beseitigen. Dem Unternehmen wohlgesonne Promotoren sind für das Unternehmen hilfreich, indem sie näher ins Unternehmen einbezogen werden, um z. B. Verbesserungsmaßnahmen zu identifizieren und umzusetzen.

Online-Community: Gemeinschaft von Menschen, die sich via Internet begegnet und austauscht. Communitys müssen aktiv betreut werden. Eine Community-Plattform im Internet bietet in der Regel grundlegende Werkzeuge zur Kommunikation wie Foren, Chatsysteme, Newsboard, Tauschbörsen und vieles mehr.

Online-PR: PR-Aktivitäten, die sich nur über das Internet abspielen unter Nutzung internetspezifischer Medien und Kanäle. Nur ein Teil der Online-PR bezieht sich dabei auf den eigenen Internetauftritt, denn besonders jüngere Menschen sind häufig in Social Networks oder Chatrooms aktiv. Wichtig ist es daher, die Mediennutzung der Zielgruppe einzuschätzen und den Fokus der Online-PR richtig auszurichten.

Open Innovation: die Öffnung von Innovationsprozessen über die Unternehmensgrenzen hinaus, meist für die eigenen Anspruchsgruppen (z. B. Kunden). Ziel ist das Innovationspotenzial (z. B. für die Entwicklung neuer Produkte) durch die aktive Nutzung der Außenwelt zu vergrößern.

Personalisierung: Ziel ist es, Inhalte auf Personen zu fokussieren und Botschaften zu vermitteln. Inhalte, Produkte, PR- und Werbemaßnahmen etc. werden zielgruppenspezifisch entwickelt oder an bestimmte Personen angepasst, um finanzielle Verluste zu verhindern und Kunden enger an Unternehmen zu binden, da Personalisierung im Rahmen der Infotainisierung stets an einen speziellen Grad an Emotionalisierung und/oder Narrativisierung gekoppelt ist, d. h. Menschen erleben und erzählen Geschichten.

Peer-to-Peer-Plattform: Alle Teilnehmer einer solchen Plattform sind gleichberechtigt und können Dienste sowohl in Anspruch nehmen als auch zur Verfügung stellen.

Podcasting: Produzieren und Anbieten von Mediendateien (Audio oder Video) über das Internet. Der Begriff Podcasting setzt sich aus den Wörtern iPod (mp3-Player von Apple) und Broadcasting zusammen.

Post: Das Absetzen einer Nachricht, die für mehrere Nutzer gleichzeitig (z. B. für Mitglieder einer Community) lesbar ist, bezeichnet man als Post oder Posting. Dies kann sowohl in Form von Texten, Fotos oder auch Videos usw. verbreitet werden.

Product Placement (d. Produktplatzierung): die Situation, wenn gegen Geld oder Sachzuwendungen bestimmte Produkte oder Markenlogos gezielt in den Massenmedien platziert werden ohne dass der Rezipient es als aktive Werbung wahrnimmt.

Rectangle: Online-Werbemittel, auch Content Ad genannt. Vergleichbar mit Inselanzeigen im Printbereich werden Rectangles in der Regel direkt im redaktionellen Umfeld einer Website platziert.

Referral Traffic: ein Begriff aus dem Online-Marketing und basiert auf Statistiken von Google Analytics. Google misst damit den Verlauf eines Links, z. B. wenn jemand auf einen Hyperlink klickt und zu einer anderen Website gelangt. Der Ursprungsstandort wird als Referrer bezeichnet. Die wichtigsten Referrer sind Facebook, Pinterest und Twitter laut Studie (Shareaholic 2013). Dieser Wert fördert den Zustrom von Besuchern auf die Website und dient somit wie ein Mittel zur Absatzförderung.

Reputation Management: Die Reputation von Organisationen soll systematisch aufgebaut, erhalten und positiv gestaltet werden. Allgemein versteht man unter Reputation das öffentliche Ansehen oder den Ruf von Personen, Gruppen, Organisationen oder Unternehmen. Die Art und Weise der mittel- oder längerfristigen Wahrnehmung der Person, Gruppe, Organisation oder des Unternehmens bei den relevanten Anspruchsgruppen bzw. den Stakeholdern ist wesentlich. Es wird weiterhin in der Betriebswirtschaft als immaterieller Wert aufgefasst, weshalb das Ziel von R. ist, den Unternehmenswert nachhaltig zu erhöhen. In Anbetracht der wachsenden Bedeutung der Online-Medien wird das R. immer öfter auch um Online-R. erweitert, wobei die Informationen über eine Person, Organisation oder ein Unternehmen im Internet (auf Internetseiten, in sozialen Netzwerken, Blogs, Suchmaschinen) entweder nur durchgehend während eines Monitorings (reaktives Online-R.) analysiert werden oder Online-Medien sowie soziale Netzwerke im Konzept des proaktiven Kommunikationsmanagements u. a. in die Medienarbeit eingebettet werden (aktives Online-R.). Siehe auch Evaluation, Image, Stakeholder-Ansatz.

Response: Das Verhältnis zwischen erhaltenen Reaktionen (Bestellungen, Anfragen) und Aussendungen einer Werbemaßnahme.

ROI (Return-on-Investment): zeigt ob eine Investition sich gelohnt hat. Der ROI beschreibt dementsprechend das investierte Kapitel und den Gewinn, den das Unternehmen damit erwirtschaften konnte.

RSS-Feed: RSS bedeutet Really Simple Syndication (engl. „wirklich einfache Verbreitung"). Mit Hilfe von RSS-Feeds können Benutzer für sie interessante Informationskanäle abonnieren und werden informiert, sobald Neuigkeiten angeboten werden. Die Nutzer holen also Informationen nicht mehr auf der Website ab, sondern lassen sich von der Website bei Vorliegen einer aktuellen Information die Nachricht zustellen.

Schwarmintelligenz: das Phänomen, dass eine Gruppe intelligenter sein kann als die einzelnen Gruppenmitglieder. Diese Fähigkeit eines Kollektivs zu sinnvoll erscheinendem Verhalten wird auch als kollektive Intelligenz bezeichnet, siehe auch Crowdsourcing.

Self Service Plattform (d. Selbstbedienungs-Plattform): bietet Nutzern Angebote, sich umfassend und individuell mit den zur Verfügung gestellten Informationen, Kommunikations- oder Serviceangeboten zu beschäftigen und dadurch selbstständig Leistungen in Anspruch zu nehmen.

SEO (Search Engine Optimisation): Suchmaschinenoptimierung bezeichnet Maßnahmen, die dazu dienen, dass Webseiten im organischen Suchmaschinenranking in den unbezahlten Suchergebnissen auf höheren Plätzen erscheinen. Suchmaschinenoptimierung ist ein Teilgebiet des Suchmaschinenmarketings.

Share With Your Network (SWYN): Buttons sind sehr einfach umzusetzen. Internet Nutzer leiten Inhalte weiter, wenn sie spannend oder unterhaltsam sind. SWYN kann einen ganzen Newsletter weiterpromoten, einzelne Artikel daraus oder auch Landingpages.

Shitstorm: Ein Phänomen, bei dem sachliche Kritik an einem Produkt durch private negative Meinungen vieler Nutzer überdeckt wird. Zumeist steht weniger das Produkt als das gesamte Unternehmen im Mittelpunkt des S.

Social Media (oder: soziale Medien): Alle Medien, in denen die Kommunikation in einem sozialen Netzwerk stattfindet, das zum interaktiven Austausch von Meinungen, Erfahrungen und Eindrücken dient (oft in Form von Nutzer Generated Content).

Soziale Netzwerke: Es ist ein Beziehungsgeflecht, das Menschen mit anderen Menschen und Institutionen verbindet. Es geht um soziale Interaktionen. Soziale Verbindungen zwischen mehreren Personen, meist aus dem gleichen Milieu, sind Instrumente des Networkings. Die Personen haben oft ähnliche Interessen, Meinungen oder Ziele und tauschen über diese Themen Ideen aus. Die Verflechtungen untereinander können durch verschiedene Standpunkte motiviert sein, z. B. wirtschaftlich, kulturell, politisch oder durch Verwandtschaftsverhältnisse. Die Pflege dieser sozialen Netzwerke, auf denen private und berufliche Kontakte entstehen und gepflegt werden, hat sich auch ins Internet verlagert, beispielsweise auf Plattformen wie Facebook oder Xing. Globale soziale Netzwerke sind hinsichtlich ihrer soziologischen, kulturellen und politischen Folgen noch nicht auseichend erforscht.

Social Software: Software, die es Personen durch computervermittelte Interaktion ermöglicht, zu kommunizieren, soziale Verbindungen aufzubauen und zusammenzuarbeiten. Das Kriterium, ob etwas Social Software ist oder nicht, ist dabei eher der zugedachte Einsatzzweck als die konkrete Programmtechnik.

Sparks: News-Alerts zu freien Themen bei Google Plus.

Stakeholder: alle Akteure, die sich im internen oder externen Umfeld eines Unternehmens bewegen mit einer gegenseitige Einflussnahme im Unternehmenskontext, z. B. Mitarbeiter, Kunden, Kapitalgeber, Lieferanten usw.

Stickiness: Der Faktor Stickiness (englisch: to stick = kleben) misst als Kriterium zur Besucher-Bindung zu einer Webpräsenz, d. h. er bezieht sich auf die Nutzungsdauer und Wiederbesuchshäufigkeit der Besucher.

Streaming: aus einem Rechnernetz empfangene und gleichzeitig wiedergegebene Audio- und/oder Videodaten.

Tag Clouds: (engl.; d.: Schlagwortwolken) Sind eine Methode zur Informationsvisualisierung. Sie zeigen durch Hervorhebung in einer Wortwolke die Häufigkeit oder Wichtigkeit der verwendeten Begriffe.

Tagging: Gemeinschaftliches Indexieren. Die hierbei vergebenen freien Schlagwörter werden als Tags bezeichnet, welche gesammelt eine > Folksonomy bilden. Mehrere Tags können zusammen als Wortwolke (> Tag Cloud) visualisiert werden.

Tipping Point: Die Entstehung von sozialen Veränderungen und Trends, die meist schnell und unvorhersehbar eintreten, weisen einen Moment auf, an dem die vorher geradlinige Entwicklung kippt, sich stark verändert oder eine andere Richtung einschlägt – den Tippingpoint.

Traffic oder Datenverkehr (d.): im Online Marketing die Anzahl der Zugriffe auf eine Website. Dieses Nutzeraufkommen kann beispielweise durch Suchmaschinenoptimierung (SOE) optimiert werden.

Trial and Error Prinzip: Diese Methode hat zum Ziel, den besten Weg zur Lösung eines Problems zu finde, bei der alle möglichen Verfahren ausprobiert werden, bis die optimale Lösung gefunden ist. Scheitern wird im Laufe des Prozesses in Kauf genommen. Teilweise wird es im Social-Media-Marketing verwendet.

Troll: Eine Person, die absichtlich provozierende oder unangebrachte Kommentare in Online-Diskussionen hinterlässt – mit dem Ziel, die anderen Nutzer zu verärgern.

Twitter: Ist ein soziales Netzwerk und meist öffentlich einsehbares Tagebuch im Internet (Mikro-Blog). Tweets (Twitter-Kurznachrichten) haben eine maximale Länge von 140 Zeichen und werden in Echtzeit verschickt.

Unternehmenskommunikation: Ein Wirtschaftsunternehmen betreffende interne und externe Kommunikationsmaßnahmen, wobei der Non-Profit-Bereich ausgeschlossen wird und den Gegensatz zur Unternehmenskommunikation im engeren Sinne bildet. Weiter gefasst setzt man Unternehmenskommunikation jedoch mit PR gleich, wodurch sie sich dann nicht nur auf wirtschaftliche Unternehmen begrenzt.

Unternehmenswerte: Im Unterschied zu wirtschaftlichen Werten sind U. im Dialog mit der Unternehmensumwelt durch Kommunikation entstandene Präferenzstrukturen, welche dem Unternehmen als Referenzsystem zur Verfügung stehen. U. werden meist im Konzept von Leitbildprozessen entworfen sowie durch interne Kommunikation und HR-Kommunikation weiterentwickelt und kommuniziert. Für die interne und externe Kommunikation müssen U. beachtet werden.

Usability (d.: Nutzbarkeit): Von Jakob Nielson geprägter Begriff, der Kriterien umfasst, die die Zugänglichkeit von Internetinhalten beschreiben. Dazu zählen gestalterische und inhaltliche Aspekte.

Usability-Test: Dieser wird durchgeführt, um die Gebrauchstauglichkeit einer Software oder Hardware mit den potenziellen Benutzern zu überprüfen.

User Generated Content (UGC): Inhalte, die nicht vom Anbieter eines Webangebots, sondern von dessen Nutzern erstellt werden. Beispiele sind Kommentarfunktionen in > Blogs, Videoportale wie > YouTube oder > Internetforen. Mit > Wikis können Ad-hoc-Autorenteams gegründet werden, mit > Podcasting können Audio- oder Videodateien über das Internet produziert und angeboten werden.

Utopia.de: Ein Internetportal für strategischen Konsum und nachhaltigen Lebensstil. Auf der Website werden beispielsweise ökologische, fair gehandelte Produkte vorgestellt.

Verkaufsförderung: Summe der kommunikativen Mittel und Medien, die für den Kunden ein Erkennen und Finden der entsprechenden, durch Marken-PR, Produkt-PR und Werbung kommunizierten, Dienstleistungen oder Produkte von Unternehmen/Organisationen am Verkaufsort ermöglichen. Dazu gehört ebenfalls das persönliche Verkaufsgespräch am Verkaufsort.

Vernetzte Kommunikation: Ähnlich der Idee der integrierten Kommunikation, die darauf abzielt, dass alle mit Kommunikation befassten Bereiche in Unternehmen sowohl organisatorisch-strukturell als auch inhaltlich in beidseitigem Austausch stehen, also vernetzt sind und daher in einer integrierten Kommunikationsmanagementfunktion gesteuert werden sollten.

Videocasting: > Podcasting mit Videoelementen. Oberbegriff: > Podcasting.

Virales Marketing: Marketingform, die existierende soziale Netzwerke ausnutzt, um Aufmerksamkeit auf Marken, Produkte oder Kampagnen zu lenken, indem Nachrichten sich epidemisch, das heißt wie ein Virus, ausbreiten. Die Verbreitung der Nachrichten basiert damit letztlich auf Mundpropaganda, also der Kommunikation zwischen den Kunden oder Konsumenten. Ziel von Viral-Marketing ist die schnelle Verbreitung einer Nachricht. Durch geschickte Entwicklung eines Marketing-Mix, der die Zielgruppe so gut erreicht, dass man darüber spricht, verbreitet sich die Kommunikationsbotschaft schnell, ähnlich wie bei einem Virus. V. geschieht vorwiegend online, beispielsweise indem ein Werbespot von Nutzern verlinkt oder anderen Nutzern empfohlen wird.

Watchblogs: Kritisch beobachtende > Blogs.

Web 2.0: weniger besondere Technologien oder Innovationen als vielmehr die veränderte Nutzung und Wahrnehmung des Internets. Benutzer erstellen und bearbeiten Inhalte in quantitativ und qualitativ entscheidendem Maße selbst und vernetzen sich dabei mit Hilfe sozialer Software zusätzlich untereinander.

Whistleblower: Mitarbeiter, der Interna aus der Organisation der Öffentlichkeit zugänglich macht und dadurch der Organisation schaden kann. Whistleblower genießen in der Öffentlichkeit ein hohes Ansehen, weil sie für Transparenz sorgen. Dazu gehören typischerweise Missstände oder Verbrechen wie Korruption, Insiderhandel, Menschenrechtsverletzungen, Datenmissbrauch. Ein W. begibt sich als Informanten selbst in Gefahr und riskiert gravierende Auswirkungen auf das eigene Leben. Häufig werden Whistleblower gemobbt, ihr Arbeitsverhältnis gekündigt oder wegen Geheimnisverrats vor Gericht gebracht (wie Edward Snowden). In einigen Ländern genießen Whistleblower daher besonderen gesetzlichen Schutz.

Whitepaper: Eine Sammlung von Empfehlungen und Ratschlägen zu einer bestimmten Thematik. In der Unternehmenskommunikation kann dieses Kommunikationsinstrument als Entscheidungshilfe dienen oder eine Lösung oder Erklärung für bestimmte Fragestellungen liefern.

Widget: Ein Widget, Applet oder eine Minianwendung ist ein kleines Computerprogramm, das nicht als eigenständige Anwendung betrieben, sondern in eine grafische Benutzeroberfläche oder Webseite eingebunden wird. Meist handelt es sich um Hilfsprogramme. Widgets können nicht als eigenständige Anwendungsprogramme im Rahmen eines Betriebssystems betrieben werden.

Wiki: Hawaiisch für „schnell". Eine Software und Sammlung von Webseiten, die von den Benutzern nicht nur gelesen, sondern meist auch direkt online geändert werden können. Wikis ermöglichen es verschiedenen Autoren, gemeinschaftlich an Texten zu arbeiten.

Wikipedia: Ein Projekt zum Aufbau einer Enzyklopädie aus freien Inhalten in allen Sprachen der Welt. Der Name Wikipedia setzt sich zusammen aus wikiwiki dem hawaiischen Wort für „sehr schnell", und „encyclopedia", dem englischen Wort für „Enzyklopädie". Ein Wiki ist ein Webangebot, dessen Seiten jedermann leicht und ohne technische Vorkenntnisse direkt im Webbrowser ändern kann.

Worst-Case (negativer, kritischer Fall): ein Begriff, der häufig in der Unternehmensplanung eingesetzt wird. Dabei werden verschiedene Ergebnisse, die zukünftig eintreten könnten, durchgespielt. Der Worst-Case beschreibt diesbezüglich den ungünstigsten anzunehmenden Fall.

YouTube: Führendes Videoportal im Internet. YouTube ist vor allem so beliebt, weil sich auch hier eine Gemeinschaft gebildet hat, die Video-Dateien hochladen, bewerten und kommentieren kann. Mit circa 70 Prozent US-Marktanteil ist es die führende Webseite für Videos.

Xing: Webbasierte Plattform, in der die Teilnehmer ihre geschäftlichen Beziehungen zu anderen Personen organisieren. Xing bietet zahlreiche Funktionen wie: Suche nach Interessen, Foren und Gruppen. Sie wurde 2003 gegründet. Unternehmen können bei Xing ein Firmenprofil anlegen und Werbung und Stellenangebote schalten..

Literaturverzeichnis

Accenture (2010): Studie: Deutsche Versicherungen leiden unter geringer Kundenloyalität. Online verfügbar unter http://www.accenture.com, zuletzt geprüft am 12.04.2015.

Accenture (2013): Studie: Digitale Transformation in der Versicherungswirtschaft.

Accenture (2015): Studie: Assekuranz 2015. Eine Standortbestimmung. Online verfügbar unter http://www.accenture.com/SiteCollectionDocuments/PDF/Accenture_Assekuranz_2015_Studie_Deutsch_11_2010.pdf, zuletzt geprüft am 12.04.2015.

Ahonen, Aki; Salonen, Jarno; Järvinen, Raija; Kivistö-Rahnasto, Jouni (2009): E-insurance. Developing customer-friendly electronic insurance services from the novel project perspective. In: Ada Scupola (Hg.): Cases on managing e-services. Hershey, PA: Information Science Reference, S. 107–125. – ISBN 9781605660653.

Allianz (2010): Panel-Befragung. Unter Mitarbeit von GfK Panel-Service.

Allianz (2013): Geschäftsbericht. Online verfügbar unter https://www.allianz.com/v_1394785030000/media/investor_relations/de/berichte_und_finanzdaten/geschaeftsbericht/gb2013/gb2013_se.pdf, zuletzt geprüft am 23.04.2015.

Allianz (2014): Studie: Kundenservice im Social Web. Online verfügbar unter https://www.allianzdeutschland.de/news/news-2014/17-07-14-kunden-verlieren-schnell-die-geduld/, zuletzt geprüft am 24.04.2015.

Altimeter Group (2012): Guarding the Social Gates: Guarding the Social Gates Guarding the Social Gates. The Imperative for Social Media Risk Management. Unter Mitarbeit von Alan Webber, Charlene Li und Jaimy Szymanski. Altimeter Group. Online verfügbar unter http://www.altimetergroup.com/2012/08/the-imperative-for-social-risk-management, zuletzt aktualisiert am 15.10.2015.

Ambacher, N., Jánszky, S., Knapp, D. (2014): Versicherungen 2020: Kunden, Makler, Changeprozesse. Trendstudie des 2b AHEAD ThinkTanks. Online verfügbar unter http://www.2bahead.com/trendstudien/versicherungen_2020.

AMC (2014): Versicherungen auf Facebook. Online verfügbar unter http://www.amc-forum.de/content/studien/details.php?id=1315, zuletzt geprüft am 21.04.2015.

AMC / As im Ärmel (2014): Versicherungen auf Facebook.

AMC / Hilker Consulting (2011): Studie: Social Media in der Assekuranz. Unter Mitarbeit von Hilker, Claudia Schubert, Desiree. Hg. v. AMC / Hilker Consulting.

AMC / Hilker Consulting (2014): Studie: Social Media für Versicherungen. Unter Mitarbeit von Hilker, Claudia Schubert, Desiree. Hg. v. AMC / Hilker Consulting (ISBN 978-3-00-046778-3).

ARD / ZDF (2014): ARD/ZDF-Onlinestudie 2014. Online verfügbar unter http://www.ard-zdf-onlinestudie.de/, zuletzt geprüft am 10.04.2015.

Aslanski, Sofia; Petsch, Mathias; Nissen, Volker (2010): Reifegradmodell der Kundenbindung für Versicherungsunternehmen. Techn. Univ., Diplomarbeit--Ilmenau.

Attensity (2011): Social Media in der deutschen Versicherungsbranche. Online verfügbar unter www.attensity.de, zuletzt geprüft am 19.04.2015.

Back, Andrea (2008): Web 2.0 in der Unternehmenspraxis. Grundlagen, Fallstudien und Trends zum Einsatz von Social Software. München: Oldenbourg. – ISBN 3486585797.

Back, Andrea (Hg.) (2011): Web 2.0 in der Unternehmenspraxis. Social-Media-Grundlagen und -Trends sowie Methoden und Fallstudien zu Enterprise 2.0. 3., vollständig überarbeitete Auflage. München: Oldenbourg. – ISBN 3486598325.

Beenken, Matthias (2008): Vermittler in Marketingplanung einbeziehen. In: *Versicherungswirtschaft* (8), S. 710.

Beilharz, Felix (2012/2013): Social Media ROI. Erfolgsmessung in sozialen Netzwerken. Hg. v. Jahrbuch Marketing. Online verfügbar unter https://www.marketinginstitut.biz/blog/wp-content/uploads/2013/10/Social-Media-ROI.pdf, zuletzt geprüft am 20.04.2015.

Beilharz, Felix; Bernecker, Michael (2011): Social Media Marketing. Strategien, Tipps und Tricks für die Praxis. 1. Aufl. Bergisch Gladbach: johanna Verlag. – ISBN 3937763295.

Bernecker, Michael; Beilharz, Felix (2012): Social-Media-Marketing. Strategien, Tipps und Tricks für die Praxis. 2. Aufl. Bergisch Gladbach, Köln: Johanna-Verl. – ISBN 9783937763293.

Bialek, Catrin; Schmitt, Thomas; Iwersen, Sönke: IMAGE AUFPOLIEREN. Jetzt erst recht: Ergo fährt Werbekampagne wieder an. In: *Handelsblatt* (21.06.2011). Online verfügbar unter http://www.handelsblatt.com/unternehmen/banken-versicherungen/image-aufpolieren-jetzt-erst-recht-ergo-faehrt-werbekampagne-wieder-an/4307556.html, zuletzt geprüft am 22.04.2015.

Bitkom (2012): Studie: Social Media in Unternehmen. Online verfügbar unter http://www.bitkom.org/files/documents/Social_Media_in_deutschen_Unternehmen(4).pdf, zuletzt geprüft am 25.05.2014.

Bitkom (2013): Die wichtigsten Hightech-Themen 2013. Online verfügbar unter http://www.bitkom.org/de/presse/30739_74757.aspx, zuletzt geprüft am 25.05.2014.

Bitkom (2015): Drei von vier Unternehmen nutzen Social Media. Social Media Umfrage. Online verfügbar unter http://www.bitkom.org/de/presse/8477_82175.aspx, zuletzt geprüft am 05.05.2015.

Blanchard, Olivier (2011): Social media ROI. Managing and measuring social media efforts in your organization. Indianapolis, Ind: Que Publ. – ISBN 9780789747419.

Blanchard, Olivier (2012): Social Media ROI. Messen Sie den Erfolg Ihrer Marketing-Kampagne. München: Addison-Wesley. – ISBN 9783827331113.

Bruhn, Manfred (2009): Marketingübungen. Basiswissen, Aufgaben, Lösungen. In: *Marketingübungen*.

Bruhn, Manfred (2010): Unternehmens- und Marketingkommunikation. Handbuch für ein integriertes Kommunikationsmanagement. 2. Aufl. München: Vahlen. – ISBN 3800637197.

Bruhn, Manfred (2012): Marketing. Grundlagen für Studium und Praxis. 11., überarb. Aufl. 2012. Wiesbaden: Gabler Verlag. – ISBN 3834938556.

Bruhn, Manfred (2014): Unternehmens- und Marketingkommunikation. Handbuch für ein integriertes Kommunikationsmanagement. 3. Aufl. München: Vahlen, Franz. – ISBN 380064858X.

Bruhn, Manfred; Hadwich, Karsten (Hg.) (2013a): Dienstleistungsmanagement und Social Media. Wiesbaden: Springer Fachmedien Wiesbaden. – ISBN 978-3-658-01247-2.

Bruhn, Manfred; Hadwich, Karsten (2013b): Dienstleistungsmanagement und Social Media. Potenziale, Strategien und Instrumente Forum Dienstleistungsmanagement. In: *Dienstleistungsmanagement und Social Media*.

Bruhn, Manfred; Martin, Sieglinde; Schnebelen, Stefanie (2014): Integrierte Kommunikation in der Praxis. Entwicklungsstand in deutschsprachigen Unternehmen (Basler Schriften zum Marketing, Bd. 32). – ISBN 978-3-658-05464-9.

BVDW (2010): Social Media Kompass. Hg. v. Bundesverband Digitale Wirtschaft (Hrsg.). Online verfügbar unter http://www.bvdw.org/mybvdw/media/download/kompass-social-media-2010-2011.pdf?file=3306.

Capgemini (2013): World Insurance Report. Online verfügbar unter https://www.worldinsurancereport.com/download, zuletzt geprüft am 29.11.2015.

Ceyp, Michael; Scupin, Juhn-Petter (2013): Erfolgreiches Social Media Marketing. Konzepte, Massnahmen und Praxisbeispiele. Wiesbaden: Springer Fachmedien Wiesbaden; Imprint: Springer Gabler (SpringerLink : Bücher). – ISBN 978-3-658-00035-6.

Christoffersson, Adam; Karlsson, Chris Hunt (2015): Developing a framework for Business Analytics: a structure for turning data into actionable insights A case study at Volvo GTT PE Master's thesis in Quality and Operations Management & Supply Chain Management Adam Christoffersson Chris Hunt Karlsson Department of Technology Management and Economics Division of Quality Sciences Developing a framework for Business Analytics: a structure for turning data into actionable insights

. A case study at Volvo GTT PE. Chalmers University of Technology Gothenburg, Sweden.

Claudia Hilker: Eignung von Social-Media-Netzwerken für Unternehmen zur Marketing-Kommunikation mit Kunden. In: Hofbauer 2015, S. 281–301.

Daniel Kubowski (2014): Cosmos Direkt Fanpage. Online verfügbar unter https://www.facebook.com/pages/CosmosDirekt/151360204905048, zuletzt geprüft am 21.04.2015.

Debeka (2011/2012): FAQ Daten Debatte. Online verfügbar unter http://www.debeka.de/unternehmen/presse/faq_daten_debatte/index.html, zuletzt geprüft am 23.04.2015.

Debeka (2013): Geschäftsbericht. Online verfügbar unter http://www.debeka.de/unternehmen/presse/informationen_zur_debeka/GB_Debeka_Allgemeine_2013_pdf.pdf, zuletzt aktualisiert am 23.04.2015.

Deutsche Bank, GFK, Google (2010): ROPO Effekt. Online verfügbar unter http://www.dbresearch.de/PROD/DBR_INTERNET_DE-PROD/PROD0000000000261864/Mehrheit+der+Bankkunden+recherchiert+online%3A+Ergebnisse+einer+Clickstream-Analyse.PDF, zuletzt geprüft am 08.04.2015.

Die Welt (09.06.11): Ergo weist Berichte über Kundenabzocke zurück, 09.06.11. Online verfügbar unter http://www.welt.de/wirtschaft/article13421588/Ergo-weist-Berichte-ueber-Kundenabzocke-zurueck.html, zuletzt geprüft am 22.04.2015.

DigitasLBi (2015): Studie: Social Networks liefern den deutschen Verbrauchern konkrete Kaufanreize. Online verfügbar unter http://www.digitaslbi.com/de/presse/deutsch/digitaslbi-studie-social-networks-liefern-den-deutschen-verbrauchern-konkrete-kaufanreize/, zuletzt geprüft am 27.11.2015.

DIM (2012): Social Media Marketing in Unternehmen. Online verfügbar unter http://www.marketinginstitut.biz/media/studie_dim_-_social_media_marketing_in_unternehmen_2012_121121.pdf, zuletzt geprüft am 25.05.2014.

Dörfel, Lars; Schulz, Theresa (2012): Social Media in der Internen Kommunikation. 1. Aufl. Berlin: scm. – ISBN 9783940543134.

DPRG/ ICV (2011): Positionspapier Kommunikations-Controlling. Online verfügbar unter http://www.communicationcontrolling.de/fileadmin/communicationcontrolling/sonst_files/Positionspapier_DPRG_ICV.pdf, zuletzt geprüft am 22.03.2015.

Eck, Klaus (2011): Transparent und glaubwürdig. Das optimale Online-Reputation-Management für Unternehmen. 1. Aufl. München: Redline-Verl. – ISBN 3868812644.

Eck, Klaus; Eichmeier, Doris (2014): Die Content-Revolution im Unternehmen. Neue Perspektiven durch Content-Marketing und -Strategoe. 1. Aufl. Freiburg, München: Haufe. – ISBN 3648056174.

Edelman (2014): Studie: Trust Barometer. Online verfügbar unter http://www.edelman.de/de/studien/articles/trustbarometer, zuletzt geprüft am 29.11.2015.

Eickenberg, Volker (2006): Marketing selbstständiger Versicherungsvertreter. Eine empirische Analyse. 1. Aufl. Lohmar [u.a.]: Eul (Versicherungswirtschaft, 46). – ISBN 9783899364682.

Engel, B.; Breunig C.: Massenkommunikation 2015. Mediennutzung im Intermediavergleich (Media Perspektiven, MP 8/2015, S. 310-322). Online verfügbar unter http://www.ard-werbung.de/fileadmin/user_upload/media-perspektiven/pdf/2015/07082015_Engel_Breunig.pdf, zuletzt geprüft am 30.09.2015.

ERGO (2013): Geschäftsbericht. Online verfügbar unter https://www.google.de/url?sa=t&rct=j&q=&esrc=s&source=web&cd=6&cad=rja&uact=8&ved=0CD8QFjAF&url=http%3A%2F%2Fwww.ergo.de%2F~%2Fmedia%2FErgoDe%2FImages%2F05_Unternehmen%2528U%2529%2FPDF%2F2014%2FGeschaeftsbericht-ERGO-Versicherung-2013.pdf&ei=o-43VeCHIMXEygP_rYDABw&usg=AFQjCNHnMa9GkXd3Z2k6P2zrGcjkNsyAkg&sig2=V6UJ0y9uHzQkyGWjA9GMpA&bvm=bv.91427555,d.bGQ, zuletzt geprüft am 22.04.2015.

Evans, Dave (2008): Social media marketing. An hour a day. Indianapolis Ind: Wiley. – ISBN 978-0-470-34402-6.

Evans, Dave; Bratton, Susan (2008): Social media marketing. An hour a day. Hoboken: John Wiley & Sons, Inc. – ISBN 9780470439319.

Everling, Oliver; Lempka, Robert (Hg.) (2013): Finanzdienstleister der nächsten Generation. Die neue digitale Macht der Kunden. 1. Aufl. Frankfurt am Main: Frankfurt School Verlag. – ISBN 3940913758.

Eyl, Stephan (2013): Große Studie: Wie viele Likes, Comments und Shares sammeln Facebook Seiten? Fanpage Karma. Online verfügbar unter http://blog.fanpagekarma.com/2013/02/13/grose-studie-wie-viele-likes-comments-und-shares-sammeln-facebook-seiten/?lang=de#prettyPhoto, zuletzt geprüft am 19.10.2015.

Farny, Dieter (2006): Versicherungsbetriebslehre. 4., überarb. Aufl. Karlsruhe: VVW. – ISBN 9783899522051.

Farny, Dieter (2011): Versicherungsbetriebslehre. 5., überarb. Aufl. Karlsruhe: Verl. Versicherungswirtschaft. – ISBN 978-3-89952-608-0.

FAZ (2011): Versicherung setzte Sex-Party von Steuer ab, 29.05.2011. Online verfügbar unter http://www.faz.net/aktuell/wirtschaft/recht-steuern/hamburg-mannheimer-versicherung-setzte-sex-party-von-steuer-ab-13136.html, zuletzt geprüft am 22.04.2015.

Fiege, Roland (2012): Social Media Balanced Scorecard. Erfolgreiche Social Media-Strategien in der Praxis. Wiesbaden: Springer Vieweg. – ISBN 3834814636.

Forrester (2009): Forrester Groundswell. Social Technographics Profile. Online verfügbar unter http://www.forrester.com/Groundswell/profile_tool.html, zuletzt geprüft am 11.04.2015.

Forthmann, Jörg (2013/2014): Handelsblatt baut das Perpetuum Mobile in der Debeka-Krise. Online verfügbar unter http://www.faktenkontor.de/handelsblatt-baut-das-perpetuum-mobile-in-der-debeka-krise/, zuletzt geprüft am 23.04.2015.

Gartner (2012): Gartner Says Worldwide Social Media Revenue Forecast to Reach $16.9 Billion in 2012. Online verfügbar unter http://www.gartner.com/newsroom/id/2092217, zuletzt geprüft am 09.04.2015.

GDV (2012): GDV Branchen-Report: „Statistisches Taschenbuch der Versicherungswirtschaft. Hg. v. GDV.

GDV (2013): Wir brauchen eine Demografie-Strategie. Unter Mitarbeit von Alexander Erdland. Online verfügbar unter http://www.gdv.de/2013/05/wir-brauchen-eine-demografie-strategie-2/, zuletzt geprüft am 12.04.2015.

GDV (2014): Statistical Yearbook of German Insurance 2014. Hg. v. GDV: Gesamtverband der Deutschen Versicherungswirtschaft e.V. Online verfügbar unter http://www.en.gdv.de/wp-content/uploads/2014/11/Statistical_Yearbook_2014.pdf, zuletzt geprüft am 15.10.215.

GDV (13.03.2015): Gutes Geschäftsjahr 2014 für Versicherungswirtschaft. Online verfügbar unter http://www.gdv.de/2015/03/gutes-geschaeftsjahr-2014-fuer-versicherungswirtschaft/, zuletzt geprüft am 12.04.2015.

Gladwell, Malcolm (2002): Der Tipping-Point. Wie kleine Dinge Grosses bewirken können. Vollst. Taschenbuchausg. München: Goldmann (Goldmann, 12780). – ISBN 3442127807.

Google (2013): Fallstudie: R+V Versicherungsgruppe – Google+. Bärenstarke Aktion bringt R+V Versicherung In 10 Tagen 1650 Follower bei Google+. Online verfügbar unter http://services.google.com/fh/files/misc/rundv_casestudy.pdf, zuletzt geprüft am 24.04.2015.

Grabs, Anne; Bannour, Karim-Patrick (2012): Follow me! Erfolgreiches Social Media Marketing ; mit Facebook, Twitter und Co. ; [von der Planung bis zum Monitoring und Reputation Management ; Kundenbeziehungen stärken und Empfehlungsmarketing nutzen ; inkl. Google+, Social Commerce und vielen Fallbeispielen aus D/A/CH]. 2. Aufl. Bonn: Galileo Press. – ISBN 3836218623.

Größte Versicherungen in D. nach den Beitragseinnahmen im Jahr 2012 (in Millionen Euro). In: *FAZ* (1.7.2013).

Größte Versicherungen in D. nach den Beitragseinnahmen im Jahr 2013 (in Millionen Euro). In: *FAZ* (1.7.2014).

Größte Versicherungen in D. nach den Beitragseinnahmen im Jahr 2014 (in Millionen Euro). In: *FAZ* (1.7.2015).

Handelsblatt (2011): Ergo-Chef räumt Fehler ein, 2011. Online verfügbar unter http://www.handelsblatt.com/unternehmen/banken-versicherungen/image-aufpolieren-ergo-chef-raeumt-fehler-ein/4307556-3.html, zuletzt geprüft am 22.04.2015.

Handelsblatt/dpa (2011a): Ergo-Chef räumt Fehler bei Aufklärung ein, 21.06.2011. Online verfügbar unter http://www.handelsblatt.com/economy-business-und-finance-ergo-chef-raeumt-fehler-bei-aufklaerung-ein/4309164.html, zuletzt geprüft am 22.04.2015.

Handelsblatt/dpa (2011b): Compliance Bereich. Neues Team soll bei Ergo Regeln überwachen, 25.08.2011. Online verfügbar unter http://www.handelsblatt.com/unternehmen/banken-versicherungen/compliance-bereich-neues-team-soll-bei-ergo-regeln-ueberwachen/4539674.html, zuletzt geprüft am 26.04.2015.

Hermes, E. (2011): Die Macht der harten Zahlen. In: *Absatzwirtschaft* (4), S. 32–33.

Hettler, Uwe (2010): Social Media Marketing. München: Oldenbourg, R/CVK. – ISBN 3486591150.

Heymann-Reder, Dorothea (2011): Social-Media-Marketing. Erfolgreiche Strategien für Sie und Ihr Unternehmen. München, Boston, Mass. [u.a.]: Addison-Wesley. – ISBN 3827330211.

Hilker, Claudia: Eignung von Social-Media-Netzwerken für Unternehmen zur Marketing-Kommunikation mit Kunden. In: Hofbauer 2015, S. 281–302.

Hilker, Claudia (2009): Kunden gewinnen und binden. Mehr verkaufen durch innovatives Marketing. 2. Aufl. Karlsruhe: VVW. – ISBN 3899524365.

Hilker, Claudia (2010): Social Media für Unternehmer. Wie man Xing, Twitter, Youtube und Co. erfolgreich im Business einsetzt. Wien: Linde (Linde international). – ISBN 3709303222.

Hilker, Claudia (2012): Erfolgreiche Social-Media-Strategien für die Zukunft. Mehr Profit durch Facebook, Twitter, Xing und Co. 1. Aufl. Wien: Linde Verlag Wien (WirtschaftsWoche-Sachbuch). – ISBN 9783709303689.

Hilker, Claudia; Raake, Stefan (2010): Web 2.0 in der Finanzbranche. Die neue Macht des Kunden. 1. Aufl. Wiesbaden: Gabler. – ISBN 383491889X.

Hilker, Claudia; Zajko, Marian (Hg.): Possibilities of business risk reduction in insurance through systematic use of the social media and business intelligence tools.

Hilker, Claudia; Zajko, Marian: Possibilities of business risk reduction in insurance through systematic use of the social media and business intelligence tools. 2015. In: Conference Finance and Risk, Bd. 17. Online verfügbar unter http://www.far.nhf.euba.sk/.

Hofbauer, Günter; Hohenleitner, Christina (2005): Erfolgreiche Marketing-Kommunikation. Wertsteigerung durch Prozessmanagement. München: Vahlen. – ISBN 9783800632398.

Holland, Heinrich (2014): Digitales Dialogmarketing. Grundlagen, Strategien, Instrumente. Wiesbaden: Springer Gabler (SpringerLink : Bücher). – ISBN 3658025409.

Holzapfel, Felix; Holzapfel, Klaus (2011): Facebook - Marketing unter Freunden. Dialog statt plumpe Werbung. 3. Aufl. Göttingen: BusinessVillage. – ISBN 9783869800530.

Hünnekens, Wolfgang (2010): Die Ich-Sender. Das Social Media-Prinzip - Twitter, Facebook & Communities erfolgreich einsetzen. 2. Aufl. Göttingen: Business Village. – ISBN 3869800054.

Hutter, Katharina; Hoffmann, Stefan (2013): Professionelles Guerilla-Marketing. Grundlagen - Instrumente - Controlling. Wiesbaden: Imprint: Springer Gabler (SpringerLink : Bücher). – ISBN 978-3-658-02268-6.

IBM (2013): Global C-Suite Study. Online verfügbar unter http://www-935.ibm.com/services/de/de/c-suite/csuitestudy2013/, zuletzt geprüft am 13.04.2015.

IfD Allensbach (2013): ACTA 2013. Online verfügbar unter http://www.ifd-allensbach.de/acta/startseite-acta/die-neue-acta-2013.html.

Iwersen, Sönke (2011a): MORDSSPASS. Rauschende Sex-Party bei der Ergo-Versicherung. In: *Handelsblatt*, 18.05.2011. Online verfügbar unter http://www.handelsblatt.com/unternehmen/banken-versicherungen/mordsspass-rauschende-sex-party-bei-der-ergo-versicherung/4191768.html, zuletzt geprüft am 22.04.2015.

Iwersen, Sönke (2011b): Unerlaubte Wettbewerbsvorteile. Debeka-Mitarbeiter bestachen jahrelang Beamte, 31.10.2011. Online verfügbar unter http://www.handelsblatt.com/unternehmen/banken-versicherungen/unerlaubte-wettbewerbsvorteile-debeka-mitarbeiter-bestachen-jahrelang-beamte/9015470.html, zuletzt geprüft am 23.04.2015.

Iwersen, Sönke (2012): LUSTREISEN-SKANDAL. Interner Bericht enthüllt Details der Ergo-Affäre. Hg. v. Handelsblatt. Online verfügbar unter http://www.handelsblatt.com/unternehmen/banken-versicherungen/lustreisen-skandal-interner-bericht-enthuellt-details-der-ergo-affaere/6997572.html, zuletzt geprüft am 25.11.2015.

Jodeleit, Bernhard (2010): Social Media Relations. Leitfaden für erfolgreiche PR-Strategien und Öffentlichkeitsarbeit im Web 2.0. 1. Aufl. Heidelberg: Dpunkt-Verl. Online verfügbar unter http://ebooks.ciando.com/book/index.cfm/bok_id/137668. – ISBN 3898646947.

Kaiser, Carolin (2012): Business Intelligence 2.0. Knowledge-Based Services zur automatisierten Analyse der Meinungsbildung im Web 2.0. Wiesbaden: Springer Gabler (Research). – ISBN 978-3-8349-3990-6.

Kaplan, Robert S.; Norton, David P. (1997): Balanced scorecard. Strategien erfolgreich umsetzen. Stuttgart: Schäffer-Poeschel (Handelsblatt-Reihe). – ISBN 3791012037.

Kemper, Hans-Georg; Baars, Henning; Mehanna, Walid (2010): Business Intelligence - Grundlagen und praktische Anwendungen. Eine Einführung in die IT-basierte Managementunterstützung. 3., überarbeitete und erw. Aufl. Wiesbaden: Vieweg+Teubner Verlag / GWV Fachverlage, Wiesbaden (Studium). – ISBN 978-3-8348-9727-5.

Keylens (2012): Kundenerwartungen im Social Web. Unter Mitarbeit von Keylens.

Kiefer, Markus (2014): Neue Potenziale für die Krisenkommunikation von Unternehmen. Social Media und die Kommunikation von großen Infrastrukturprojekten. Essen: MA Akad.-Verl; FOM (Arbeitspapiere der FOM). – ISBN 1865-5610.

Köhler, Patricia; Termer, Frank; Schorcht, Hagen (2011): Entwicklung eines Reifegradmodells für das Geschäftsprozessmanagement. Techn. Univ., Masterarbeit--Ilmenau.

Köhne, Thomas (2006): Marketing im strategischen Unternehmensnetzwerk. Erklärungsmodell und praktische Anwendung in der Versicherungswirtschaft. Univ., Habil.-Schr.--St. Gallen, 2005. 1. Aufl. Wiesbaden: Dt. Univ.-Verl (Neue betriebswirtschaftliche Forschung, 348). – ISBN 9783835004429.

Körnert, Jan (2003): Balanced Scorecard. Theoretische Grundlagen und Perspektivenwahl für Kreditinstitute. Zugl.: Freiberg (Sachsen), Techn. Univ., Habil-Schr., 2002. Berlin: BWV Berliner Wiss.-Verl (Neue betriebswirtschaftliche Studienbücher, 25). – ISBN 3-8305-0393-8.

Köster, Andreas (2012): Schematische KPI Pyramide. Online verfügbar unter http://www.monitoring-blog.de/2012/12/social-media-erfolgsmessung-schematische-kpi-pyramide/.

Kotler, Philip (2012): Grundlagen des Marketing. 5., aktualisierte Aufl., 3. Repr. München [u.a.]: Pearson Studium (Wi, Wirtschaft). – ISBN 9783868940145.

Kotler, Philip; Bliemel, Friedhelm (2001): Marketing-Management. Analyse, Planung und Verwirklichung. 10., überarb. und aktualisierte Aufl. Stuttgart: Schäffer-Poeschel. – ISBN 379101689X.

Kotler, Philip; Kartajaya, Hermawan; Setiawan, Iwan (2010): Marketing 3.0. From products to customers to the human spirit. Hoboken, NJ: Wiley. – ISBN 9780470598825.

Kotler, Philip; Keller, Kevin Lane (2012): Marketing management. 14th [ed.]. Upper Saddle River, N.J: Prentice Hall. – ISBN 978-0-13-210292-6.

Kotler, Philip; Keller, Kevin Lane; Opresnik, Marc Oliver (2015): Marketing-Management. Konzepte - Instrumente - Unternehmensfallstudien. 14., aktualisierte Auflage. Hallbergmoos: Pearson (Pearson Studium - Economic BWL). – ISBN 3868941215.

Kreutzer, Ralf; Land, Karl-Heinz: Digitaler Darwinismus. Der stille Angriff auf Ihr Geschäftsmodell und Ihre Marke. 2. Auflage (Think! book). – ISBN 978-3-658-11305-6.

Kreutzer, Ralf T.; Hinz, Jule (2010): Möglichkeiten und Grenzen von Social Media Marketing. Online verfügbar unter http://www.mba-berlin.de/fileadmin/user_upload/MAIN-dateien/1_IMB/Working_Papers/2010/WP_58_online.pdf, zuletzt aktualisiert am 12.04.2015.

Kroeber-Riel, Werner (1993): Bildkommunikation. Imagerystrategien für die Werbung. München: Vahlen. – ISBN 3800617021.

Kroeber-Riel, Werner; Weinberg, Peter (1999): Konsumentenverhalten. 7. verbesserte und ergänzte Aufl., 1999. München: Vahlen Franz Gmbh (Vahlens Handbücher der Wirtschafts- und Sozialwissenschaften). – ISBN 9783800624553.

Lamnek, S. (1993): Band I: Methodologie. 2. Auflage. München: Psychologie Verlags Union (Qualitative Sozialforschung).

Lembke, Gerald (2011): Social Media Marketing. Analyse, Strategie, Konzeption, Umsetzung ; [Marketing-Boosting mit Erfolgskontrolle]. 1. Aufl. Berlin: Cornelsen. – ISBN 3589239085.

Lembke, Gerald (2013): Digitale Medien im Unternehmen: Springer Berlin Heidelberg. – ISBN 9781283849449.

Lembke, Gerald; Honal, Andrea: Die digitale Transformation als Treiber digitaler Markenführung. DOI 10.1007/s11621-015-0513-9 Print ISSN 1865-6544 Online ISSN 1865-7516. In: Gabler Verlag (Hg.): Journal Marketing Review St. Gallen, Volume 32, Issue 1, S. 62–69. – ISBN DOI 10.1007/s11621-015-0513-9 Print ISSN 1865-6544 Online ISSN 1865-7516.

Li, Charlene; Bernoff, Josh (2009): Facebook, YouTube, Xing & Co. Gewinnen mit Social Technologies. München: Hanser, Carl. – ISBN 3446417826.

Luhmann, Niklas (2000): Vertrauen. Ein Mechanismus der Reduktion sozialer Komplexität. 4. Aufl. Stuttgart: Lucius und Lucius (UTB für Wissenschaft, 2185). – ISBN 3825221857.

Lünendonk (2013): Versicherungen 2020. Trends, Technologien, Geschäftsmodelle. Online verfügbar unter http://luenendonk-shop.de/Luenendonk-Studien/ITK-Markt/2013/Luenendonk-Trendstudie-Versicherungen-2020-Trends-Technologien-Geschaeftsmodelle.html, zuletzt aktualisiert am 23.04.2015.

Manager Magazin (2013): Hall of Shame. Manager mit gutem Image - und mit Reputationsrisiko. Online verfügbar unter http://www.manager-magazin.de/fotostrecke/hall-of-shame-manager-mit-gutem-image-und-mit-reputationsrisiko-fotostrecke-103399.html.

Mast, Claudia (2012): Unternehmenskommunikation. In: *Unternehmenskommunikation* 2308 : Betriebswirtschaftslehre, Kommunikationswissenschaft.

McKinsey (2012): Turning buzz into gold. Online verfügbar unter http://www.mckinsey.de/suche/Social_Media_Brochure_Turning_buzz_into_gold.pdf, zuletzt geprüft am 10.10.2014.

Meckl, Miriam; Schmid, Beat F. (2010): Unternehmenskommunikation 2.0. Kommunikationsmanagement aus Sicht der Unternehmensführung. 2. überarb. u. erw. Aufl. Wiesbaden: Gabler. – ISBN 978-3-8349-0973-2.

Meermann Scott, David (2009): Marketing und Web 2.0. Wie sie News Releases, Blogs, Podcasts, virales Marketing und Online-Marketing nutzen. 1. Aufl. Heidelberg, Neckar: Mitp/bhv in Verlagsgruppe Hüthig Jehle Rehm. – ISBN 3826655370.

Meffert, Heribert; Bruhn, Manfred (2012): Dienstleistungsmarketing. Grundlagen - Konzepte - Methoden. 7., überarb. u. erw. Aufl. 2012. Wiesbaden: Gabler Verlag; Imprint: Gabler Verlag (SpringerLink : Bücher). – ISBN 3834934429.

Meffert, Heribert; Burmann, Christoph; Kirchgeorg, Manfred (2012): Marketing. Grundlagen marktorientierter Unternehmensführung. 11., überarb. und erw. Aufl. Wiesbaden: Gabler Verlag (Meffert-Marketing-Edition). – ISBN 978-3-8349-2760-6.

Mergel, Ines; Müller, Philipp S.; Parycek, Peter; Schulz, Sönke E. (2013): Praxishandbuch Soziale Medien in der öffentlichen Verwaltung. Wiesbaden: Imprint: Springer VS (SpringerLink : Bücher). – ISBN 978-3-658-00746-1.

Meyer, Jörn-Axel; Kittel-Wegner, Ellen (2002): Die Fallstudie in der betriebswirtschaftlichen Forschung und Lehre. Flensburg: Univ (Schriften zu Management und KMU, 3/2002).

Mind Business Consultants (2010): Praxisleitfaden Social Media Monitoring. Online verfügbar unter http://www.mind-consult.net/news/social-media-monitoring-richtig-gemacht-neue-studie-stellt-anhand-von-fallbeispielen-sinnvolle-einsatzgebiete-vor.html.

Neuland (2014): Digital Readiness Index. Online verfügbar unter http://www.neuland.me/2014/02/digital-readiness-index-executive-summary/.

Olbrich, Rainer (2006): Marketing. Eine Einführung in die marktorientierte Unternehmensführung. 2., überarbeitete und erw. Aufl. Berlin, Heidelberg: Springer-Verlag Berlin Heidelberg (SpringerLink : Bücher). – ISBN 978-3-540-35143-6.

Padberg, Ekkehart (2010): Management by Excellence. Unternehmensressourcen gezielt mobilisieren und nutzen. 1. Aufl. Wiesbaden: Gabler. Online verfügbar unter http://dx.doi.org/10.1007/978-3-8349-8706-8. – ISBN 9783834920607.

Palfrey, John; Gasser, Urs; Reinhart, Franka (2008): Generation Internet. Die Digital Natives: wie sie leben, was sie denken, wie sie arbeiten. München: Hanser. Online verfügbar unter http://deposit.d-nb.de/cgi-bin/dokserv?id=3099219&prov=M&dok_var=1&dok_ext=htm. – ISBN 3446414843.

Peppers, Don; Rogers, Martha (2012): Extreme trust. Honesty as a competitive advantage. New York: Portfolio/Penguin. – ISBN 1591844673.

Peterreins, Hannes; Märtin, Doris; Beetz, Maud (2010): Fairness und Vertrauen in der Finanzberatung. Spielregeln für ein partnerschaftliches Miteinander von Kunden und Beratern. 1. Aufl. Wiesbaden: Gabler (Apano-Akademie-Edition). – ISBN 9783834922748.

Petty, Richard E.; Cacioppo, John T. (1986): Communication and persuasion. Central and peripheral routes to attitude change. New York, NY: Springer (Springer series in social psychology). – ISBN 0387963448.

Prensky, Marc (2001): Digital Natives, Digital Immigrants. In: *MCB University Press: On the Horizon* (Vol. 9 No. 5), zuletzt geprüft am 09.04.2015.

Qualman, Erik (2012): Socialnomics. How social media transforms the way we live and do business. Second edition. – ISBN 1118232658.

R + V (2013): Geschäftsbericht. Online verfügbar unter https://www.ruv.de/de/download/service/pdf/gb2013.pdf, zuletzt geprüft am 24.04.2015.

Raab, Gerhard; Unger, Alexander; Unger, Fritz (2009): Methoden der Marketing-Forschung. Grundlagen und Praxisbeispiele. 2., überarbeitete Auflage. Wiesbaden: Gabler Verlag / GWV Fachverlage GmbH, Wiesbaden. – ISBN 978-3-8349-8230-8.

Rahlfs, Carsten; Döring, Ulrich (2007a): Redefinition der Wertschöpfungskette von Versicherungsunternehmen. Bewertungsmodell zur Entscheidungsunterstntzung bei der Disaggregation der Wertschöpfungskette am Beispiel kleiner und mittlerer Versicherungsunternehmen. In: *Springer e-books*.

Rahlfs, Carsten; Döring, Ulrich (2007b): Redefinition der Wertschöpfungskette von Versicherungsunternehmen. Bewertungsmodell zur Entscheidungsunterstützung bei der Disaggregation der Wertschöpfungskette am Beispiel kleiner und mittlerer Versicherungsunternehmen. Wiesbaden: Deutscher Universitätsverlag (Gabler Edition Wissenschaft). – ISBN 978-3-8350-0571-6.

Ray, Augie (2010): The ROI of Social Media Marketing. More Than Dollars And Cents. Online verfügbar unter http://blogs.forrester.com/augie_ray/10-07-19-roi_social_media_marketing_more_dollars_and_cents, zuletzt geprüft am 02.01.2014.

Reichmann, Thomas (2006): Controlling mit Kennzahlen und Management-Tools. Die systemgestützte Controlling-Konzeption. 7., überarb. und erw. Aufl. München: Vahlen (Controlling). – ISBN 9783800632534.

Reinecke, Sven; Janz, Simone (2006): Organisation des Marketingcontrollings. Träger der Marketingcontrollingfunktionen. In: Sven Reinecke und Torsten Tomczak (Hg.): Handbuch Marketing-Controlling: Effektivität und Effizienz einer marktorientierten Unternehmensführung. Wiesbaden: Gabler, S. 915–932. – ISBN 978-3-409-14286-1.

Röder, Jürgen (2011): Deutsche misstrauen Ergo-Vertretern. In: *Handelsblatt*, 07.08.2011. Online verfügbar unter http://www.handelsblatt.com/unternehmen/banken-versicherungen/nach-skandal-deutsche-misstrauen-ergo-vertretern/4473018.html, zuletzt geprüft am 22.04.2015.

Rogge, Christine (2014): Social Media im Unternehmen - Ruhm oder Ruin. Erfahrungslandkarte einer Expedition in die Social Media-Welt. Hg. v. Ralf Karabasz. Wiesbaden: Springer Vieweg (SpringerLink : Bücher). – ISBN 978-3-658-03087-2.

Rossmann, Alexander (2013): Auf der Suche nach dem Return on Social Media. Online verfügbar unter http://www.marketing.ch/LinkClick.aspx?fileticket=An6wO9i2Cko%3D&tabid=109&portalid=0&mid=458, zuletzt geprüft am 06.05.2015.

Runia, Peter (2011): Marketing. Eine prozess- und praxisorientierte Einführung. 3., aktualisierte und verbesserte Auflage. München: Oldenbourg, R. – ISBN 3486591053.

Ryan, Damian (2014): Understanding digital marketing. Marketing strategies for engaging the digital generation. [Place of publication not identified]: Kogan Page. – ISBN 0749476338.

Saxena, Rahul Narain; Srinivasan, Anand (2013): Business analytics. A practitioner's guide. New York: Springer (International series in operations research & management science, v.186). – ISBN 978-1-4614-6080-0.

Scherg, Christian (2011): Rufmord im Internet. So können sich Firmen, Institutionen und Privatpersonen wehren. Berlin: Ambition-Verl. – ISBN 394282101X.

Schmitt, Thomas (2011): Krisenmanagement. Analyst kritisiert Ergo-Krisenmanagement. In: *Handbuch Versicherungsmarketing*, 14.06.2011. Online verfügbar unter http://www.handelsblatt.com/unternehmen/banken-versicherungen/riester-skandal-analyst-kritisiert-ergo-krisenmanagement-/4282022.html, zuletzt geprüft am 26.04.2015.

Schmitt, Thomas; Demircan, Ozan (2014): Die Chronik der Debeka-Affäre – und die Belege. In: *Handelsblatt*, 27.02.2014. Online verfügbar unter http://www.handelsblatt.com/unternehmen/banken-versicherungen/versicherungsvertrieb-die-chronik-der-debeka-affaere-und-die-belege/9156098.html.

Schmitt, Thomas; Drost, Frank Matthias (2011): Aigner rüffelt Versicherungskonzern Ergo. In: *Handelsblatt*, 24.06.2011. Online verfügbar unter http://www.handelsblatt.com/unternehmen/banken-versicherungen/skandal-serie-aigner-rueffelt-versicherungskonzern-ergo/4318166.html, zuletzt geprüft am 22.04.2015.

Schmitt, Thomas; Neuerer, Dietmar (2013): Datenhandel. Grüne fordern Rücktritt des Debeka-Vorstands, 13.11.2013. Online verfügbar unter http://www.handelsblatt.com/politik/deutschland/datenhandel-gruene-fordern-ruecktritt-des-debeka-vorstands/9068166.html, zuletzt geprüft am 23.04.2015.

Schmitt, Thomas; Sigmund, Thomas; Demircan, Ozan; Iwersen, Sönke (2013): Provision für Tipps. Mehr als 10.000 Beamte helfen der Debeka, 13.11.2013. Online verfügbar unter http://www.handelsblatt.com/unternehmen/banken-versicherungen/provision-fuer-tipps-mehr-als-10-000-beamte-helfen-der-debeka/9067242.html.

Schmitz-Axe, Anagela; Többens, Thilo; Wilkoszewski, Alexander (2012): Social Branding Controlling. Chancen und Herausforderungen von Measurement & Monitoring im Social Web. In: Matthias Schulten, Artur Mertens und Andreas Horx (Hg.): Social Branding. Strategien - Praxisbeispiele - Perspektiven. Wiesbaden: Gabler Verlag, S. 391–405. – ISBN 9783834932242.

Schumacher, Uwe (2010): Versicherung 2.0. Marketing und Kommunikation im Social Media-Zeitalter. In: Michael P. Zerres und Michael Reich (Hg.): Handbuch Versicherungsmarketing. Berlin [u.a.]: Springer, S. 383–395. – ISBN 978-3-642-10275-2.

Scott, David Meerman (2014): Die neuen Marketing- und PR-Regeln im Social Web. Wie Sie mit Social Media und Content Marketing, Blogs, Pressemitteilungen und viralem Marketing Ihre Kunden erreichen. 4. Aufl. Heidelberg, München, Landsberg, Frechen, Hamburg: mitp. – ISBN 3826682068.

Sen, Evrim (2011a): Social Media Monitoring für Unternehmen. Anforderungen an das Web-Monitoring verstehen & die richtigen Fragen stellen. 1. Aufl. Köln: Social-Media-Verl (Social Web, [4]). – ISBN 3941835025.

Sen, William (2011b): Social Media Monitoring für Unternehmen. Anforderungen an das Web-Monitoring verstehen & die richtigen Fragen stellen. 1. Aufl. Köln: Social-Media-Verl. – ISBN 978-3-941835-02-3.

Shapiro, Carl (1983): Premiums for High Quality Products as Returns to Reputations. In: *The Quarterly Journal of Economics* (4), S. 659–679, zuletzt geprüft am 13.04.2015.

Shareaholic (2013): Social Media Traffic Report. Online verfügbar unter https://blog.shareaholic.com/social-media-traffic-trends-10-2013/, zuletzt geprüft am 22.03.2015.

Simmel, Georg; Frisby, David; Köhnke, Klaus Christian (1989): Philosophie des Geldes. 1. Aufl. Frankfurt am Main: Suhrkamp (Gesamtausgabe / Georg Simmel, Bd. 6). – ISBN 3518284061.

Simmet, Heike (2012): Stufen der Professionalisierung von Social Media. Online verfügbar unter http://hsimmet.com/2012/08/12/stufen-der-professionalisierung-von-social-media/, zuletzt geprüft am 25.05.2014.

Simmet, Heike (2013): Communities als Servicekanal der Zukunft. Online verfügbar unter http://hsimmet.com/2013/01/08/communities-als-servicekanal-der-zukunft/, zuletzt geprüft am 24.04.2015.

Skala-Gast, Doris (2012): Zusammenhang zwischen Kundenzufriedenheit und Kundenloyalität. Eine empirische Analyse am Beispiel der deutschen Automobilindustrie. Wiesbaden: Gabler Verlag; Imprint: Gabler Verlag (Innovatives Markenmanagement, 38). – ISBN 978-3-8349-4275-3.

Söhnchen, Stefanie (2013): Erfolgsfaktoren einer Google− Kampagne. Online verfügbar unter http://pr-blogger.de/2013/05/02/erfolgsfaktoren-einer-google-kampagne/, zuletzt geprüft am 24.04.2015.

Solis, Brian (2010): Engage! The complete guide for brands and businesses to build, cultivate, and measure success in the new web. Hoboken, NJ: Wiley. – ISBN 9780470571095.

Solis, Brian (2012): The End of business as usual. Rewire the way you work to succeed in the consumer revolution. 1. ed. Hoboken, N.J: John Wiley & Sons. – ISBN 1118077555.

Spiegel online (2015): Datenaffäre. Debeka soll Provisionen an mehr als 10.000 Beamte zahlen, 13.11.2015. Online verfügbar unter http://www.spiegel.de/wirtschaft/unternehmen/debeka-zahlt-angeblich-provisionen-an-10-000-beamte-a-933277.html, zuletzt geprüft am 23.04.2015.

Statista (2014a): Branchenreport Versicherungen 2013. Hg. v. Statista.

Statista (2014b): Umfrage zum Nutzungsanstieg von digitalen Marketingmaßnahmen 2014. Online verfügbar unter http://de.statista.com/statistik/daten/studie/315611/umfrage/zunahme-des-unternehmensengagements-im-digitalen-marketing-nach-massnahmenarten, zuletzt geprüft am 16.05.2015.

Sterne, Jim (2011): Social media monitoring. Analyse und Optimierung ihres Social Media Marketings auf Facebook, Twitter, YouTube and Co. Heidelberg: Mitp-verlag. – ISBN 382669094X.

Swiss Re (2014): Sigma: Digitaler Vertrieb von Versicherungen. Eine stille Revolution, zuletzt geprüft am 20.04.2015.

Synacapse (2013): Der Wert eines Facebook-Fans. Online verfügbar unter http://www.syncapse.com/value-of-a-facebook-fan-2013/#.VtQntPnhBmM, zuletzt geprüft am 29.02.2016.

Tata Consultancy (2013): Mastering Digital Feedback. How the Best Consumer Companies use Social Media. Online verfügbar unter http://www.tcs.com/social-business-study/pages/default.aspx, zuletzt geprüft am 14.04.2015.

Tata Consultancy Services (2013): Mastering Digital Feedback: How the Best Consumer Companies use Social Media.

Trommsdorff, Volker (2009): Konsumentenverhalten. 7., vollst. überarb. und erw. Aufl. Stuttgart: Kohlhammer (Kohlhammer-Edition Marketing). – ISBN 3170201557.

Tropp, Jörg (2014): Moderne Marketing-Kommunikation. System - Prozess - Management. 2., überarb. u. erw. Aufl. 2014. Wiesbaden: Imprint: VS Verlag für Sozialwissenschaften. – ISBN 3531199137.

Ullrich, Thomas W. (2011): Web 2.0 Nutzertypologie. Macher, Partizipative, Soziale und passive Zuschauer. Online verfügbar unter http://www.webosoph.de/2011/07/14/uberblick-internet-nutzertypologien-web-2-0-nutzertypologien-serie-soziologie-und-typologien-der-web-2-0-nutzer-teil-4-von-7/, zuletzt aktualisiert am 18.04.2015.

Universal McCann (2014): Studie Wave 7. Cracking the Social Code.

V.E.R.S. (2012): Social Media in der Assekuranz.

Wagner, Fred (2011): Gabler Versicherungslexikon. Wiesbaden: Gabler (OnlinePlus). – ISBN 978-3-8349-6481-6.

Wagner-Emden, Christina (2012): Social Media in Low Involvement-Märkten. Erfolgsfaktoren einer Social Media-Präsenz von Unternehmen der Versicherungsbranche. 1. Aufl. s.l: GRIN Verlag. Online verfügbar unter http://ebooks.ciando.com/book/index.cfm/bok_id/330762. – ISBN 9783656231028.

Walter, Markus; Eck, Klaus (2011): Social Media Management by Allianz. Online verfügbar unter http://pr-blogger.de/2011/02/07/markus-walter-8-social-media-management-by-allianz/, zuletzt geprüft am 24.04.2015.

Weinberg, Tamar; Pahrmann, Corina; Heymann-Reder, Dorothea (op. 2011): Social Media Marketing. Strategien für Twitter, Facebook & Co. 2. Aufl. Beijing [etc.]: O'Reilly Verlag GmbH & Co.KG. – ISBN 3897215829.

Wüst, Cornelia; Kreutzer, Ralf T. (2012): Corporate Reputation Management. Wirksame Strategien für den Unternehmenserfolg. Wiesbaden: Gabler Verlag; Imprint: Gabler Verlag (SpringerLink : Bücher). – ISBN 978-3-8349-3720-9.

Wyman, Oliver (2013): Standortbestimmung Versicherungsmarkt D. 2013. Online verfügbar unter http://www.versicherungsmagazin.de/Aktuell/Nachrichten/195/20919/Studie-Durch-die-Versicherungsbranche-muss-ein-Ruck-gehen.html, zuletzt geprüft am 08.04.2015.

Yin, Robert K. (2009): Case study research. Design and methods. 4th ed. Los Angeles, Calif.: Sage Publications (Applied social research methods series, 5). – ISBN 1412960991.

Zarrella, Dan (2011): Das Facebook-Marketing-Buch. 1. Aufl. Köln: O'Reilly. – ISBN 3897215950.

Zaugg, Alexandra Daniela; Egle, Ulrich (2013): Social Media Controlling - die 4 Social C. Heidelberg: Dpunkt-Verl.

Zerfass, Ansgar (2008): Public Relations Research. Wiesbaden: Springer Fachmedien. – ISBN 3531909185.

Zerfaß, Ansgar (2014): Handbuch Unternehmenskommunikation. Strategie - Management - Wertschöpfung. 2., vollst. überarb. Aufl. 2014. Hg. v. Manfred Piwinger. Wiesbaden: Gabler Verlag (Springer NachschlageWissen). – ISBN 978-3-8349-4543-3.

Zerfass, Ansgar; Ralph/Verhoeven et al. (2010): European Communication Monitor 2010. Status Quo and Challenges for Public Relations in Europe. Online verfügbar unter www.communicationmonitor.eu, zuletzt geprüft am 10.10.2014.

Zerres, Michael P.; Reich, Michael (Hg.) (2010): Handbuch Versicherungsmarketing. Berlin [u.a.]: Springer. – ISBN 978-3-642-10275-2.

Declaration of academic integrity

I declare that I have completed this thesis independently and without any means apart from the sones stated within the paper. Any thoughts taken directly or indirectly from external sources are properly marked as such. This thesis has not been submitted to an examination board before and was not yet published.

Düsseldorf im August 2016

Anlagen

Abb.: Beitragseinnahmen der größten dreißig Versicherungen in BRD (2012 bis 2014)

Datenquelle: F.A.Z.-Archiv: Die hundert größten Unternehmen (2012, 2013, 2014),

Datenbearbeitung: QlikView

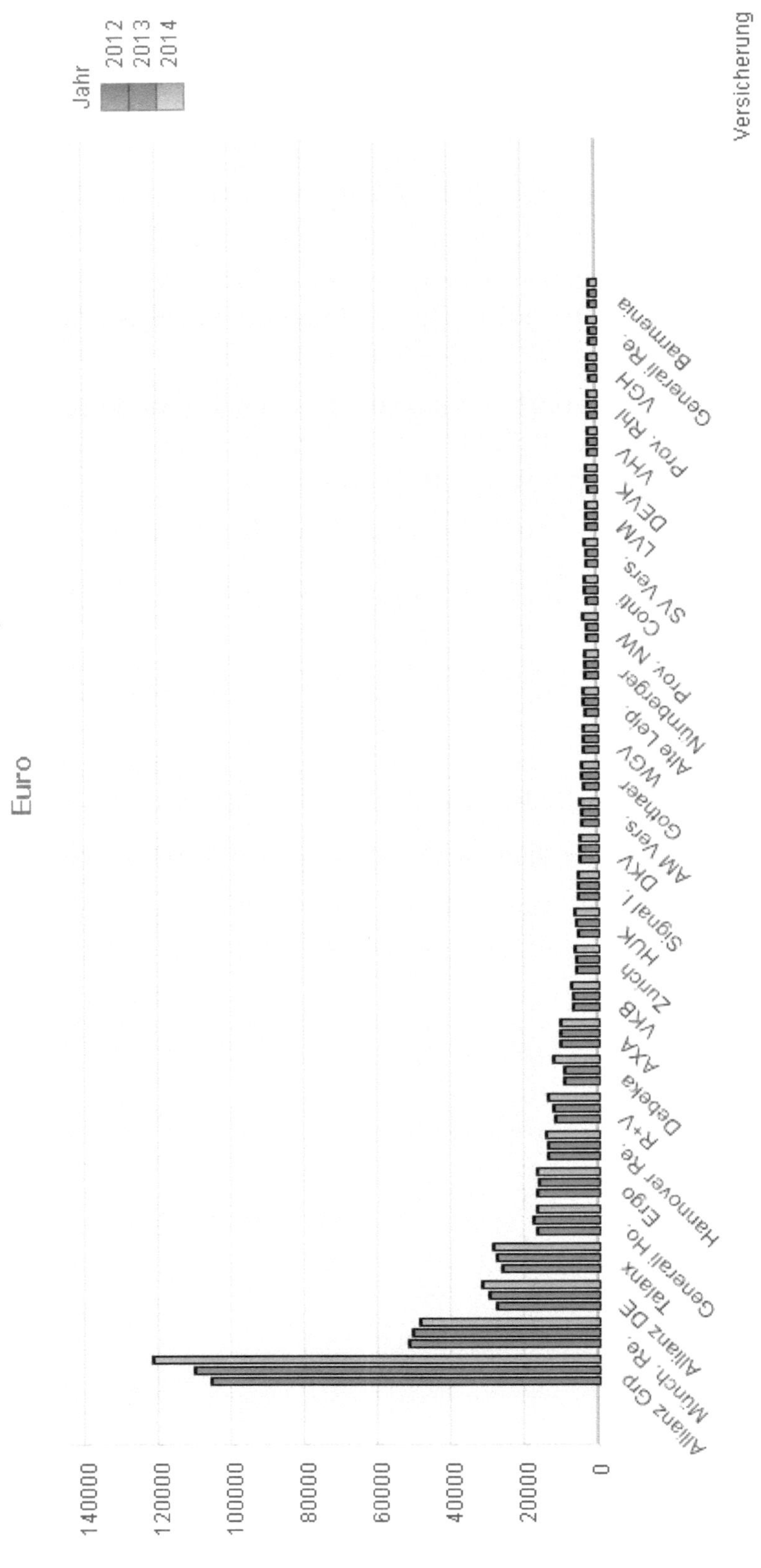

Tab.: Datenmodell zur BI-Analyse

- Vers.Daten: (F.A.Z. 2013, 2014, 2015), FBE mit Fanpagekarma

				2012		2013		2014	
VU	Bezeichnung Lang	Bezeichnung Kurz		BBE	FBE	BBE	FBE	BBE	FBE
1	AachenerMünchener	AM Vers.	AachenMünchener Lebensversicherung AG	4.477	0,01%	4.566	0,1%	4956	0,09%
2	Allianz Deutschland AG	Allianz DE	Allianz Deutschland AG	27.941	0,24%	29.851	0,29%	32104	0,23
3	Allianz Group *	Allianz Group	Allianz Group	106.383	0,0%	110.773	0,0%	122253	0,0%
4	Alte Leipziger	Alte Leipziger	ALTE LEIPZIGER - HALLESCHE Konzern	3.686	0,58%	3.889	0,5%	4160	0,51
5	AXA Konzern AG *	AXA	Axa Konzern AG	10.468	0,0%	10.331	0,0%	10465	0,0%
6	Barmenia Versicherungs-Gruppe	Barmenia	Barmenia Versicherungs-Gruppe	1.822	0,6%	1.832	0,66%	1825	0,64%
7	Continentale Versicherungen *	Continentale	Continentale Versicherungs-Verbund	2.996	0,0%	3.387	0,0%	3498	0,0%
8	Debeka Versicherungen *	Debeka	Debeka Versicherungen	9.335	0,0%	9.608	0,0%	12744	0,0%
9	DEVK Versicherungen	DEVK	DEVK Versicherungen	2.617	0,84%	2.865	0,24%	3122	0,24%
10	DKV Deutsche Krankenversicherung A	DKV	DKV Deutsche Krankenversicherung AG	4.933	0,0%	4.840	0,0%	4818	0,0%
11	Ergo Versicherungsgruppe	Ergo	Ergo Versicherungsgruppe AG	17.091	0,4%	16.770	0,4%	16866	0,4%
12	Generali Reinsurance AG *	Generali Re.	General Reinsurance AG	2.186	0,0%	2.198	0,0%	2483	0,0%
13	Generali Deutschland Holding AG	Generali Hold.	Generali Deutschland Holding AG	17.231	0,31%	18.052	2,66%	16841	0,67%
14	Gothaer Konzern	Gothaer	Gothaer Konzern	4.181	1,55%	4.273	0,44%	4511	0,24%
15	Hannover Rück SE *	Hannover Rück	Hannover Rück SE	13.774	0,0%	13.963	0,0%	14362	0,0%
16	HUK-Coburg Versicherungsgruppe	HUK	HUK-Coburg Versicherungsgruppe	5.576	0,0%	5.991	0,23%	6321	0,11%
17	LVM Versicherung *	LVM	LVM Versicherung	2.814	0,0%	2.946	0,0%	3134	0,0%
18	Münchener-Rück-Gruppe	Münchener Rück	Münchener-Rück-Gruppe	51.969	0,15%	51.060	0,3%	48848	0,34%
19	Nürnberger Vericherungsgruppe	Nürnberger	Nürnberger Versicherungsgruppe	3.493	0,01%	3.472	1,45%	3421	0,35%
20	Provinzial NordWest Holding AG	Provinzial NW	Provinzial NordWest Holding AG	2.991	0,66%	3.191	0,38%	3921	0,39%
21	Provinzial Rheinland Holding -Konzern	Provinzial Rhl	Provinzial Rheinland Holding -Konzern-	2.430	1,03%	2.529	0,68%	2628	0,25%
22	R+V Konzern	R+V	R + V Konzern (in Kreditinstitute Nr. 4)	11.875	0,06%	12.753	0,04%	14040	0,08%
23	Signal Iduna Gruppe	Signal Iduna	Signal Iduna Gruppe	5.512	0,0%	5.565	0,37%	5687	0,96%
24	SV SparkassenVericherung	SV Vers.	SV Sparkassen-Versicherung Holding AG	2.934	0,51%	3.229	0,34%	3323	0,31%
25	Talanx AG *	Talanx	Talanx AG	26.659	0,0%	28.151	0,0%	28994	0,0%
26	Versicherungskammer Bayern	VKB	Versicherungskammer Bayern	6.855	0,6%	7.153	0,83%	7267	0,37%
27	VGH Versicherungen *	VGH	VGH Versicherungen (Brandkasse und Provin	2.249	0,0%	2.334	0,0%	2433	0,0%
28	VHV Vereinigte Hannoverische Versich	VHV	VHV Vereinigte Hannoversche Versicherung a	2.449	0,0%	2.615	0,0%	2684	0,0%
29	Württembergische Verischerung	WGV	Württembergische Versicherungen (in Kreditir	3.975	0,14%	3.941	0,2%	4033	0,17%
30	Zurich Gruppe Deutschland	Zurich	Zurich Gruppe Deutschland	6.177	0,0%	5.886	0,0%	6284	1,36%

Abb. BI-Analyse: Versicherungen-Beitragseinnahmen versus Facebook-Engagement 2012

Y-Achse: Beitragseinnahmen (Daten: F.A.Z.-Archiv: "Die hundert größten Unternehmen" (2012)

X-/Y-Achse: Facebook-Engagement: Fanpage Karma (eigene Recherche) / BI-Datenbearbeitung: QlikView

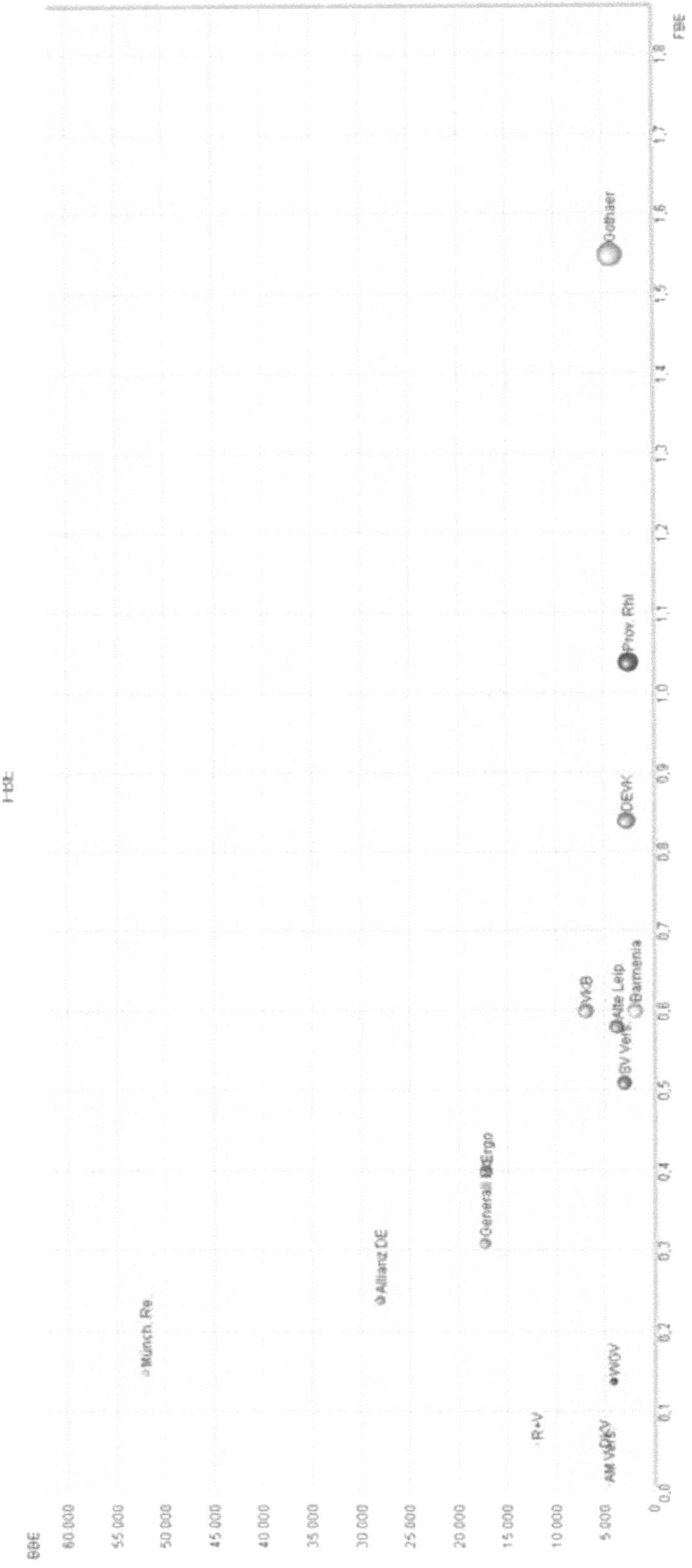

Abb. BI-Analyse: Versicherungen-Beitragseinnahmen versus Facebook-Engagement 2013

Y-Achse: Beitragseinnahmen (Daten: F.A.Z.-Archiv: "Die hundert größten Unternehmen" (2013)

X-/Y-Achse: Facebook-Engagement: Fanpagekarma (eigene Recherche) / BI-Datenbearbeitun g: QlikView

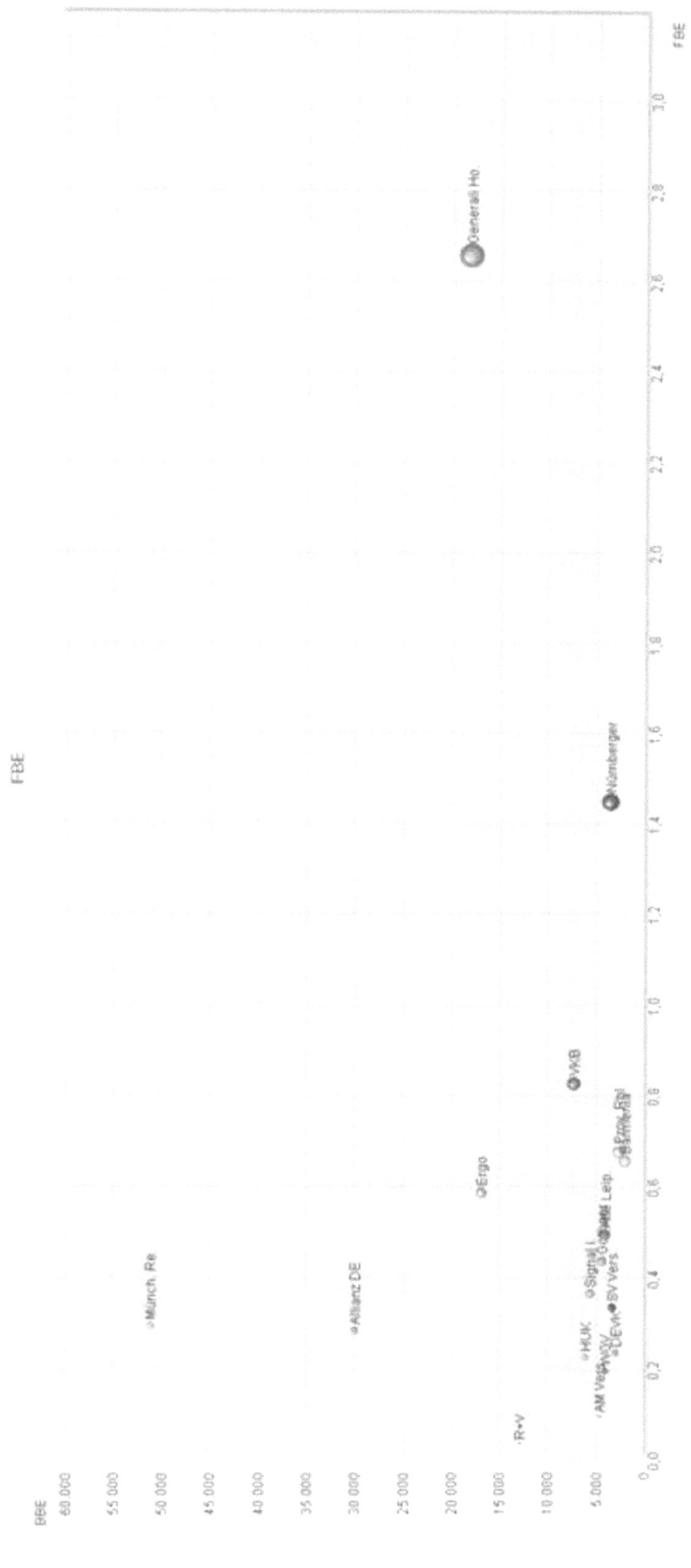

Abb.: Facebook-Analyse: Versicherungen 2014 – Engagement versus Fans

Y-Achse: Beitragseinnahme (Daten: F.A.Z.-Archiv: "Die hundert größten Unternehmen" (2014)

X-/Y-Achse: Facebook-Engagement: Fanpagekarma(eigene Recherche) / BI-Datenbearbeitung: QlikView

Daten: Fanpagekarma, BI-Datenbearbeitung: QlikView

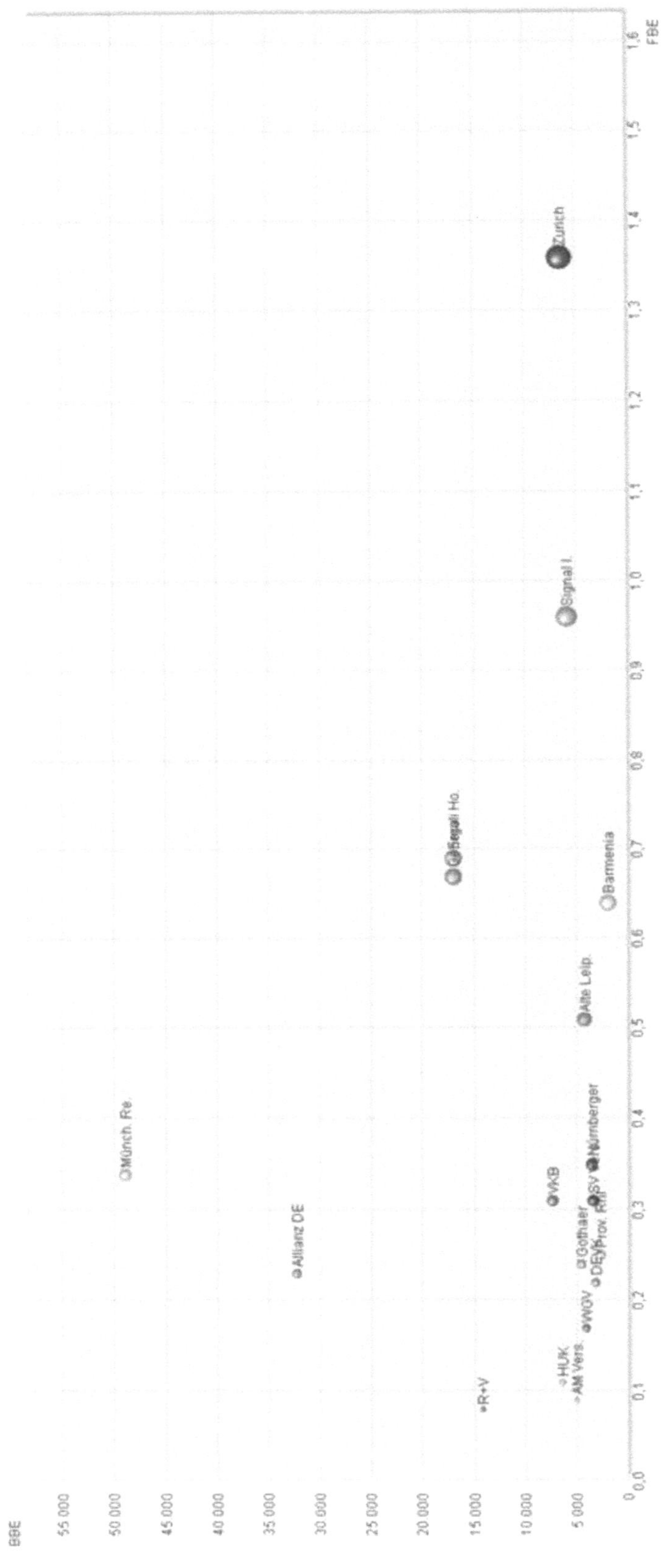

Anlagen zu Kapitel 4.3

1 Fallbeispiel Ergo - Zeitlinie (Iwersen 2012)

19. Mai 2011: Das Handelsblatt berichtet über dieLustreise der HMI nach Budapest. Eine Ergo-Sprecherin bestätigt, dass es im Juni 2007 eine Incentive-Reise des HMI-Vertriebs nach Budapest gegeben hat, mit einem Event, bei dem ca. 20 Prostituierte anwesend waren.

19. Mai 2011: Ergo richtet eine Task-Force mit mehr als 100 Mitarbeiter zur Aufklärung ein.

22. Mai 2011: „Bild am Sonntag" zeigt Bilder und ein Video von vermeintlich koksenden Versicherungsvertretern der Hamburg-Mannheimer.

23. Mai 2011: Die Ergo erklärt: "Die Berichterstattung in der "Bild"-Zeitung, wonach Handelsvertreter der Hamburg-Mannheimer auf sogenannten Top-5-Reisen Kokain konsumiert hätten, ist unwahr. Die von der "Bild"-Zeitung veröffentlichten Fotos zeigen ein Trinkspiel mit Salz, Tequila und Zitronensaft. Dazu gehört das Einschnupfen von Salz durch die Nase."

24. Mai 2011: Fußballtrainer Jürgen Klopp lässt seinen Werbevertrag mit Ergo ruhen.

25. Mai 2011: Ergo stoppt die Werbekampagne, die im Jahr 2010 mehr als 50 Mio. Euro gekostet hat.

26. Mai 2011: Auf Youtube taucht eine Persiflage auf den Ergo-Werbespot mit hohen Klickraten auf.

29. Mai 2011: Die "Welt am Sonntag" schreibt, Ergo habe die Lustreise von der Steuer abgesetzt.

1. Juni 2011: Fußballtrainer Jürgen Klopp kündigt seinen Vertrag mit Ergo.

8. Juni 2011: Der Ergo-Aufsichtsrat beschließt härtere Compliance-Richtlinien[169].

9. Juni 2011: Das "Handelsblatt" berichtet, dass Ergo Tausenden von Kunden mit fehlerhaften Riester-Verträgen einen Mio.schaden zugefügt habe.

10. Juni 2011: Ergo dementiert den Handelsblatt-Bericht, weil ein solcher Fehler zu massiven Kundenbeschwerden geführt hätte. Diese seien aber nicht erfolgt. Deshalb ginge Ergo deshalb davon aus, dass es sich um Einzelfälle handele. Am Nachmittag nimmt Ergo das Dementi zurück, löscht die Pressemitteilung online und gibt massive Fehler bei den Riester-Verträgen zu. Nikolaus von Bomhard, Ergo-Aufsichtsratschef und Vorstandsvorsitzender der Muttergesellschaft Munich Re, spricht über einen "gravierenden Fehler" bei Ergo und kündigt Hilfe zur Aufklärung an (ebd.).

17. Juni 2011: Ergo beziffert die Zahl der geschädigten Kunden auf 14.000. Sie sollen nachträglich entschädigt werden.

---

[169] Die Compliance-Unterlagen der Ergo stehen online als PDF-Datei zur Verfügung: http://www.handelsblatt.com/downloads/4326926/1/Ergo%20Vorstandspapier%20Budapest

2 Ergo Mail zur Fallstudie Ergo

Von Ergo Kommunikationschef: Alexander.Becker
Gesendet: Samstag, 3. Januar 2015 15:58
An: info@hilker-consulting.de
Betreff: AW: Dissertation mit Ergo Fallbeispiel

Liebe Frau Hilker,

als eine der ersten Amtshandlungen im neuen Jahr möchte ich Ihnen endlich Ihre Fragen beantworten. Bitte sehen Sie mir den langen Zeitraum nach.

Gibt es bei der Ergo einen Zusammenhang bezüglich der Krise im Jahr 2011 und Auswirkungen auf die Bilanzwerte (z. B. Beitragseinnahmen, Wachstum, Vertragskündigungen, Neugeschäft, Stornoquote)?
A: Harte quantitative Aussagen haben wir nicht feststellen können. Bei allen genannten Größen gab es keine auffälligen Entwicklungen. Die härteste Zahl sind etwa 1.000 Vertragskündigungen, die 2011 bei uns eingingen und explizit Bezug auf das Thema „Incentive-Reise Budapest" nahmen. Bei knapp 20 Mio. Kunden in D. aber keine wirklich aussagekräftige Zahl.

Gibt es Auswirkungen auf andere objektive Messwerte zum Markenwert wie Bekanntheitsgrad, Image, Reputation oder Empfehlung (z. B. Net Promoter Score)?
A: Die Auswirkungen auf den Bekanntheitsgrad waren eher positiv, d. h. die Bekanntheit steigernd. Die Werte für Markensympathie haben in den Jahren 2011/12 gelitten, haben sich aber inzwischen wieder deutlich erholt. Den Net Promotor Score hatten wir 2011 noch nicht erhoben, sodass keine Vergleichswerte vorliegen.

Welche strategischen Maßnahmen wurden bei der Ergo seit der Krise zur Prävention umgesetzt (z. B. Zentrale, Innen-/Außendienst, Makler)?
A: Ergo hat 2011 einen eigenen Verhaltenskodex für den selbstständigen Außendienst erarbeitet. Parallel dazu wurden Leitlinien zu Incentivereisen und Beschaffung überarbeitet. Compliance wurde in einen eigenständigen Bereich ausgegliedert und aufgestockt. Gleichzeitig hatte Ergo im Rahmen der Markenkampagne „Versichern heißt verstehen" 2010 bereits vielfältige Maßnahmen zur Verbesserung des Beratungsprozesses und der Kundenorientierung aufgesetzt.

Spielen dabei Ansätze wie Compliance, Customer Experience Management, Blog-, Touchpoint-, Reputations-, Content- oder Context-Marketing eine Rolle?
A: Siehe Frage 3.

Welche operativen Handlungsempfehlungen lassen sich daraus für ähnliche Fälle ableiten (branchenspezifisch oder -übergreifend)?
A: In Krisen geht es um das Versprechen und konsequente Einlösen von Aufklären und Erläutern. In dem Maße, in dem Vorwürfe zutreffen, müssen die notwendigen Konsequenzen gezogen werden, die solche oder ähnliche Vorgänge künftig verhindern.

Wie misst die Ergo den ROI (Return-on-Investment) für das Social-Media-Engagement (z. B. kanalspezifisch/übergreifend)?
A: Wir messen den ROI kanalspezifisch. Dabei schauen wir auf KPIs wie organische und bezahlte Reichweite, Cost-per-Fan etc. Darüber hinaus messen wir klassisch Anzahl Beiträge, Fans, Fanwachstum, Nutzer-Beiträge, Follower etc.

Welche Strategien setzt die Ergo in Social Media ein, um eine hohe Wirkung zu erzielen (z. B. Stakeholder-, kanalorientiert)?
A: Mit unserem Leitsatz „Versichern heißt verstehen" stehen wir für Kundennähe und Verständlichkeit. Das möchten wir auch in Social Media transportieren, da sie sich hierfür hervorragend eignen. Alle unsere Kanäle sind darauf ausgerichtet, „Versichern heißt verstehen" erlebbar und unser Unternehmen persönlicher zu machen. Dabei achten wir natürlich auf die Besonderheiten der verschiedenen Zielgruppen und Kanäle. Außerdem unterstützen wir unsere Vermittler auf Facebook mit Leitfäden und Content. Ihre persönlichen Kundenbeziehungen können sie so auch in Social Media professionell pflegen.

Wie ist das strategische KPI-System (Kennzahlensystem) der Ergo, um relevante Ergebnisse in Social Media zu messen, zu analysieren und zu bewerten?
A: Siehe Frage 6
Mit welchen Anwendungen arbeitet die Ergo dabei zur Beobachtung, interaktiven Kommunikation und Analyse (z. B. Social-Media-Monitoring, -Analytics, Social CRM Systeme?

A: Für das Monitoring haben wir einen Dienstleister, der uns insbesondere kritische Beiträge in Social Media zusammenstellt. Unsere eigenen Kanäle beobachten die Community Manager natürlich laufend. Bei den Analytics setzen wir, nachdem wir verschiedene Anwendungen getestet haben, aktuell auf eigene Auswertungen auf Basis der von den Plattformbetreibern zur Verfügung gestellten Statistiken. Ein Social Media Management bzw. CRM System möchten wir noch in 1Q15 einsetzen.

Welche Learnings, Tipps und Zukunftsvisionen haben Sie für Versicherungen, um Social Media in der Marketing-Kommunikation erfolgreich einzusetzen?
A: Der Trend geht immer stärker in Richtung Service, auch für Versicherungen. Zudem setzen wir auf die Unterstützung unserer Außendienstpartner bei ihrem Außenauftritt in Social Media.

Für Ihre Dissertation viel Erfolg!

Viele Grüße, Dr. Alexander Becker
Ergo Versicherungsgruppe AG
Leiter Unternehmenskommunikation
Victoriaplatz 2, 40198 Düsseldorf

3 Debeka Krise im Zeitverlauf (Schmitt und Demircan 2014)

1. November 2013: Der Artikel „Bestechend erfolgreich" erscheint im Handelsblatt und beschreibt detailliert die jahrelange Bestechung von Beamten durch Mitarbeiter der Debeka.
2. November 2013: E. Wagner, Landesdatenschutzbeauftragte Rheinland Pfalz, schaltet sich ein. [170]
4. November 2013 Die Staatsanwaltschaft Koblenz nimmt Vorermittlungen auf. Debeka meldet sich bei der Aufsichtsbehörde Bafin und bittet um eine Überprüfung ihrer Geschäftsprozesse.
5. November 2013 Das Handelsblatt belegt, dass Debeka falsche Angaben über die Ausmaße der Bestechung von Beamten gemacht hat.
7. November 2013 Die Debeka-Affäre wird zum Fall für die Finanzaufsicht, die Bafin hat den Sachverhalt aufgegriffen.
11. November 2013 Die Staatsanwaltschaft Koblenz leitet ein förmliches Ermittlungsverfahren ein. Die Ermittlungen richten sich gegen Debeka-Mitarbeiter im Personalwesen in staatlichen Behörden. Der Verdacht lautet auf Bestechung, Bestechlichkeit und Verletzung von Dienstgeheimnissen. [171]
13. November 2013 Der Skandal weitet sich aus. Das Handelsblatt berichtet unter der Überschrift „Diener zweier Herren", dass Debeka bundesweit ein Netz von mehr als zehntausend Beamten, unterhielte, die gegen Bezahlungen bei der Vermittlung von Debeka-Produkten helfen würden. [172]
14. November 2013 Der Landesdatenschutz Rheinland-Pfalz weitete seine Ermittlungen aus[173].
15. November 2013 Transparency International protestiert öffentlich in Sachen Debeka.[174]

---

170 Er verdeutlicht die Brisanz des Falles: „Zum einen, dass sich öffentlich Bedienstete über Jahrzehnte hinweg für den Bruch des Personalgeheimnisses haben bezahlen lassen; zum anderen, dass Debeka-MA auf unterschiedlichen Ebenen Kontaktdaten erworben, weiterverkauft und zur Vertragsanbahnung eingesetzt haben. Das eine, wie das andere wären Straftaten, deren Verfolgung Aufgabe der zuständigen Staatsanwaltschaft ist. "Jeder Debeka-Außendienstmitarbeiter kann abrufen, wie viel Provision ein Schulleiter, Polizist oder Finanzbeamter als Provision erhalten würde, wenn er eine bestimmte Versicherung vermittelt. Das Problem ist, dass Beamte laut Gesetz bei ihrer Nebentätigkeit keine Gewinnerzielungsabsichten haben dürfen. Die Debeka lieferte ihren Vermittlern Gesprächsanleitung zur Suche nach Vertrauensmitarbeitern sowie einen Club für besonders erfolgreiche Vermittler, z. B. zum Verkauf von Riester-Versicherungen. Die Vertrauensmitarbeiter wurden in Listen eingetragen und der Debeka-Außendienst hat dann die Aktivitäten und die Leistung in Euro dokumentiert (ebd.).

171 Der Präsident des Gesamtverbandes der Deutschen Versicherungswirtschaft teilt seine Verwunderung mit, dass bei der Debeka MA nach der Verurteilung wegen Bestechung von Beamten weiterarbeiten dürfen, denn Beamtenbestechung sei eine Straftatbestand und aufs Schärfste zu verurteilen. Er fände es richtig, wenn bei Fehlverhalten auch arbeitsrechtliche oder personalpolitische Konsequenzen gezogen werden (ebd.).

172 Der Grünen-Finanzexperte Gerhard Schick forderte von der Debeka personelle Konsequenzen, der gesamte Debeka-Vorstand müsse abgelöst werden, wenn die Vorwürfe stimmen würden. Die Dimension von über 100 Mio. Euro Bestechungsgeldern an über zehntausend Beamte, die jahrelang regelmäßig Zahlungen erhielten, zeige, dass das gesamte Unternehmen systematisch involviert wäre. Außerdem sei der Debeka-Vorstandschef Uwe Laue als Mitglied des Verbraucherbeirats der BaFin nicht mehr tragbar (ebd.).

173 Dabei stehe das Geschäftsmodell der Versicherungen im Fokus, wobei ein Bruch des Personalgeheimnisses im Zusammenwirken mit MAn der öffentlichen Verwaltung geschehen sei und fordert dazu Aufklärungsarbeit. Auch der Vorsitzende des deutsche Beamtenbundes meldet sich zu Wort. Für Korruption dürfe es gerade im öffentlichen Dienst kein Pardon geben, der Verkauf von Adressen von Kollegen an die Debeka müsse sanktioniert werden.

22. November 2013 Das rheinland-pfälzische Innenministerium warnte die rund 74.000 Beamten vor dieser Praxis und weist daraufhin, dass diese Nebentätigkeit für die Debeka strafrechtliche Konsequenzen haben kann.
22. November 2013 Der Landesdatenschutz Rheinland-Pfalz dehnte seine Ermittlungen auf Konkurrenten der Debeka aus, denn es gäbe Hinweise zu ähnlichen Vorgängen, so dass davon auszugehen sei, dass aufsichtsrechtliche Ermittlungsverfahren gegen weitere Versicherer starten würden.
26. November 2013 Doch nicht nur die Debeka, sondern auch andere Versicherungen setzten Staatsbedienstete für die Vermittlung von Versicherungen einsetzen. Einige Beamte verdienten für diverse Nebentätigkeiten in wenigen Jahren mehr als 500.000 Euro. Die Zahlen gingen in die Zehntausende.
27. November 2013 Das Bundesinnenministerium warnt seine Beamten.[175]

4 Debeka Mail zur Fallstudie

Datum: Fri, 27 Feb 2015 11:03:21
Von: "Höfer, Sven
Betreff: AW: Experteninterview Debeka
An: info@hilker-consulting.de

Sehr geehrte Frau Hilker, (...) zu Ihren Fragen für Ihre Dissertation. Uns war in diesem Zusammenhang nur wichtig, dass ein Grundverständnis für die vom Handelsblatt aufgestellten Thesen und die letztendlich tatsächlich
wahren Fakten besteht, bevor wir über das Thema soziale Netzwerke sprechen.

1. Gibt es bei der Debeka einen Zusammenhang bezüglich der Krise (Handelsblatt Schlagzeile "Beamtenbestechung") und Auswirkungen auf die Bilanzwerte (z. B. Beitragseinnahmen, Wachstum, Vertragskündigungen, Neugeschäft, Stornoquote)?
Nein. Es kam aufgrund der Medienberichterstattung weder zu Vertragskündigungen, noch war ein Rückgang des Neugeschäfts zu verzeichnen. Im Gegenteil. Das Jahr 2014 war erneut ein gutes Geschäftsjahr. Nähere Informationen dazu werden wir nach der Jahrespressekonferenz am 5. Mai 2015 auf unserer Internetpräsenz www.debeka.de veröffentlichen.

Gibt es Auswirkungen auf andere objektive Messwerte zum Markenwert wie Bekanntheitsgrad, Image, Reputation oder Empfehlung (z. B. Net Promoter Score)?
Unsere Reputation wurde seit Beginn der "Datendebatte" von mehreren Ratingunternehmen bewertet. Auszug aus dem aktuellen Assekurata-Rating der Debeka-Krankenversicherung:"Auswirkungen auf die Kundenzufriedenheit lassen sich durch diesen Reputationsschaden bislang nicht feststellten. Gemäß der Kundenzufriedenheitsstudien "KUBUS" und "Kundenmonitor D." hat die Debeka unverändert die zufriedensten Kunden in der Versicherungswirtschaft. Die Debeka beobachtet dieses Risiko weiterhin, es wird aber nicht mehr als wesentlich eingeschätzt." Weitere Informationen können Sie der Pressemeldung zum Ratingbericht entnehmen (http://www.debeka.de/unternehmen/presse/presse/assekurata_2015.html). Auch wir haben bisher keine Erkenntnisse gewinnen können, die auf einen Reputationsschaden hindeuten würden. Selbst unter den lediglich vereinzelten Kundenreaktionen, die uns zu dem Thema erreichten, handelte es sich bei fast 50 Prozent um Zuspruch und Zufriedenheitsbekundungen mit dem Unternehmen Debeka. Unsere Kunden haben die Berichterstattung also sehr differenziert betrachtet.

Welche strategischen Maßnahmen wurden bei der Debeka seit der Krise zur Prävention umgesetzt (z. B. Zentrale, Innen-/Außendienst, Makler)?
Hierzu haben wir ausführlich in unseren Pressemeldungen und FAQ berichtet (http://www.debeka.de/unternehmen/presse/aktuelles/faq_daten_debatte/i ndex.html).

4. Spielen dabei Ansätze wie Compliance, Customer Experience Management, Blog-, Touchpoint-, Reputations-, Content-Marketing eine Rolle? Siehe Frage 3.

5. Welche operativen Handlungsempfehlungen lassen sich daraus für ähnliche Fälle ableiten (branchenspezifisch oder -übergreifend)?
Musterlösungen sind unseres Erachtens nicht anwendbar, da viele Handlungen/Reaktionen erst nach der Bewertung des Einzelfalls erfolgen können.

---

[174] Mit dem Vorsitzenden der Landes-FDP schaltet sich die Politik ein und bezichtigt die rot-grüne Landesregierung der Mitwisserschaft. Auf diesem Weg erreicht die Debeka-Krise die Bundespolitik, politische Konsequenzen werden gefordert.
[175] In einem Rundschreiben an Bundesbehörden wird betont, dass die Nutzung dienstlich erworbener personenbezogener Informationen für die Vermittlertätigkeit explizit ausgeschlossen sei (ebd.).

6. Wie misst Debeka den ROI (Return-on-Investment) für das Social-Media-Engagement (z. B. kanalspezifisch/übergreifend)? Gar nicht, da wir aktuell keine zentralen Profile in sozialen Netzwerken betreiben.

7. Welche Strategien setzt die Debeka in Social Media ein, um eine hohe Wirkung zu erzielen? Wir beschränken uns derzeit auf das Monitoring sozialer Netzwerke und reagieren einzelfallabhängig auf entsprechende Veröffentlichungen in sozialen Netzwerken. Die strategische Entscheidung, keine zentralen Profile in sozialen Netzwerken zu betreiben, haben wir seinerzeit bewusst getroffen.

8. Wie ist das strategische KPI-System (Kennzahlensystem) der Debeka, um relevante Ergebnisse in Social Media zu messen, zu analysieren und zu bewerten? k. A.

9. Mit welchen Anwendungen arbeitet Debeka dabei zur Beobachtung, interaktiven Kommunikation und Analyse (z. B. Social-Media-Monitoring, -Analytics, Social CRM Systeme?
Social-Media-Monitoring, Print-Monitoring

10. Welche Learnings, Tipps und Zukunftsvisionen haben Sie für Versicherungen, um Social Media in der Marketing-Kommunikation erfolgreich einzusetzen? k. A.
Mit freundlichen Grüßen, Sven Höfer

Allianz Mail

Von: Golze, Rene (Allianz D.)
Gesendet: Montag, 23. März 2015 15:23
An: info@hilker-consulting.de

Betreff: AW: Anfrage Dissertation: Positive Fallbeispiele Fallbeispiel Allianz

Liebe Frau Hilker,
erstmal viel Erfolg für Ihre Dissertation. Anbei die wichtigsten Eckdaten. Bitte stimmen Sie die Case Study vor Veröffentlichung mit mir ab. Danke!
1. Wie viele der Allianz Agenturen nutzen eine Facebook-Fanpage?
Aktuell ca. 2.500 von 8.400 Agenturen.
2. Wer davon hat eine besonders erfolgreiche Strategie?
Besonders erfolgreich sind 29% dieser in Social Media / Facebook aktiven Agenturen. Diese haben laut letzter Messung (01/2015) im letzten Quartal > 10 Verträge aus Facebook-Kontakten generiert.
3. Wie groß ist die gesamte Fan-Anzahl der Allianz Agenturen auf Facebook? Ca. 245.000 Fans
4. Wie groß ist die Reichweite der lokalen Fanpages? Ca. 590.000 / Woche
5. Wie sind die Vertriebserfolge der Allianz Agenturen mit Facebook-Fanpages, z. B. bezüglich Wechselwirkungen auf den Netpromoter Score oder Kontakte mit Abschluss von Verträgen (Conversion/Rentabilität)?
Insgesamt 55% der Agenturen mit Vertragsabschlüssen, rund 1/3 (Facebook-Könige) mit > 10 Verträge pro Quartal aus Facebook-Kontakten im letzten Quartal, 2/3 ist Neu- und Mehrgeschäft, NPS der Facebook-Abschließer = +25, Alter der Facebook-Abschließer = 37 Jahre
5. Wie viele Verträge gewinnen Allianz Agenturen mit einer Fanpage im Durchschnitt pro Quartal oder Monat? siehe oben
7 Wie nutzen die Vermittler / Agenturen den Allianz Kundenservice in Social Media?
Social Media wird durch die Kunden als Service-Kanal mit ihrem Vertreter genutzt, z. B. per Chat oder Facebook-Nachricht.
8 Wie sehen Sie die weiteren Trends für Versicherungen in Social Media? Social Selling, Social Customer Care, Social CRM …
9 Wie baut die Allianz die weiteren Social Media Aktivitäten aus? Social Media ist ein entlang des gesamten Kunden-Lebenszyklus in jeder Phase a) vom Kunden nachgefragt und b) wirtschaftlich einsetzbar.
Das beginnt bei Social Selling und geht über Social Customer bis hin zur Steigerung der Marketing-Effizienz in Kampagnen mit einem Uplift von bis zu 70% in Reichweite/Interaktion bei gleichem Invest.
Mit freundlichen Grüßen, René Golze